AF895043

Zum Einsatz elastischer Walzen und elektromagnetischer Induktion in Doppelbandpressen zur kontinuierlichen Herstellung thermoplastischer Faserverbundlaminate

On the Use of Elastic Rollers and Electromagnetic Induction in Double Belt Presses for the Continuous Manufacturing of Thermoplastic Composite Laminates

Von der Fakultät für Maschinenwesen
der Rheinisch-Westfälischen Technischen Hochschule Aachen
zur Erlangung des akademischen Grades eines
D o k t o r s d e r I n g e n i e u r w i s s e n s c h a f t e n
genehmigte Dissertation

vorgelegt von

Albert Wendt

Berichter/in:

Univ.-Prof. Dr.-Ing. Christian Brecher
Univ.-Prof. Dr.-Ing. Christian Hopmann

Tag der mündlichen Prüfung: 30. August 2021

ERGEBNISSE AUS DER PRODUKTIONSTECHNIK

Albert Wendt

Zum Einsatz elastischer Walzen und elektromagnetischer Induktion in Doppelbandpressen zur kontinuierlichen Herstellung thermoplastischer Faserverbundlaminate

Herausgeber:
Prof. Dr.-Ing. T. Bergs
Prof. Dr.-Ing. Dipl.-Wirt. Ing. G. Schuh
Prof. Dr.-Ing. C. Brecher
Prof. Dr.-Ing. R. H. Schmitt

Band 24/2021

WZL | RWTH AACHEN UNIVERSITY

Fraunhofer IPT

AZL Aachener Zentrum für integrativen Leichtbau | RWTH AACHEN UNIVERSITY

Bibliografische Information der Deutschen Nationalbibliothek
Die Deutsche Nationalbibliothek verzeichnet diese Publikation in der Deutschen Nationalbibliografie; detaillierte bibliografische Daten sind im Internet über https://portal.dnb.de abrufbar.

Albert Wendt:

Zum Einsatz elastischer Walzen und elektromagnetischer Induktion in Doppelbandpressen zur kontinuierlichen Herstellung thermoplastischer Faserverbundlaminate

1. Auflage, 2021

Gedruckt auf holz- und säurefreiem Papier, 100% chlorfrei gebleicht.

Apprimus Verlag, Aachen, 2021
Wissenschaftsverlag des Instituts für Industriekommunikation und Fachmedien
an der RWTH Aachen
Steinbachstr. 25, 52074 Aachen
Internet: www.apprimus-verlag.de, E-Mail: info@apprimus-verlag.de

Printed in Germany

ISBN 978-3-98555-003-6

D 82 (Diss. RWTH Aachen University, 2021)

Das Komplizierte, so wird uns gesagt, sei das Wertvolle.

Aber das ist Unsinn.

In Wirklichkeit ist das Einfachste das Schwierigste.

Ferdinand von Schirach

Für meine liebe Familie

Vorwort

Die vorliegende Dissertation entstand neben meiner Tätigkeit als wissenschaftlicher Mitarbeiter am Aachener Zentrum für integrativen Leichtbau AZL der RWTH Aachen.

Meinem Doktorvater Herrn Univ.-Prof. Dr.-Ing. Christian Brecher gilt mein Dank für die wissenschaftliche Betreuung, das entgegengebrachte Vertrauen und die eingeräumte inhaltliche Freiheit bei der Erstellung dieser Arbeit. Ebenfalls danke ich Herrn Univ.-Prof. Dr.-Ing. Christian Hopmann für die Übernahme des Koreferats sowie Herrn Univ.-Prof. Dr.-Ing. Georg Jacobs für den Vorsitz der Prüfungskommission.

Danken möchte ich auch meinen ehemaligen Vorgesetzten Dr.-Ing. Michael Emonts und Dr.-Ing. Kai Fischer für die umfangreichen gestalterischen Freiräume und das weitreichende Vertrauen bei der Leitung und Durchführung der vielfältigen und spannenden Industrie- und Forschungsprojekte.

Allen Mitarbeiterinnen und Mitarbeitern des Aachener Zentrums für integrativen Leichtbau AZL der RWTH Aachen sowie der AZL Aachen GmbH danke ich sehr herzlich für die persönliche und fachliche Unterstützung und freundschaftliche Zusammenarbeit.

Der Abteilung 220 des Fraunhofer IPTs und seinen Mitarbeiterinnen und Mitarbeitern sei herzlich gedankt für die gute Zusammenarbeit und die Zurverfügungstellung der ZwickRoell Prüfmaschine.

Ein besonderes Dankeschön gilt meinen ehemaligen Kolleginnen und Kollegen Marina Biller, Richard Schares und Thomas Weiler, die mich auf vielfältige Weise fachlich und persönlich unterstützt sowie in unzähligen Diskussionen und Kaffeepausen inspiriert haben.

Weiterhin danke ich meinen Bachelor- und Masterarbeitern sowie studentischen Hilfskräften, die mich mit großem Engagement und Einsatz tatkräftig unterstützten.
Darüber hinaus danke ich den Partnern der Doppelbandpressen-Konsortialprojekte, die durch ihr Interesse und Vertrauen die Grundlage für die Erstellung dieser Arbeit bilden.

Ganz besonders danke ich meiner Familie für die liebevolle und grenzenlose Unterstützung. Meinem Bruder Konrad danke ich darüber hinaus für die Korrektur dieser Arbeit.
Schließlich danke ich von Herzen meiner lieben Frau Susanne und unserer Tochter Edda für die entgegengebrachte Geduld, das unermüdliche Verständnis und den fortwährenden Rückhalt bei der Erstellung dieser Arbeit.

Hannover im August 2021 Albert Wendt

Zusammenfassung

Die vorliegende Arbeit untersucht den kombinierten Einsatz elektromagnetischer Induktion und elastischer Walzen in einer Doppelbandpresse zur Herstellung von TP-FVK Laminaten. Es wird gezeigt, dass mit dem entwickelten Anlagenkonzept sowohl die Konsolidierung vorimprägnierter Lagen als auch die Imprägnierung trockener Faserstrukturen mit thermoplastischem Polymer erfolgen kann.

Für die Untersuchungen elastischer Walzen wird ein Materialmodell für das nichtlineare Spannungs-Dehnungsverhalten eines Elastomers empirischen ermittelt, in eine numerische Simulation implementiert und mit Messungen an realen Walzen verifiziert. Mit dem Modell durchgeführte Parameterstudien zeigen, dass Walzen kleineren Durchmessers mit dicker Beschichtung hinsichtlich Spannungsbelastung, Druckzonenanteil und k-Wert (der Quotient aus maximalem und über der Kontaktlänge gemitteltem Kontaktdruck) die günstigste Konfiguration darstellen.
Eine entwickelte Auswahlmethodik bietet die Möglichkeit, bei bekanntem Spannungs-Dehnungs-verhalten anhand von vorgegebenen Prozessparametern Druck und Zeit optimierte Walzenkonfigurationen auszuwählen. Weiterhin wird durch vergleichende Versuche zur Temperaturdauerbeständigkeit gezeigt, dass mit speziellen Elastomeren als Walzenbeschichtung die Verarbeitung hochschmelzender Polymere wie PA66 oder PC bei Temperaturen von 300°C realisierbar ist.

Es wird nachgewiesen, dass durch elektromagnetische Induktion in Querfeldanordnung die Stahlbänder einer Doppelbandpresse schnell und effizient erwärmt werden können. Dabei wird eine vor der Druckapplikation angeordnete Hauptheizzone sowie intermittierend mit den Druckwalzen angeordnete Haltezonen eingesetzt. Aufgrund der hohen Heizrate ist eine zunehmend auftretende Beulbildung in den Stahlbändern zu beobachten. Geschwindigkeits- und druckabhängig werden Temperaturschwankungen in der Prozesszone gemessen, welche durch Wärmeströme in die temperierten Walzenkerne hervorgerufen werden. Durch eine erhöhte Walzenkerntemperatur sowie gesteigerte Prozessgeschwindigkeiten können die Temperaturschwankungen reduziert werden. Ein entwickeltes thermodynamische Modell zur Beschreibung des zeitlichen Temperaturverlaufs der Doppelbandpresse kann bei der Prozessoptimierung unterstützen.

Die Erprobung von Heiz- und Druckmechanismus in einem Doppelbandpressensystem erfolgt zunächst anhand der Konsolidierung von vorimprägnierter PC-CF Tapes. Die erreichte Zugscherfestigkeit der Fügezonen liegt um etwa 50 % über der eines vergleichenden konventionellen Tapelegeprozesses. In den folgenden Imprägnierungsversuchen weisen PP-GF Proben bei einer Geschwindigkeit von 500 mm/min eine porenfreie Imprägnierung auf. Der für Systeme mit Kalandern bzw. Walzenspalten charakteristische Effekt der Knetausbildung kann als mögliche Ursache für die Ausbildung von parabelförmigen Faserverschiebungen (*Fiber-Washing*-Effekt) identifiziert werden. Planare Matrixströmungen entgegen der Prozessvorschubrichtung über der gesamten Bandbreite werden nachgewiesen.

Summary

The thesis at hand investigates the combined use of electromagnetic induction and elastic rollers in a double belt press for the production of TP-FRP laminates. It is shown that the developed system allows for the consolidation of pre-impregnated layers as well as the impregnation of dry fiber structures with thermoplastic polymer.

For the investigation of elastic rollers, a material model for the non-linear stress-strain behavior of an elastomer is developed and implemented into a numerical simulation. Empirical measurements with real rollers are in good agreement with the model. Parameter studies carried out show that rollers of smaller diameter with thick coatings represent the most favorable configuration with regard to stress load, pressure zone ratio and k-value.

A developed methodology offers the possibility to identify optimized roller configurations with regard to given process parameters pressure and time. In case of known stress-strain behavior, this is possible with only little simulation effort. Furthermore, comparative tests on temperature resistance show that special elastomers can be used to process high-melting polymers such as PA66 or PC at temperatures of 300°C.

It is demonstrated that the steel belts of a double belt press can be heated quickly and efficiently by means of electromagnetic induction in a transverse field arrangement. A main heating zone positioned upstream of the pressure zone as well as intermediate heating zones positioned intermittently with the pressure rollers are used. Due to the high heating rate of the heating method a buckling of the steel belts can be observed. Depending on speed and pressure, temperature fluctuations in the process zone are measured. These are caused by heat flows into the tempered roller cores. The temperature fluctuations can be reduced by an increased roller core temperature as well as increased process speed. The developed thermodynamic model of the temperature profile can support process optimization.

The developed heating and pressure application mechanisms are tested in a double belt press system by consolidating pre-impregnated PC-CF tapes. The joining quality is measured by the lap shear strength. It is about 50 % higher than those of a comparable conventional tape laying process. In the following impregnation tests, PP-GF samples produced at a speed of 500 mm/min show a pore-free impregnation. The formation of a bead within the calender nips can be identified as a possible cause for the formation of parabolic fiber displacements (*fiber washing effect*). Planar matrix flows opposite to the process feed direction over the entire width of the belts are detected.

Inhaltsverzeichnis

Content

Formelzeichen und Abkürzungsverzeichnis

Formula Symbols and Abbreviations

Lateinische Großbuchstaben

A	mm²	Fläche
A	V·s/m	Magnetisches Vektorpotential
B	A·s/m²	Elektrische Flussdichte
D	V·s/m²	Magnetische Flussdichte
E	N/mm²	Elastizitätsmodul
E	V/m	Elektrische Feldstärke
G'	N/mm²	Speichermodul
G''	N/mm²	Verlustmodul
H	mm	Wulst- / Knethöhe
H	A/m	Magnetische Feldstärke
I		Invariante
J	A/m²	Elektrische Stromdichte
P	W	Leistung
R	J/(mol·K)	Allgemeine Gaskonstante
R	Ω	Elektrischer Widerstand
T	°C	Temperatur
V	mm³	Volumen
W	J/mm³	Formänderungsenergiedichte
Z	mm	Summierte Imprägnierstrecke in Dickenrichtung
A_W	mm²	Walzenbeschichtungsquerschnitt
D_{AU}		Grad der Autohäsion [0…1]
D_B		Fügefestigkeit der Konsolidierung [0…1]
D_{IC}		Grad des intimen Kontakts [0…1]
$D_{Organoblech}$	mm	Dicke des Organoblechs
D_{Roving}	mm	Dicke der elliptischen Rovings
D_{Tape}	mm	Tapedicke

D_W	mm	Walzenkerndurchmesser
$D_{gespreizt}$	mm	Dicke des gespreizten Faserbetts
E_0	J/mol	Schmelzaktivierungsenergie
E_{ind}	J	Induktiv zugeführte Energie
F_L	N/mm	Linienlast
F_L	N/mm	Linienlast
F_{Zug}	N	Zugkraft
H_A	Sh-A	Elastomerhärte
H_a	mm	Laminatanfangsdicke
H_e	mm	Laminatenddicke
I^*	kg·m²	Trägheitsmoment
I_{ind}	A	Induktorstrom
I_W	kPa·s	Walzenspaltimpuls
J_0	A/m²	Oberflächenstromdichte
J_{err}	A/m²	Erregerstromdichte
K_{bru}	mm²	Permeabilität nach Bruschke
K_{geb}	mm²	Permeabilität nach Gebart
K_{gut}	mm²	Permeabilität nach Gutowski
K_{kc}	mm²	Permeabilität nach Kozeny-Carman
K_{xx}	mm²	Longitudinale Permeabilität in x-Richtung
K_{yy}	mm²	Transversale Permeabilität in y-Richtung
K_{zz}	mm²	Transversale Permeabilität in z-Richtung
P_{Bl}	W	Im Blech induzierte Leistung
P_{ind}	W	Induzierte Leistung
$\dot{Q}$	W/m²	Wärmestrom
R^*		Oberflächenkoeffizient
T_0	°C	Bezugstemperatur
T_C	°C	Curie-Temperatur
T_E	°C	Erweichungstemperatur
$T_{K,vor}$	°C	Vorlauftemperatur des Kühlmoduls
$T_{K,vor}$	°C	Vorlauftemperatur des Walzenkühlkreislaufs

$T_{max,PTFE}$	°C	Maximale Einsatztemperatur von PTFE
$T_{W,mittel}$	°C	Gemittelte Walzenkontakttemperatur
T_a	°C	Ausgangstemperatur
T_e	°C	Eingangstemperatur
T_g	°C	Glasübergangstemperatur
T_s	°C	Kristallitschmelztemperatur
U_{err}	V	Elektrisches Spannungspotential
ΔT	°C	Temperaturschwankung

Lateinische Kleinbuchstaben

a	mm	Lagerzapfenlänge
b	mm	Walzenbreite
d	mm	Werkstückdicke
f	1/s	Frequenz
k		Quotient aus maximalem und mittlerem Kontaktdruck
n		Walzenpaarzahl
p	N/mm²	Druck
t	s	Zeit
t	mm	Polbreite
x	mm	Weg
y	mm	Walzendurchbiegung
z	mm	Fließdistanz
b_{Probe}	mm	Probenbreite der interlaminaren Zugscherprüfkörper
b_{SB}	mm	Stahlbandbreite
c_p	J/(kg·K)	Spezifische Wärmekapazität
d_{SB}	mm	Stahlbanddicke
d_f	mm	Faserdurchmesser
f_{opt}	1/s	Hinsichtlich des Wirkungsgrades optimierte Querfeldfrequenz, ohne magnetischen Rückschluss
h_0	mm	Walzenspalthöhe
h_1	mm	Dicke der zugeführten Polymerschicht
h_S	mm	Elastomerschichtdicke

h_S	mm	Koppelspalt
h_{SB-K}	W/(m²·K)	Wärmeübergangskoeffizient Stahlband-Kühlmodul
$h_{SB-W,Isolation}$	W/(m²·K)	Wärmeübergangskoeffizient isolierte Walze-Stahlband
h_{SB-W}	W/(m²·K)	Wärmeübergangskoeffizient Walze-Stahlband
h_{kond}	W/(m²·K)	Konduktiver Wärmeübergangskoeffizient
h_z	mm	Laminatdickenabnahme währen der Imprägnierung
k_{geb}	1	Permeabilitätskonstante nach Gebart
k_{gut}	1	Permeabilitätskonstante nach Gutwoski
k_{kc}	1	Kozeny-Carman Konstante
l_0	mm	Ausgangslänge
l_B	mm	Beulungslänge
$l_{Füge}$	mm	Fügelänge der interlaminaren Zugscherprüfkörper
l_H	mm	Heizzonenlänge
l_{Modul}	mm	Gesamtlänge des Druckmoduls
l_p	mm	Druckzonenlänge
p_0	N/mm²	Referenzdruck
p_{Zyl}	N/mm²	Zylinderdruck
p_{kon}	N/mm²	Konsolidierungsdruck
p_{max}	N/mm²	Maximaler Kontaktdruck im Walzenspalt
p_{mittel}	N/mm²	Gemittelter Prozessdruck im Walzenspalt
p_p	N/mm²	Hydrodynamischer Druckanteil
q''	W/m²	Wärmestrom
q_i	mm³/s	Laminare Fließrate
r_f	mm	Faserradius
t_0	s	Anfangszeit
t_{imp}	s	Imprägnierdauer
t_{kon}	s	Konsolidierungszeit
t_p	s	Druck applizierte Zeit bzw. Walzenkontaktzeit
t_w	s	Temperaturabhängige Autohäsionszeit
$u_{z,max}$	mm	Maximale Beulungshöhe

v_p	mm/s	Produktionsgeschwindigkeit
x_f	mm	Faserbettdicke
h	W/(m²·K)	Wärmeübergangskoeffizient
Δl_i	mm	Deformierte Länge
Δp	N/mm²	Druckdifferenz

Griechische Symbole

α	1/K	Wärmeausdehnungskoeffizient
δ	mm	Stromeindringtiefe
ε		Dehnung
η	Pa·s	Viskosität
Θ	°C	Temperaturdifferenz $T - T_0$
θ	rad	Benetzungswinkel
κ	S/m	Elektrische Leitfähigkeit
λ		Hauptstreckung
λ	W/(m·K)	Wärmeleitfähigkeit
μ		Reibungskoeffizient
$\xi(x)$		Normalisierte Länge
ϱ	kg/m³	Dichte
σ	N/mm²	Spannung
υ		Querkontraktionszahl
$\dot{\gamma}$	s^{-1}	Scherrate
η_0	Pa·s	Nullviskosität
δ_f	mm	Radialer Faserabstand
ε_e		Emissionskoeffizient
λ_s	mm	Distanz zwischen engstem Kalanderspalt und Fließscheide
μ_0	V·s/(A·m)	Magnetische Permeabilität
μ_r		Permeabilitätszahl
σ_f	N/mm²	Spannungsanteil zur Faserkompaktierung
$\sigma_{W,B}$	N/mm²	Vergleichsspannung der Walzenkernbindung
$\sigma_{W,max}$	N/mm²	Max. Vergleichsspannung nach von Mises

$\tau_{Füge}$	N/mm²	Interlaminare Zugscherfestigkeit
φ_f		Faservolumenanteil
$\varphi_{f,hex}$		Max. Faservolumenanteil hexagonaler Packung
$\varphi_{f,quad}$		Max. Faservolumenanteil quadratischer Packung
$\varphi_{f,max}$		Maximaler Faservolumenanteil
$\varphi_{f,min}$		Minimaler Faservolumenanteil
$\varphi_{f,roving}$		Faservolumenanteil im Roving
φ_W	°	Walzenumfangswinkel
ω_Q	1/s	Querfeldfrequenz

Abkürzungen

3D	dreidimensional
AZL	Aachener Zentrum für integrativen Leichtbau
CAD	Computer Aided Design
CCM	Intervallheißpresse engl.: Continuous Compression Molding
CF	Carbonfaser / Kohlenstofffaser
DBP	Doppelbandpresse
DGL	Differentialgleichung
DZA	Druckzonenanteil innerhalb des Druckmoduls [0…1]
DZL	Druckzonenlänge aller Einzelwalzenkontakte
Fe_2O_3	Eisen(III)-oxid
FEM	Finite Elemente Methode
FFKM	Perfluorkautschuk
FKM	Fluorkautschuk
FVG	Faservolumengehalt
FVK	Faserverstärkter Kunststoff
GF	Glasfaser
GMT	Glasmattenverstärkte Thermoplaste
IPT	(Fraunhofer) Institut für Produktionstechnologie
IR	Infrarot
KS	Kristallitschmelzbereich

PA12	Polyamid 12
PA6	Polyamid 6
PA66	Polyamid 6.6
PC	Polycarbonat
PE	Polyethylen
PEEK	Polyetheretherketon
PEI	Polyethylenimin
PES	Polyethersulfon
PET	Polyethylenterephthalat
PFA	Perfluoralkoxy-Polymere
PI	Polyimid
PMMA	Polymethylmethacrylat
PP	Polypropylen
PPS	Polyphenylensulfid
PS	Polystyrol
PVC	Polyvinylchlorid
TiO	Titan(II)-oxid
TP	Thermoplast / thermoplastisch
UD	unidirektional
VMQ	Vinyl-Methyl-Silikon (Silikonkautschuk)
ZnO	Zinkoxid

1 Einleitung

Introduction

Die fortschreitende Globalisierung gepaart mit einer zunehmenden weltweiten Ressourcenverknappung hat eine energieeffiziente Mobilität verstärkt in den Fokus des gesellschaftlichen und wirtschaftlichen Interesses rücken lassen. Gerade die relativ junge Spezies der Elektrofahrzeuge ist zur Erlangung einer Marktakzeptanz auf eine gewisse Mindestreichweite angewiesen, weshalb im Sinne einer gesteigerten Energieeffizienz eine Gewichtsreduzierung des Fahrzeugs allgemein, sowie der Strukturbauteile im Besonderen zwingend erforderlich ist. Aussichtsreiche Mittel zur Erfüllung der ökologischen und politischen Vorgaben stellen der strukturelle sowie insbesondere der werkstofftechnische Leichtbau dar. Hier konnten sich speziell die Faserverbundkunststoffe (FVK) durch ihre vergleichsweise hohe gewichtsspezifische Steifigkeit und Festigkeit am Markt etablieren. Thermoplastische Faserverbundkunststoffe (TP-FVK) verfügen – verglichen mit duroplastischen FVK – über die Eigenschaft, nahezu unbegrenzt oft wieder aufschmelzbar zu sein, und damit einhergehend mehrfach umformbar sowie schweiß- und recyklierbar. Darüber hinaus ermöglicht die Wiederaufschmelzbarkeit eine räumliche und zeitliche Trennung des aufwändigen Herstellungsprozesses der Halbzeuge und der anschließenden Bauteilherstellung. Dies macht die TP-FVK für Großserienanwendungen umso interessanter.

Als Halbzeuge der TP-FVK haben sich ebene Laminate etabliert, deren Lagenaufbau hinsichtlich der Faserorientierung entsprechend der Belastung im Bauteil zusammengesetzt wird. Dazu werden unidirektionale (UD) Lagen, bi- oder multidirektionale Gewebe oder andere textile Strukturen verwendet. Diese Lagen werden mit dem thermoplastischen Polymer – der sogenannten Matrix – unter Druck und Temperatur getränkt (imprägniert) sowie im Lagenverbund konsolidiert. Wird die Imprägnierung und Konsolidierung bereits während der Halbzeugherstellung vollständig und porenfrei abgeschlossen, spricht man bei den Halbzeugen von sogenannten Organoblechen.

Zur finalen Bauteilherstellung können die Halbzeuge entsprechend der Bauteilkontur zugeschnitten und nach Erwärmen über Schmelztemperatur in einem Thermoformprozess in die Bauteilgeometrie gebracht werden. Dieser Schritt erfolgt entweder in einer gesonderten Thermoformanlage oder in einer Spritzgießmaschine, in der parallel weitere Funktionselemente wie Rippen oder Clips angespritzt werden. Diese Funktionalisierung ist ein wichtiges Argument für den Einsatz von endlosfaserverstärkten TP-FVK als Konkurrenztechnologie zu konventionellen metallischen Werkstoffen. Daneben stellt in vielen großvolumigen Anwendungen, wie im Automobilbau, der durch konventionelle Materialien erzeugte hohe Kostendruck ein wichtiges Kriterium dar, da die Akzeptanz gegenüber durch Leichtbaumaßnahmen entstehende Kosten mit 5 € Mehrkosten je gespartem Kilogramm Masse relativ gering ist [FRIE17, S.51]. Um die Verfügbarkeit kostengünstiger endlosfaserverstärkter TP-FVK zu erhöhen, ist daher die Bereitstellung effizienter Herstellungsprozesse entscheidend.

Vor diesem Hintergrund hat sich der Einsatz von kontinuierlichen Anlagen und Prozessen bewährt – insbesondere von Doppelbandpressen, welche ihren Ursprung in der holzverarbeitenden Industrie haben. Hier haben sie ihren Erfolg seit den 1980er Jahren, beispielsweise in der Spanplattenfertigung, vorrangig jedoch nicht ihrem höheren Materialdurchsatz zu verdanken. Vielmehr stellten signifikante Materialeinsparungen das entscheidende Argument für ihre Einführung dar. So führte eine um 5 –10 % verringerte Materialrohdichte im kontinuierlichen Prozess zu gegenüber statisch hergestellten Platten vergleichbaren Materialeigenschaften hinsichtlich Biege- und Querzugfestigkeit [SAND09, S.9] [SOIN86, S.372–373]. Dies war durch die Dynamik des Pressprozesses zu begründen, die durch eine bessere Entdampfung im Presseneinlaufbereich die Bildung von festigkeitsmindernden Dampfnestern verhinderte. Daraus resultierte weiterhin ein sich positiv auf die Produktkosten auswirkender reduzierter Harzeinsatz [SOIN86, S.375]. Zusätzlich konnte durch die optimierte Dickentoleranz kontinuierlicher Prozesse der Abschliff gegenüber Taktpressen halbiert und gegenüber Mehretagenpressen sogar auf ein Drittel reduziert werden [SAND09, S.12]. In Summe zeichnen sich die kontinuierlichen Anlagen so durch einen um mehr als 12 – 15 % verringerten Materialaufwand aus, und dies bei durch die reduzierte Dichte und gleichbleibenden mechanischen Eigenschaften gesteigerter Produktqualität [PANK97, S.32] [SIEM14, S.12]. Dadurch lassen sich auch Anlagenkosten in der Größenordnung von 300.000 € je Meter Pressenlänge bei Anlagenlängen von über sechzig Metern wirtschaftlich abbilden [MEYE07, S.2].

Bei der kontinuierlichen Herstellung von faserverstärkten Kunststoffen und speziell Organoblechen hingegen bleibt, wie bei statischen Prozessen, die Herstellung eines porenfreien Laminats das oberste Ziel, weshalb, anders als bei der Spanplattenherstellung, keine verringerten Materialaufwände über die Dichte und Abschliffrate realisierbar sind. Eine gesteigerte Materialeffizienz kann zwar ebenfalls über reduzierten Randverschnitt erzielt werden, der Einsparungseffekt fällt jedoch deutlich geringer aus. Hauptargument für den Einsatz kontinuierlicher Anlagen im Bereich thermoplastischer FVK ist daher ihre hohe Produktivität. Vor dem Hintergrund noch immer unsicherer Absatzmärkte und damit Maschinenauslastungen stellt die hohe Investitionssumme der Anlagen jedoch eine nicht unerhebliche Hürde für viele Unternehmen dar [EGGE17, S.4]. Neben der Bereitstellung von effizienten Herstellungsprozessen gilt es daher darüber hinaus, durch kostengünstige und skalierbare Anlagenkonzepte die Einstiegshürde produzierender Unternehmen in die Herstellung flächiger Halbzeuge zu reduzieren.

Im Rahmen der vorliegenden Dissertation wird eine am Aachener Zentrum für integrativen Leichtbau (AZL) entwickelte Doppelbandpresse untersucht, welche in Hinblick auf eine hohe Energieeffizienz, niedrige Investitionskosten und eine gute Skalierbarkeit entworfen wurde. Als Heizmechanismus kommt dabei die elektromagnetische Induktion in Querfeldanordnung zum Einsatz, die Druckapplikation erfolgt durch seriell angeordnete elastische Walzenpaare.

Introduction

Advancing globalization combined with increasing worldwide scarcity of resources has brought energy-efficient mobility more and more into the focus of social and economic interest. Especially the emerging species of electric vehicles is dependent on a certain minimum range to achieve market acceptance, which is why for an increased energy efficiency, a weight reduction of the vehicle in general, and of the structural components in particular, is essential. A promising means of fulfilling the ecological and political requirements is structural lightweight construction, and in particular lightweight materials technology. In this area, fiber reinforced plastics (FRP) have been able to establish themselves on the market in recent years due to their comparatively high weight-specific stiffness and strength. Thermoplastic fiber reinforced plastics (TP-FRP) – compared to thermoset FRP – can be re-melted almost indefinitely, and thus can be formed, welded and recycled several times. In addition, the re-meltability enables a spatial and temporal separation of the complex manufacturing process of the semi-finished FRP products and the subsequent component manufacture. This makes TP-FRP all the more interesting for high-volume applications.

Laminates have established themselves as semi-finished products of TP-FRP, whose layer structure is assembled with regard to the fiber orientation according to the load in the component. Unidirectional (UD) layers, bi- or multidirectional fabrics or other textile structures are used for this purpose. These layers are impregnated with the thermoplastic polymer – the so-called matrix – under pressure and temperature and consolidated to form a composite. If the impregnation and consolidation is already fully completed and without pores during the production of semi-finished products, they are referred to as organic sheets.

For the final component manufacture, the semi-finished products are cut to size according to the component contour and, after being heated above melting temperature, are brought into the component geometry in a thermoforming process. This step takes place either in a separate thermoforming unit or in an injection molding machine. Here, other functional elements such as ribs or clips are injected in parallel. This functionalization is an important argument for the use of continuous fiber-reinforced TP-FRP as a competing technology to conventional metallic materials. In addition, the high cost pressure generated by conventional materials is an important criterion in many large-volume applications, such as in automotive engineering, since acceptance of the costs arising from lightweight construction measures is relatively low at 5 € additional cost per kilogram of mass saved [FRIE17, S.51]. To increase the availability of cost-effective continuous fiber-reinforced TP-FRP, it is therefore crucial to provide efficient manufacturing processes.

In this context, the use of machines and processes employing a continuous principle has proven its worth – double belt presses in particular. These systems originate in the woodworking industry, where they have owed their success since the 1980s primarily not to their higher material throughput. Instead, significant material savings have been the decisive argument for their introduction. For example, a 5 – 10 % reduction in raw material density in a continuous process led to material properties of the final product comparable to those of statically produced boards with regard to bending and transverse tensile strength [SAND09, S.9] [SOIN86, S.372–373]. This was due to the dynamics of the pressing process, which prevented the formation of strength-reducing steam nests due to better evaporation in the press inlet area. This also resulted in reduced resin consumption, which had a further positive effect on product costs [SOIN86, S.375]. In addition, due to the optimized thickness tolerance of continuous processes, the surface sanding could be halved compared to cycle presses and even reduced to a third compared to multi-daylight presses [SAND09, S.12]. All in all, the continuous plants are characterized by more than 12 – 15 % lower material costs, and this with increased product quality due to the reduced density and constant mechanical properties [PANK97, S.32] [SIEM14, S.12]. As a result, plant costs in the order of 300,000 € per meter of press length (at plant lengths of more than sixty meters) can be implemented economically [MEYE07, S.2].

In the continuous production of fiber-reinforced plastics and especially organic sheets, however, the production of a non-porous laminate remains the primary objective, as in static processes. Therefore, differing from the wood panel production, no material savings by a reduced density or sanding can be achieved. Although an increased material efficiency can be attained by a reduced edge trim, the savings effect is much smaller. The main argument for the use of continuous lines in the field of TP-FRP is therefore their high productivity. However, given the fact that the sales markets are still very uncertain, and thus an uncertain capacity utilization of the machines, the high investment costs of the plants represent a considerable hurdle for many companies [EGGE17, S.4]. In addition to the provision of efficient manufacturing processes, it is therefore essential to reduce the entry hurdle for manufacturers to produce TP-FRP laminates by supplying cost-effective and scalable plant concepts.

The dissertation at hand examines a double belt press developed at the Aachen Center for Lightweight Production (AZL), which was designed with regard to high energy efficiency, low investment costs and good scalability. The heating mechanism is based on electromagnetic induction in a transverse field arrangement, the pressure application is carried out by serially arranged elastic roller pairs.

2 Stand der Technik in Forschung und Industrie

State of the art in research and industry

Zielsetzung dieses Kapitels ist es, die physikalischen Herausforderungen bei der Herstellung endlosfaserverstärkter thermoplastischer Halbzeuge zu erläutern sowie einen Überblick über in Industrie und Wissenschaft hierzu aktuell eingesetzte Prozess- und Anlagentechnologie zu geben. Nachdem eine Einführung in die thermoplastischen Faserverbundkunststoffe im Allgemeinen erfolgt ist, sollen dazu zunächst die grundlegenden Strategien zur Herstellung flächiger Halbzeuge erläutert und daran anknüpfend die physikalischen Grundlagen der Prozesse untersucht werden. Mit Blick auf die daraus abgeleiteten Anforderungen werden im Anschluss aktuelle Systeme und ihre Mechanismen vorgestellt und eingeordnet. Hierbei wird insbesondere auf Besonderheiten der Wirkmechanismen und ihre Auswirkungen auf den Imprägnierungs- und Konsolidierungsprozess eingegangen. Abschließend werden die erarbeiteten Erkenntnisse des Kapitels zusammengefasst und identifizierte Defizite aufgezeigt.

2.1 Endlosfaserverstärkte Thermoplaste und ihre Halbzeuge

Fiber-reinforced thermoplastic composites and intermediates

Einer der herausragenden Vorteile thermoplastischer faserverstärkte Kunststoffe gegenüber duroplastischer FVK liegt in ihrer Eigenschaft, nahezu unbegrenzt oft umformbar, schweißbar und rezyklierbar zu sein. Durch die realisierbaren Zykluszeiten von unter einer Minute bei der Formgebung sind sie prädestiniert für den Einsatz in der Serienfertigung [NEIT14, S.396]. Diese verhältnismäßig kurzen Zykluszeiten sind möglich, da anders als im Bereich duroplastischer Werkstoffe bei der Bauteilherstellung keine zeitintensiven chemischen Kettenbildungs- und Vernetzungsreaktionen stattfinden.
Thermoplastische Polymere bestehen aus linearen oder verzweigten Makromolekülen, die im Gegensatz zu den Duroplasten räumlich nicht vernetzt sind. Der intermolekulare Halt wird durch sekundäre Bindungskräfte gewährleistet, welche mit zunehmender Annäherung der Moleküle steigen. Stark verzweigte Makromoleküle bilden eine Art Knäuel ohne jedwede erkennbare Fernordnung und werden als amorph bezeichnet. Teilkristalline Thermoplaste besitzen Molekülketten mit einer geringeren Verzweigung und bilden zu einem gewissen Maß eine kristalline Nahordnung, um so die freie Enthalpie des Systems zu reduzieren. Diese kristallinen Strukturen sind durch amorphe Bereiche verbunden und bilden sich bevorzugt bei einer langsamen Erstarrung der Schmelze unter Druck aus. [DOMI12, S.38]
Bei Erreichen der Glasübergangstemperatur T_g schmelzen die amorphen Strukturen vollständig auf, sodass amorphe Thermoplaste oberhalb dieser Temperatur entropieelastisches Verhalten aufweisen. Ihr technischer Anwendungsbereich beschränkt sich dementsprechend auf Temperaturen unterhalb der Glasübergangstemperatur,

Bild 2-1 links. Die kristallinen Molekülstrukturen teilkristalliner Thermoplaste schmelzen erst bei einer deutlich höheren Temperatur. Im relativ engen Kristallitschmelzbereich ist eine Umformung des Kunststoffs möglich; erst bei Erreichen der Kristallitschmelztemperatur T_s liegt der Thermoplast als hochviskose Flüssigkeit vor, Bild 2-1 rechts. Der technische Anwendungsbereich liegt typischerweise zwischen der Glasübergangstemperatur T_g und dem Kristallitschmelzbereich KS. [EHRE11, S.81–101]

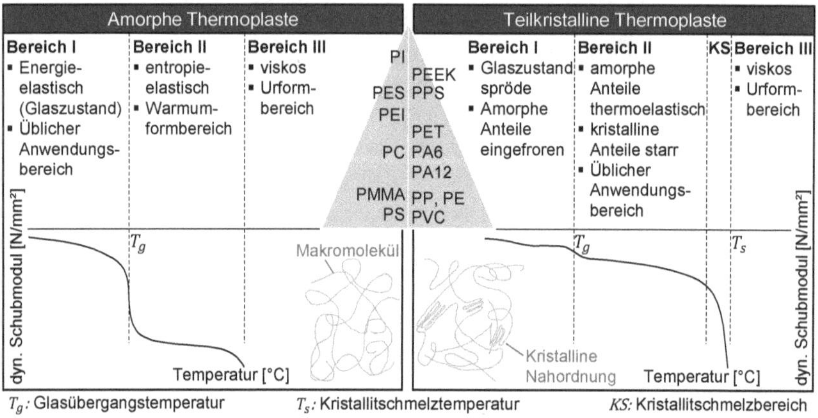

Bild 2-1: Molekularer Aufbau sowie Temperaturabhängigkeit des dynamischen Schubmoduls amorpher und teilkristalliner Thermoplaste; in Anlehnung an [DOMI12, S.7] [SCHÜ07, S.85]

Molecular structure and temperature dependent dynamic modulus of amorphous and semi-crystalline thermoplastics

Die Tatsache, dass die zeitaufwendige Polymerisation der monomeren Ausgangsstoffe bereits abgeschlossen ist und somit nicht bei der Bauteilherstellung ablaufen muss, bedeutet jedoch ebenfalls, dass die Matrix als vollständig polymerisierter Werkstoff vor der Imprägnierung der Fasern bereits ein hohes Molekulargewicht aufweist. Dies hat einerseits eine hohe Schmelztemperatur weit oberhalb der Raumtemperatur und andererseits eine hohe Viskosität der Schmelze zur Folge. Letztere liegt meist im Bereich zwischen 100 und 5000 Pascalsekunden und damit mehrere Größenordnungen oberhalb der Viskosität üblicher duroplastischer Harzsysteme [HENN11, S.373] [SCHÜ07, S.129]. Beide Eigenschaften, die hohe Verarbeitungstemperatur und die Schmelzviskosität, stellen zentrale Herausforderungen bei der Herstellung thermoplastischer faserverstärkter Kunststoffe dar. COGSWELL hat diesen Umstand wie folgt veranschaulicht [COGS92, S.58]:

„[…] in 10 ml of composite (based on 60 % by volume of carbon fibres of diameter 7 µm) we have nearly 4 m² of surface area of fibre to be coated with a thimbleful of matrix resin […] (having) the consistency of well chewed chewing gum, and the problem of spreading that matrix over so large an area is obvious. Further, economics demand that the […] process should be rapid, so that […] in the analogy with chewing gum you have less than a minute to spread two pieces of chewing gum over the area of a large dining table, including the time taken to soften the gum."

Diese Analogie verdeutlicht den hohen Aufwand, der bei der Imprägnierung der Fasern mit der thermoplastischen Matrix betrieben werden muss. Eine Ausnahme stellen die in-situ-polymerisierenden Thermoplaste dar, bei welchen die Tränkung der Faserstruktur mit einem niedrigviskosen Monomer erfolgt, und die anschließende Polymerisation erst im Bauteil, also *in-situ*, geschieht. Da diese Verfahrensweise im Bereich der FVK jedoch noch keine Serienreife erlangt hat, sei an dieser Stelle lediglich auf die einschlägige Fachliteratur verwiesen [NEIT14] [THOM09].

Neben den Eigenschaften des Polymers hat nach obiger Veranschaulichung von COGSWELL die Faserstruktur ebenfalls einen maßgeblichen Einfluss auf den Imprägniervorgang. Der Aufwand steigt dabei proportional zum Faservolumengehalt des Faserhalbzeugs bzw. Textils sowie antiproportional zum Faserdurchmesser, da mit steigender Oberfläche und Packungsdichte der Fasern die Zwischenräume und somit die zur Verfügung stehenden Fließwege abnehmen. Daher ist die Imprägnierung von gerichteten Endlosfaserbündeln aufwändiger als die Imprägnierung von Kurz- und Langfasern oder regellosen textilen Halbzeugen wie Matten und Vliese. Die Motivation zum Einsatz gerichteter Endlosfasern liegt in den resultierenden überlegenen mechanischen Eigenschaften und dem damit verbundenen Leichtbaupotential, da die Fasern den Großteil der mechanischen Last des Bauteils aufnehmen [GUTO97, S.6] [SCHÜ07, S.13]. Bild 2-2 zeigt beispielhaft die Abhängigkeit einiger mechanischen Eigenschaften von der Faserlänge eines glasfaserverstärkten Polypropylens. Es ist gut erkennbar, dass die Bauteilfestigkeit und insbesondere die Schlagzähigkeit maßgeblich von der Faserlänge abhängen. Als endlos gelten Fasern mit einer Länge größer 50 mm. Die Faserfestigkeit wird maximal ausgenutzt, wenn die Fasern gerichtet und gestreckt vorliegen. Abhängig vom Grad der Faserausrichtung weisen die Bauteileigenschaften eine mehr oder minder stark ausgeprägte Anisotropie auf, welche bei der Auslegung berücksichtigt werden muss. Im Fall von textilen Strukturen wie Geweben kommt es an den Kreuzungspunkten der einzelnen Faserbündel zu einer charakteristischen Wellenbildung, den sogenannten Ondulationen. Gegenüber rein unidirektional vorliegenden Fasern weisen Gewebe dadurch eine um ca. 5 – 20 % reduzierte Festigkeit auf. Neben der Reduzierung der Festigkeit durch die nicht völlig krümmungsfrei vorliegenden Fasern herrschen an den Ondulationspunkten komplexe Spannungszustände vor, welche zu einem weiteren Abfall der Festigkeit führen. [SCHÜ07, S.63]

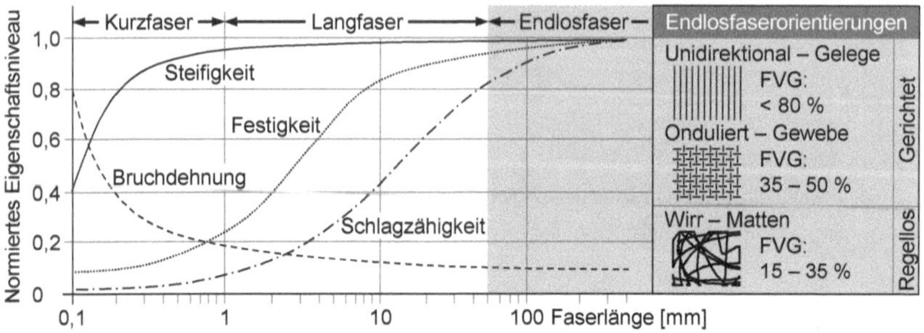

Bild 2-2: Einfluss der Faserlänge auf die mechanischen Eigenschaften eines FVK [THOM02] sowie verschiedene Endlosfaserorientierungen und übliche Faservolumengehalte (FVG); in Anlehnung an [FRIE17, S.596] [SCHÜ07, 60 ff.]

Influence of fiber length on mechanical properties of FRP and different fiber orientations found in endlessly reinforced FRP with common fiber volume contents

Durch die beschriebenen Eigenschaften von TP-FVK:

- hohe Schmelzviskosität und dadurch aufwändiger Imprägnierprozess, jedoch
- Wiederaufschmelzbarkeit und schnelle 3D-Bauteilformung

hat sich im Bereich der endlosfaserverstärkten TP-FVK die Trennung der Prozessschritte Imprägnierung und Bauteilfertigung und somit der Einsatz von Halbzeugen, sogenannten Prepregs (engl.: *pre-impregnated*), in der Industrie etabliert. Die beiden gängigsten sollen im Folgenden kurz näher vorgestellt werden: unidirektionale (UD) Tapes und Organobleche.

2.1.1 UD Tapes

Unidirectional tapes

Tapes werden in Breiten bis etwa 800 mm, zum Teil bis 1200 mm hergestellt und anschließend entsprechend der benötigten Breite geschnitten (engl.: *geslittet*). Sie weisen zumeist eine Dicke von 0,1 mm bis 0,4 mm auf, Bild 2-3 [BAUM17, S.5]. Der Aufbau des Bauteils erfolgt in nachgelagerten Schritten. Dabei wird unterschieden, ob die einzelnen Tapes zunächst nur lokal fixiert werden und die Konsolidierung in einem weiteren Prozess unter der Einwirkung von Temperatur und Druck erfolgt, oder ob bereits während der Ablage der Tapes eine *in-situ* Konsolidierung erfolgt.

Ein in der Industrie häufig eingesetztes Verfahren zur Herstellung von UD Tapes ist das Schmelzextrusionsverfahren [NEIT14, S.175]. Bei diesem wird das Polymergranulat mittels Breitschlitzdüse direkt auf die Verstärkungsfasern extrudiert. Dadurch entfallen teurere Zwischenprodukte wie Folien und Pulver oder umweltbelastende Lösemittel. Letztere werden in alternativen Verfahren eingesetzt, um die Viskosität des Polymers weiter zu reduzieren und eine verbesserte Imprägnierung zu erzielen. Allen Verfahren ist gemein, dass die Rovings, zu denen die einzelnen Faserfilamente zusammengefasst sind, vor der Benetzung mit dem Polymer aufgespreizt und möglichst gleichmäßig über der Fläche verteilt werden. Dies gewährleistet zum einen eine homogene Faserverteilung im Produkt, zum anderen hat es den Vorteil, dass so der Fließwiderstand für den Imprägniervorgang reduziert wird.

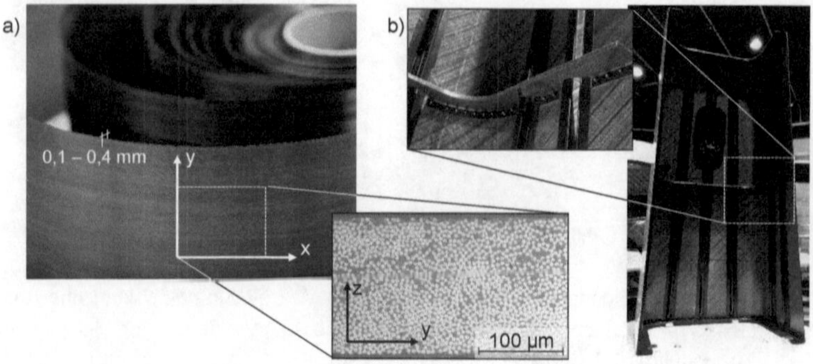

Bild 2-3: Aufbau und Einsatz von UD-Tapes: a) makro- und mikroskopische Ansicht [EVON19]; b) Beispielbauteil Flugzeugrumpf [STEL19]

Structure and use of UD tapes: a) macro- and microscopic view; b) Fuselage for aircrafts

2.1.2 Organobleche

Organosheets

Organobleche stellen eine Sonderform von Prepregs dar, bei denen sowohl die Imprägnierung der Fasern als auch die porenfreie Konsolidierung des Schichtverbundes bereits vollständig abgeschlossen ist [OSTG97, S.14] [HENN11, S.374]. Die Faserverstärkungen der Schichten sind dabei klassischerweise gewebebasiert, jedoch werden zunehmend auch UD-lagenbasierte Organobleche eingesetzt, vergleiche Bild 2-4. Zur Herstellung von Organoblechen können andere Prepregs wie Tapes weiterverarbeitet oder trockene Fasern direkt mit dem Polymer imprägniert werden. Das Polymer wird dabei als Folie (sogenanntes *film stacking*), als Pulver, als Mischgarn bzw. -faser oder als Schmelze extrudiert zugeführt. Die Prozessparameter Druck und Temperatur über der Zeit bestimmen maßgeblich die erreichbaren Produkteigenschaften des Verbundwerkstoffs. Unterschiedliche hierfür eingesetzte Herstellungsweisen und -strategien werden in Kapitel 2.2, dazu eingesetzte Maschinen und Systeme in Kapitel 2.5 vorgestellt.

Zur Weiterverarbeitung werden die Organobleche entsprechend der benötigten Kontur zugeschnitten und nach Erwärmen über Glasübergangs- bzw. Kristallitschmelztemperatur umgeformt. Dies erfolgt entweder in einer gesonderten Thermoformstation oder in einer Spritzgießmaschine, in der parallel weitere Funktionselemente wie Clips und Rippen angespritzt werden können (Bild 2-4 c)).

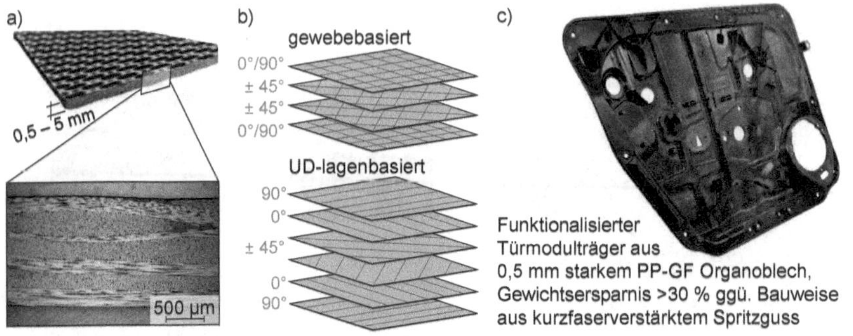

Bild 2-4: Aufbau und Einsatz von Organoblechen: a) Makro- und mikroskopische Ansicht [TENC19]; b) schematische Ansichten des Lagenaufbaus; c) Beispielbauteil Türmodulträger [BROS19] [BÜRK16, S.250]

Structure and use of organosheets: a) macro- and microscopic view; b) schematic views of layer formation; c) door module as example

2.2 Strategien zur Herstellung von flächigen TP-FVK-Laminaten

Strategies for manufacturing of TP composite blanks

Der Herstellungsprozess von TP-FVK-Laminaten wird maßgeblich durch die Regelgrößen

- Temperatur,
- Druck und
- Zeit

determiniert und gliedert sich grundsätzlich in die Phasen bzw. Prozessschritte

- Lagenerzeugung, auch Stapeln oder „*Stacking*",
- Imprägnierung,
- Konsolidierung und
- Solidifikation.

Im industriellen Umfeld können dazu zwei Prozessstrategien identifiziert werden, welche sich hinsichtlich der chronologischen Reihenfolge der Prozessschritte unterscheiden: die Direktverarbeitung, Strategie A in Bild 2-5, und die Herstellung und Weiterverarbeitung von Prepreg Zwischenstufen, Strategie B in Bild 2-5. Für beide Ansätze ergeben sich unterschiedliche Anforderungen an die Maschinensysteme hinsichtlich der Prozessparameter Druck und Temperatur sowie ihrer jeweiligen zeitlichen Wirkdauer. Hieraus resultieren unterschiedliche physikalische Prinzipien, auf denen entsprechende Anlagen basieren können.

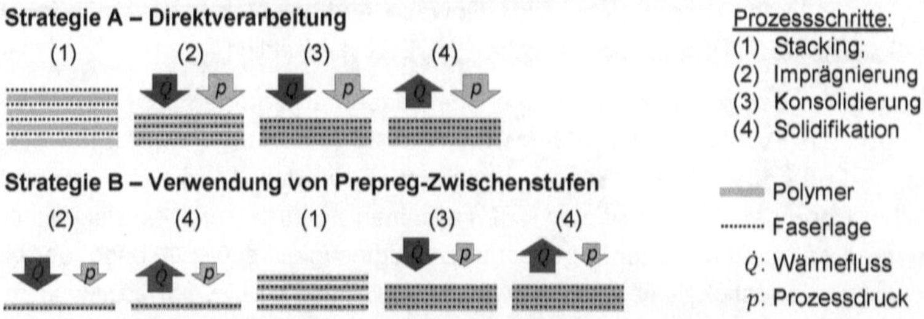

Bild 2-5: Strategien zur Herstellung flächiger Faserverbundlaminate [WEND18a]
Strategies for composite sheet manufacturing

Strategie A verfolgt das Stapeln der trockenen Fasern bzw. Textilien mit polymeren Lagen, bspw. als Pulver, Folie oder Hybridgarn (1), gefolgt von der Imprägnierung (2) und Konsolidierung (3) des gesamten Stapels unter Druck und Temperatur und anschließender Solidifikation (4) unter Druck.
Wie in Kapitel 2.1 erläutert, ist die Imprägnierung aufgrund der hohen Viskosität der Polymerschmelze ein sehr zeitintensiver Prozess. Daher werden zur technischen Realisierung von Strategie A Anlagen mit hohen erreichbaren Prozessdrücken sowie Wärmeübergangsraten über lange Zeiträume eingesetzt, beispielsweise Mehretagen- oder Doppelbandpressen.

Strategie B verfolgt die Imprägnierung (2) von dünnen (UD) Faserlagen mit Polymer, gefolgt von Solidifikation (4), anschließendem Stapeln der vorimprägnierten Lagen (1) entsprechend der geforderten Faserorientierung, sowie das Konsolidieren (3) der Lagen unter Druck und Temperatur mit abschließender Solidifikation (4) unter Druck.
Die Imprägnierung von dünnen Einzellagen bietet wie in Kapitel 2.1.1 beschrieben den Vorteil, dass die Rovings vor der Imprägnierung gespreizt werden können. Dadurch verringert sich zum einen der notwendige Fließweg des Polymers, zum anderen können weitere physikalische Mechanismen wie das Einbringen von Scherspannungen in die Polymerschmelze zur Verringerung der Schmelzviskosität eingesetzt werden [LANG12, S.33]. Zur anschließenden Konsolidierung der Einzellagen zu einem porenfreien Laminat, auch als *Bulk Consolidation* [GUTO97, S.94] [ERMA07, S.9–15] oder *Prepreg-Laminierung* [MAYE00, S.8] bezeichnet, muss zwischen den Oberflächen der Einzellagen durch Druck und Temperatureinwirkung ein intimer Kontakt hergestellt werden. Die dann ablaufenden Autohäsionsvorgänge sind bereits nach wenigen Millisekunden abgeschlossen, was entscheidenden Einfluss auf die benötigte Anlagentechnologie hat. Hierzu reichen in der Regel einfachere Laminier- oder Kaschieranlagen bereits aus, vergleiche Kapitel 2.4 und 2.5.
Nach Strategie B hergestellte Laminate sind beispielsweise *Cross-Ply* [AKER15], *KingPly* [MASO19] oder Maezio™ [COVE19]. Ein zur Konsolidierung vollflächiger Lagen alternativer Ansatz verfolgt das Verweben von schmalen UD-Tapes zu Tape-Geweben, welche anschließend gestapelt und konsolidiert werden, was Vorteile bei

der Drapierung bieten kann. Solche Tape-Gewebe sind beispielsweise als TAPETEX [SETE19], *TIXPREF* [TISS13] oder *W8SVR* [HUES19] erhältlich.

Unabhängig von der gewählten Strategie ist es das übergeordnete Ziel bei der Herstellung von TP-FVK-Laminaten, die im Material bzw. zwischen den Lagen eingeschlossene Luft sowie andere Gase rückstandsfrei aus dem Laminat zu entfernen. Bereits bei Porengehalten von unter 5 % im finalen Laminat kann eine signifikante Reduzierung der mechanischen Eigenschaften Zugfestigkeit sowie insbesondere der Biege- und Scherfestigkeit beobachtet werden [YOSH86] [BLED95]. Zulässige Porengehalte werden ja nach Material und Anwendung daher zwischen 0,25 % und 2 % angegeben [COGS92, S.80] [LIU15, S.369] [BAUM17, S.11].

2.3 Physikalische Grundlagen der Imprägnierung

Basics of impregnation

Bei der Herstellung faserverstärkter thermoplastischer Kunststoffe müssen die trockenen Fasern mit der polymeren Matrix unter Ausbildung einer Grenzschicht kombiniert werden. Dieser als Imprägnierung bezeichnete Prozess unterliegt einer Vielzahl von Einflussfaktoren, weshalb es sich um einen sehr komplexen Realprozess handelt. Er ist schematisch in Bild 2-6 dargestellt. Hier liegen zunächst Polymer und Faserrovings getrennt vor (t_0). Es wird angenommen, dass zum Zeitpunkt t_1 eine Druckapplikation ($p > 0$) auf das noch feste Polymer ($T < T_m$) zu einer Kompaktierung der Faserstruktur und somit zu einer Zunahme des Faservolumengehalts führt. Zwischen den Lagen befindliche Luft kann zu den Rändern hin entweichen. Bei Erreichen der Schmelztemperatur ($T > T_m$) setzt der eigentliche Imprägnierungsprozess ein, welcher in zwei zeitlich nacheinander ablaufende Phasen unterteilt werden kann. Während der zunächst ablaufenden Makroimprägnierung (t_2) umströmt die Matrix die Faserbündel, in deren Zwischenräumen (z.B. zwischen Kett- und Schussfäden) sich relativ große Fließwege bieten. In den Rovings eingeschlossene Luft kann nach Abschluss der Makroimprägnierung entlang der longitudinalen Faserzwischenräume entweichen. Die folgende Mikroimprägnierung (t_3) läuft um zwei bis drei Größenordnungen langsamer ab [MAYE98, S.785] [OSTG97, S.87] [SCHÖ13, S.97]. Hier dringt die Schmelze radial in die Faserbündel mit Fließwegen kleiner dem Filament- bzw. Faserdurchmesser ein. Aufgrund der hohen Viskosität der Schmelze bleibt die Kompaktierung des trockenen Rovingbereichs zunächst bestehen. In diesem liegt dadurch die höchste Packungsdichte und somit der größte Fließwiderstand vor [RIEB11]. Erst wenn die Filamente von der Schmelze vollständig umströmt wurden und so in einem hydrostatischen Druckfeld liegen, relaxieren sie ihren radialen Abstand untereinander. Diese Expansion wird durch den Strangaufweitungseffekt unterstützt, welcher beim Durchströmen des Polymers durch die engen Filamentkapillare auftritt [MAYE00, S.70] [MENG11, S.130]. Im Zentrum der Rovings treffen die radialen Schmelzefronten entlang der Längsachse des angenähert elliptischen Querschnitts unter Bildung einer Grenzfläche aufeinander. Begünstigt durch Druck und Temperatur kommt es zu einem Fügeprozess durch Van-der-Waals Kräfte und Autohäsionsmechanismen, also die Diffusion und Migration von Grenzmolekülketten. In den Poren zwischen den Schmelzefronten eingeschlossene Gase werden an der Oberfläche des Polymers zunächst gelöst und durch Diffusionsprozesse entfernt. [MAYE00, S.80] Die Gase werden dabei durch den Prozessdruck stark komprimiert, was schlussendlich zum Kollabieren der Pore führt. Im Idealfall liegt nach Abschluss des Imprägniervorgangs eine homogene Faserverteilung über dem Laminatquerschnitt vor (t_4). Die beschriebenen Effekte sind für die Charakterisierung des Imprägniervorgangs von großer Bedeutung. So führen sie zum einen dazu, dass durch die makro- und insbesondere mikroskopischen Deformationen ein Großteil der Fließenergie abgebaut wird und somit nicht mehr für die Imprägnierung zur Verfügung steht. Zum anderen ändert sich der Fließwiederstand der Faserrovings in den verschiedenen Phasen der Imprägnierung zum Teil erheblich.

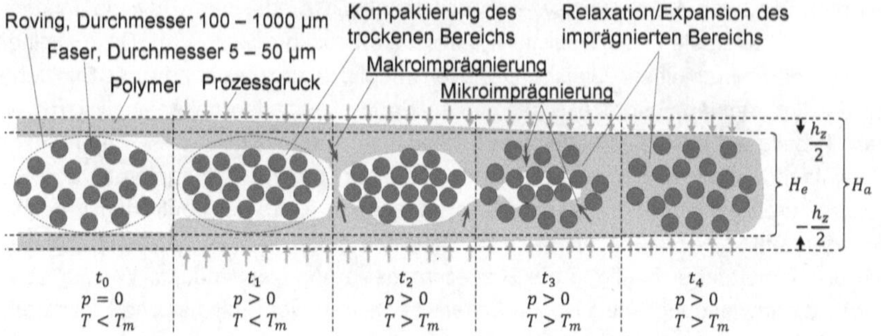

Bild 2-6: Schematische Darstellung des Ablaufs von Makro- und Mikroimprägnierung
Schematic view of macro- and micro-impregnation processes

Zur Beschreibung der Dickenänderung des Laminats während des Imprägnierungsvorgangs kann unter Annahme einer homogenen Verteilung des Polymers auf der Faserstruktur vor der Imprägnierung vereinfachend von einer rein transversalen Fließbewegung in Dickenrichtung ausgegangen werden. Es gilt folgender Zusammenhang:

$$\left(\frac{dV}{dt}\right) = A \cdot \left(\frac{dh_z}{dt}\right) \tag{2.1}$$

Durch Eindringen des Polymers in die Zwischenräume wird die residuale Luft verdrängt, wodurch die Dicke des Verbundes abnimmt. Die Enddicke H_e des Laminats liegt dabei um bis zu 25% unterhalb der Anfangsdicke H_a [MAYE00, S.34].

Zur Beschreibung des Fließprozesses einer thermoplastischen Schmelze durch ein Faserbett wird in der Literatur auf eine von DARCY im Jahr 1856 empirisch ermittelte Bewegungsgleichung zurückgegriffen [DARC56]. Bei dieser handelt es sich um eine um Trägheits- und Schwerkräfte gekürzte Form einer vereinfachten Navier-Stokes Gleichung:

$$q_i = -\frac{K_{i,j}}{\eta}\frac{\partial p}{dx_j} \qquad mit\, i,j \in [x,y,z] \qquad (2.2)$$

Sie besagt, dass die mittlere laminare Fließrate q_i je Flächenelement und Richtung x_j eines homogenen newtonschen Fluids der Viskosität η durch ein poröses Medium der Permeabilität $K_{i,j}$ direkt proportional zum Druckgradienten p in dieser Richtung ist. Werden nun erneut nur die Fließvorgänge in Dickenrichtung betrachtet, lässt sich die Bewegungsgleichung 2.2 unter der Annahme konstanter Materialeigenschaften sowie einer druckunabhängigen Permeabilität integrieren und die notwendige Imprägnierungszeit wie folgt bestimmen:

$$t_{imp} = \frac{\eta \cdot \Delta z^2}{2 \cdot K_{zz} \cdot \Delta p} \qquad (2.3)$$

mit dem Fließweg Δz, beispielsweise der Laminatdicke oder dem Rovingdurchmesser, der transversalen Permeabilität K_{zz} und dem Druckgradienten Δp. Die einzelnen Prozessparameter dieser Gleichung stellen mögliche prozesstechnische Stellhebel für den Imprägnierungsprozess dar und sollen im Folgenden näher analysiert werden. Tabelle 2-1 stellt die bei der Anwendung des Gesetzes nach DARCY getroffenen Vereinfachungen und die realen Randbedingungen bei der Imprägnierung von Faserstrukturen mit Thermoplastschmelzen gegenüber. Trotz der deutlichen Vereinfachungen stellt das Fließgesetz nach DARCY einen guten analytischen Ausgangswert dar und findet daher häufig in der Prozessmodellierung Verwendung. Wichtig ist es dabei, die anwendungsspezifischen Materialkennwerte von Polymer und Faserstruktur zu berücksichtigen. [WÖGI04, S.35]

Tabelle 2-1: Gegenüberstellung der rheologischen und materialspezifischen Randbedingungen des Fließgesetzes nach DARCY und des realen Imprägnierungsprozesses, in Anlehnung an [MAYE00, S.26]

Comparison of rheologic and material boundary conditions for DARCY flow and real impregnation process

	Fließgesetz von DARCY	**Imprägnierung von Faserstrukturen mit Thermoplastschmelze**
Fluid	Newtonsches Verhalten: $\eta(T)$ Inkompressibilität	Strukturviskoses Verhalten: $\eta(T,\gamma,t)$ p-v-T Abhängigkeit
Poröses Medium	Isotropie Homogenität Ideale Steifigkeit	Anisotropie Inhomogenität Elastizität
Fließrichtung	Eindimensionalität	Mehrdimensionalität
Fließeffekte	-	Kapillareffekte

2.3.1 Permeabilität

Permeabiltity

Der Permeabilitätstensor $K_{i,j}$ in Gleichung 2.2 beschreibt die richtungsabhängige Durchlässigkeit der Faserstruktur und damit ihren anisotropen Charakter. Wird das Koordinatensystem entsprechend Bild 2-7 für ein Faserbündel mit einer Achse parallel zur Faserorientierung gewählt, so gilt für alle Elemente von $K_{i,j} = 0\; mit\; i \neq j$. Weiterhin kann aufgrund der Isotropie des Faserbündels $K_{yy} = K_{zz}$ für die transversalen Richtungen angenommen werden, sodass der Permeabilitätstensor lediglich die Terme der longitudinalen Permeabilität K_{xx} und der transversalen Permeabilität K_{zz} aufweist. Grundsätzlich gilt, dass die Durchlässigkeit in longitudinaler Richtung deutlich größer ausfällt als in transversaler, da den Strömungspfaden parallel zu den Fasern eine verhältnismäßig große Querschnittsfläche zur Verfügung steht. LAM und KARDOS ermittelten bei Untersuchungen an unidirektionalen Kohlenstofffaserbündeln ein Verhältnis von transversaler zu longitudinaler Durchlässigkeit von $K_{zz}/K_{xx} = 1/19$ [LAM91, S.1068], GUTOWSKI et. al bestimmten das Verhältnis ebenfalls an unidirektionalen Kohlenstofffasern zu $K_{zz}/K_{xx} = 1/25$ [GUTO87b].

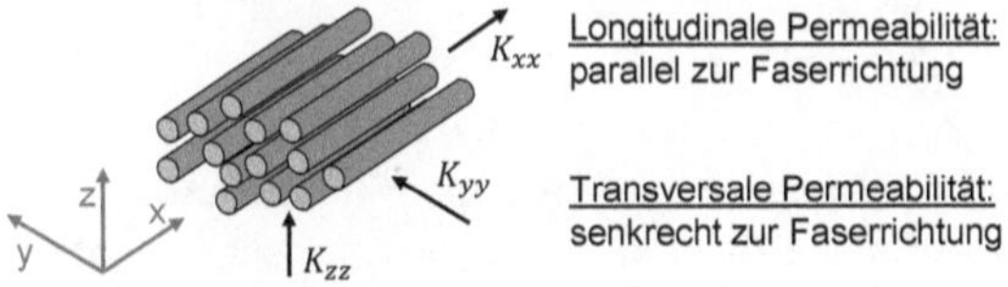

Bild 2-7: Anisotropie der Permeabilität
Anisotropy of permeability

Die geringe transversale Permeabilität ist im geringen mittleren radialen Abstand der Fasern δ_f begründet. Dieser kann durch folgenden geometrischen Zusammenhang beschrieben werden [GUTO97, S.115]:

$$\frac{\delta_f}{d_f} = \sqrt{\frac{\varphi_{f,max}}{\varphi_f}} - 1 \tag{2.4}$$

mit dem Faserdurchmesser d_f und dem tatsächlichen sowie dem maximalen Faservolumengehalt φ_f bzw. $\varphi_{f,max}$. Der maximale Faservolumengehalt $\varphi_{f,max}$ ist abhängig von der Art der Faseranordnung innerhalb der unidirektionalen Rovings. Er beträgt bei einer idealen quadratischen Packung

$$\varphi_{f,quad} = \frac{\pi}{4} = 0{,}785 \tag{2.5}$$

quadratische Packung

und bei einer hexagonalen Packung

$$\varphi_{f,hex} = \frac{\pi}{2\sqrt{3}} = 0{,}907 \tag{2.6}$$

hexagonale Packung

In der Realität liegt der maximale Faservolumengehalt als Mischform zwischen den beiden Packungsarten, GUTOWSKI und CAI empfehlen Werte zwischen 0,80 und 0,85 [CAI92a, S.252] [GUTO87b]. Zur Veranschaulichung ergibt sich nach Gleichung 2.4 für einen im Roving üblichen Faservolumengehalt von 0,70 bei Annahme einer hexagonalen Packung als Maximalwert und einem Carbonfasern entsprechenden Faserdurchmesser von 8 µm ein mittlerer Fließweg von lediglich 1,1 µm. Dabei wird impliziert, dass die Fasern idealisiert parallel ohne Kontaktstellen vorliegen. In der Realität auftretende Kreuzungs- und Berührungspunkte benachbarter Fasern reduzieren die Durchlässigkeit jedoch stark.

Die Permeabilität stellt keine physikalische Größe dar, sondern ist wie beschrieben abhängig von Geometrie und Anordnung der Faserstruktur sowie der Faserbeschaffenheit, und muss daher für jede Faserstruktur experimentell durch Bestimmung von Durchfluss und Druckabfall eines Fluids ermittelt werden [GUTO97, S.99]. Um diese aufwändigen Untersuchungen zu umgehen, weist die Literatur zahlreiche analytische Berechnungsmodelle auf. Am häufigsten wird hierbei das Kapillarmodell von KOZENY-CARMAN verwendet, welches den Porenraum zwischen parallelen Zylindern beschreibt [KOZE27] [CARM37]:

$$K_{kc} = \frac{{r_f}^2}{4 \cdot k_{kc}} \cdot \frac{\left(1 - \varphi_f\right)^3}{{\varphi_f}^2} \tag{2.7}$$

Es stellt einen Zusammenhang zwischen den geometrischen Größen des Faserradius r_f und des Faservolumengehalts φ_f sowie der empirischen, materialspezifischen Kozeny-Konstanten k_{kc} in unidirektionalen Faserbündeln her. Ähnlich wie die ebenfalls empirisch ermittelte DARCY Gleichung 2.2 aus der Navier-Stokes Gleichung hergeleitet werden kann, ist die KOZENY-CARMAN-Gleichung aus der Hagen-Poiseuille Gleichung ableitbar [RIEB11, S.20]. Die Kozeny-Konstante stellt einen Korrekturfaktor für die Art und Größe der Verzweigung der Poren und ihrer Orientierung dar. Für unidirektionale Carbonfaserbündel fällt sie entsprechend größer aus als für ungerichtete Glasfaserbündel. GIBSON, LAM und KARDOS und GUTOWSKI geben für $k_{kc,\perp}$ in transversaler Richtung Werte zwischen 10 und 18, für $k_{kc,\parallel}$ in paralleler Richtung Werte zwischen 0,57 und 0,7 an [GIBS92, S.226] [LAM91] [GUTO87b].

Eine Weiterentwicklung des KOZENY-CARMAN Modells wird von GUTOWSKI beschrieben, welche transversale Polymerströmungen deutlich genauer abbildet [GUTO87b, S.667]. Dies wird durch Berücksichtigung der maximalen Packungsdichte erreicht, bei der die transversalen Strömungspfade blockiert sind:

$$K_{gut} = \frac{{r_f}^2}{4 \cdot k_{gut}} \cdot \frac{\left(\sqrt{\frac{\varphi_{f,max}}{\varphi_f}} - 1\right)^3}{\left(\frac{\varphi_{f,max}}{\varphi_f} + 1\right)}, \qquad mit\ \varphi_f \leq \varphi_{f,max}\ wegen\ K_{gut} \geq 0 \tag{2.8}$$

Erreicht der tatsächliche Faservolumengehalt φ_f den maximalen Faservolumengehalt $\varphi_{f,max}$, so ist die Permeabilität nach GUTOWSKI entsprechend 0. Dabei beträgt $\varphi_{f,max}$ je nach Packungsart zwischen 0,76 und 0,82. Durch Abweichen der Fasern von einer ideal parallelen Lage kommt es zu strömungshemmenden Kreuzungspunkten, weshalb die ermittelten Werte unterhalb der idealen Packungsdichten aus den Gleichungen 2.5 und 2.6 liegen. Die Kozeny-Konstante in transversaler Richtung wird von GUTOWSKI und CAI mit $k_{gut,\perp} = 0{,}2$ angegeben [GUTO87b] [CAI92a].

Eine weitere Abwandlung des Modells von KOZENY-CARMAN (Gleichung 2.7) stellt das Modell von GEBART dar, welches für transversale Strömungen in folgender Form geschrieben werden kann [GEBA92]:

$$K_{geb} = \frac{r_f^{\,2}}{k_{geb}} \cdot \left(\sqrt{\frac{\varphi_{f,max}}{\varphi_f}} - 1 \right)^{5/2} \tag{2.9}$$

Dieses Modell berücksichtigt ebenfalls die Faseranordnung bei maximalem Faservolumenanteil. GEBART gibt folgende Werte an:

Quadratische Packung: $k_{geb,quad} = \frac{9 \cdot \pi \sqrt{2}}{16} = 2{,}499$ $\varphi_{f,max} = 0{,}785$

Hexagonale Packung: $k_{geb,hex} = \frac{9 \cdot \pi \sqrt{6}}{16} = 4{,}329$ $\varphi_{f,max} = 0{,}907$

Neben den Kapillarmodellen aufbauend auf Kozeny-Carman finden sich in der Literatur weiterhin Approximationsmodelle. Ein prominentes Beispiel stellt das Modell von BRUSCHKE dar, welcher auf Arbeiten von SANGANI aufbaut [BRUS92] [BRUS93] [SANG82a] [SANG82b]. Der Ansatz baut auf den Navier-Stokes Gleichungen auf und behandelt die Imprägnierung als schleichende Strömung eines inkompressiblen, viskosen Fluids durch quadratisch und hexagonal gepackte Rohrbündel. Bestimmt wird die Krafteinwirkung des durch das Fluid erzeugten Impulses auf einen Zylinder unter Einbeziehung der Packungsdichte bzw. des Faservolumengehalts. Für eine ausführliche Herleitung sei auf die Werke der Autoren verwiesen. Für hohe Faservolumengehalte nähert BRUSCKE das Fließverhalten als Schmierströmung an und folgert folgenden Zusammenhang für die Permeabilität:

$$K_{bru} = \frac{r_f^{\,2}}{3} \cdot \frac{\left(1 - l_n^{\,2}\right)^2}{l_n^{\,3}} \cdot \left(3 l_n \cdot \frac{arctan\left(\sqrt{\frac{1 + l_n}{1 - l_n}}\right)}{\sqrt{1 - l_n^{\,2}}} + \frac{l_n^{\,2}}{2} + 1 \right)^{-1}, l_n = \sqrt{\frac{4}{\pi} \varphi_f} \tag{2.10}$$

Aufgrund $1 - l_n > 0$ und $1 - l_n^{\,2} > 0$ ist dies nur für Faservolumengehalte $\varphi_f < 0{,}785$ gültig. Der Vorteil dieses Approximationsansatzes besteht darin, dass lediglich der Datenblättern entnehmbare Faservolumengehalt und Faserdurchmesser bekannt sein müssen, jedoch keine materialspezifischen Korrekturfaktoren der Kapillargeometrien wie die Kozeny-Konstanten der Kapillarmodelle.

In Bild 2-8 sind links die resultierenden transversalen Permeabilitäten der vorgestellten Modelle für einen Carbonfaserroving mit $r_f = 4\ \mu m$ mit den in der Literatur empfohlenen Materialwerten über dem Faservolumenanteil aufgetragen. Es zeigt sich eine gute Übereinstimmung der Ergebnisse der Modelle. Für einen besseren Vergleich der Modelle ist rechts die dimensionslose Permeabilität K/r_f^2 abgebildet. Es ist ersichtlich, dass das einfache Kapillarmodell nach KOZENY-CARMAN nur bis zu einem Faservolumengehalt von etwa 60 % mit den übrigen Modellen übereinstimmt und bei dichteren Packungen die Permeabilität zunehmend überschätzt.

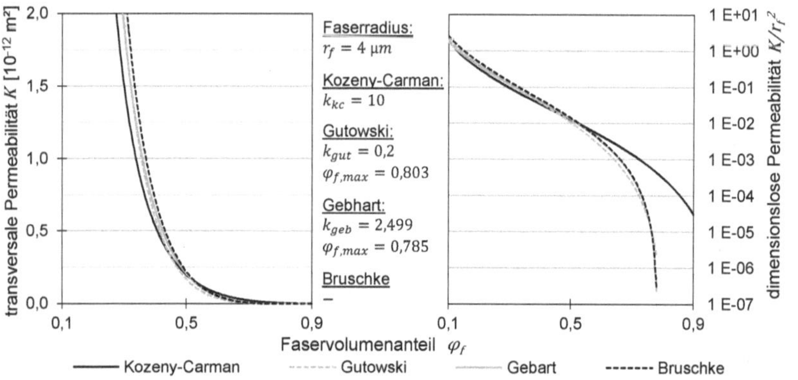

Bild 2-8: Vergleich der Modelle zur Bestimmung der Faserbündelpermeabilität
Comparison of models for approximation of fiber roving permeability

Da die Packungsdichte in den den Imprägnierungsprozess dominierenden Faserbündeln in der Regel 60 – 80 % beträgt, wird das Modell von KOZENY-CARMAN die Leistungsfähigkeit des Imprägnierprozesses überschätzen, weshalb von einer Verwendung dieses Modells abgeraten wird. Die Modelle nach GUTOWSKI, GEBART und BRUSCHKE weisen eine gute Übereinstimmung auf. Da wie erläutert für die Anwendung des Approximationsmodells von BRUSCKE keinerlei materialspezifischen Kennwerte aufwendig ermittelt werden müssen, bietet dies einen einfachen und praktikablen Ansatz unter Berücksichtigung der Beschränkung auf Faservolumengehalte unterhalb von $\varphi_f = 0{,}785$.

Tabelle 2-2: Übersicht der Modelle zur Bestimmung der Faserbündelpermeabilität
Overview of models for approximation of fiber roving permeability

	Kozeny-Carman	Gutowski	Gebart	Bruschke
Anwendung	Schüttung, isotrop	Faserbündel, anisotrop	Faserbündel, anisotrop	Faserbündel, anisotrop
Gültigkeit	$0 < \varphi_f < 0{,}6$	$0 < \varphi_f < \varphi_{f,max}$	$0 < \varphi_f < \varphi_{f,max}$	$0 < \varphi_f < 0{,}785$
Besonderheit			k_{geb} ist Funktion der Packung	
Parameter und empfohlene Werte	$k_{kc,\perp} = 10 \dots 18$ $k_{kc,\parallel} = 0{,}57 \dots 0{,}7$ φ_f r_f	$k_{gut} = 0{,}2$ $\varphi_{f,max} = 0{,}76 \dots 0{,}82$ φ_f r_f	$k_{geb,qua} = 2{,}499$ $k_{geb,hex} = 4{,}329$ $\varphi_{f,max} = 0{,}785 \dots 0{,}907$ φ_f r_f	φ_f r_f

In Tabelle 2-2 sind die Eigenschaften der vorgestellten Modelle noch einmal gegenübergestellt. Grundsätzlich wird in Bild 2-8 der exponentielle Abfall der Permeabilität mit steigendem Faservolumenanteil deutlich, welcher eine der primären Herausforderungen der Verarbeitung von TP-FVK darstellt. Die Permeabilität kann nur in erster Näherung als während des Imprägniervorgangs konstant angenommen werden:

- Je nach Fortschritt der Imprägnierung muss zwischen der Makro- und der Mikropermeabilität unterschieden werden. Da wie erläutert die Mikroimprägnierung der zeitbestimmende Vorgang ist, kann im Allgemeinen jedoch die Makroimprägnierung vernachlässigt werden. Andernfalls können die Permeabilitätsmodelle analog mit den geometrischen Maßen der zu umströmenden Faserbündel anstelle der Filamente verwendet werden.
- Nach den beschriebenen Modellen ist die Permeabilität vom durchschnittlichen Filamentdurchmesser sowie dem Faservolumengehalt abhängig. Während ersterer konstant ist, ist der Faservolumengehalt eine Funktion des Prozessdrucks und der Polymerviskosität. Durch die Applikation der für die Imprägnierung notwendigen Druckdifferenz kommt es zu einer Kompaktierung des Textils, was zu einer Verringerung der Permeabilität führt. Bei nicht-isothermem Prozessverlauf führt die temperaturabhängige Viskosität der unter Druck in die Faserstruktur gepressten Polymerschmelze zu einem veränderlichen Fließwiderstand und damit einer variierenden Kompaktierung.

2.3.2 Druck
Pressure

Die Druckdifferenz stellt die treibende Kraft für den Matrixfluss und damit die Benetzung der Fasern dar. Der applizierte Prozessdruck p teilt sich dabei in einen Anteil zur Kompaktierung der elastischen Faserstruktur σ_f und einen hydrodynamischen, auf die Schmelze wirkenden Teil p_p:

$$p = \sigma_f + p_p \tag{2.11}$$

GUTOWSKI modelliert das Kompressionsverhalten σ_f imprägnierter, unidirektionaler Faserbündel unter der Annahme leicht gewellter, sich statistisch berührender Faserfilamente als 3-Punkt-Biegung elastischer Balken. Deren Steifigkeit ergibt sich durch folgenden Zusammenhang [GUTO87b, S.651]:

$$\sigma_f = A_S \cdot \frac{\sqrt{\frac{\varphi_f}{\varphi_{f,min}}} - 1}{\left(\sqrt{\frac{\varphi_{f,max}}{\varphi_f}} - 1\right)^4} \qquad mit\ A_S = \frac{3\pi E}{\beta^4} \tag{2.12}$$

Hierin bezeichnen $\varphi_{f,max}$, $\varphi_{f,min}$ sowie φ_f den maximal möglichen, den im unbelasteten sowie den im betrachteten Zustand vorliegenden Faservolumengehalt, E die Steifigkeit der Fasern und β als geometrische Größe das Verhältnis von Spannlänge und Spannhöhe der Biegebalken. CAI und GUTOWSKI geben für durchschnittlich ge-

richtete Faserbündel Werte von $\beta = 225$ und $\varphi_{f,min} = 0{,}5$ an, welche mit zunehmender Faserausrichtung steigen [CAI92b].
Der systemseitig aufgebrachte Prozessdruck hat somit zwei diametrale Einflüsse auf die Imprägnierungsgeschwindigkeit. Zum einen lässt sich wie in Gleichung 2.3 ersichtlich durch die aufgeprägte Druckdifferenz der Imprägnierungsvorgang durch p_p beschleunigen. Zum anderen resultiert eine Drucksteigerung in einer Kompression der Faserstruktur und damit in einer Verringerung der Permeabilität, was einen größeren Strömungswiderstand für die Schmelze bedeutet. Eine weitere Drucksteigerung dient dann lediglich der Überwindung des durch den Druck selbst erzeugten Strömungswiderstands. In Bild 2-9 sind beispielhafte Untersuchungsergebnisse von GUTOWSKI zum Einfluss des Flächendrucks auf den Faservolumenanteil zweier Carbonfaserhalbzeuge dargestellt. Es zeigt sich, dass in Faserhalbzeugen mit starker Ausrichtung durch eine geordnete Packung der Fasern im Mikrobereich größere Faservolumenanteile erreicht werden können als mit ungeordneten Halbzeugen. Es ist jedoch ebenfalls ersichtlich, dass die theoretischen maximalen Packungsdichten aus Gleichungen 2.5 und 2.6, insbesondere die hexagonale Packung, unter realen Bedingungen nicht oder nur schwerlich erreicht werden. Druckabhängige Änderungen in der Packungsdichte und damit der Permeabilität können durch einen druckabhängigen Faservolumengehalt $\varphi_f = f(p)$ analog zu Bild 2-9 in den Modellen der Permeabilität $K_{zz} = f(p)$ in Gleichung 2.3 berücksichtig werden.

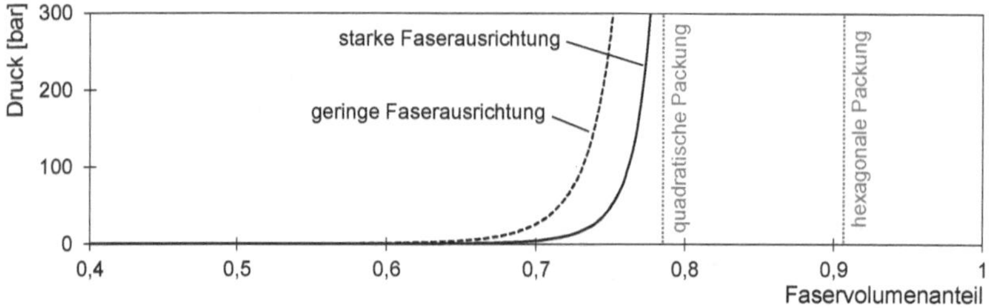

Bild 2-9: Faservolumenanteil zweier Carbonfaserhalbzeuge in Abhängigkeit des Drucks nach [GUTO87b]

Fiber volume fraction of two carbon fiber composites as function of pressure

Neben den beiden erläuterten Druckkomponenten entsteht auf Mikroebene durch Wechselwirkungen von Oberflächenkräften zwischen Fasern und Matrix ein Kapillardruck. Dieser ist abhängig vom Faservolumengehalt, der Faseroberflächenbeschaffenheit sowie dem sich einstellenden Benetzungswinkel θ zwischen Polymer und Faseroberfläche. Bei der Imprägnierung von Filamenten mit thermoplastischer Schmelze fällt er nach Untersuchungen von GIBSON und CONNOR in der Größenordnung von maximal $\pm 10^4$ Pa aus [GIBS92, S.224] [CONN95]. Da in der Praxis relevante Imprägnierungsdrücke mit etwa 10 – 50 bar um mehr als zwei Ordnungen größer ausfallen, können die Kapillarkräfte bei der Betrachtung des Imprägnierungsvorgangs in erster Näherung vernachlässigt werden. Nichtsdestotrotz gilt es auf eine Kompatibilität bei der Auswahl von Faserschlichte und Polymer zu achten, damit sich ein für die Benetzung günstiger Benetzungswinkel $\theta \leq \pi/2$ einstellt. Andernfalls beeinträchtigt die Oberflächenenergie die Benetzung der Filamente, wodurch die mechanischen Eigenschaften des Laminats eingeschränkt werden. [CONN95]

Der Prozessdruck ist aufgrund seines beschriebenen gegensätzlichen Einflusses auf den Imprägnierungsvorgang allgemein so zu wählen, dass der Schmelzefluss maximal beschleunigt, die Permeabilität jedoch nicht durch eine zu starke Faserkompaktierung eingeschränkt wird. In der Literatur wird abhängig von Faserstruktur und Polymer ein Zieldruckbereich zwischen 15 und 25 bar empfohlen, siehe Tabelle 2-3.

Tabelle 2-3: In der Literatur empfohlene Druckbereiche für die Imprägnierung von endlosfaserverstärkten TP-FVK

In literature recommended pressures for impregnation of TP-FRP

Autor	Empfohlener Druck/ -bereich	Material	Ermittlung theoretisch/experimentell
[GIBS92, S.227]	20 – 40 bar	PEEK – CF, PA12 – GF	theoretisch + experimentell
[OSTG97, S.100]	15 – 20 bar	PA12 – GF	experimentell (DBP)
[MAYE98, S.792]	25 bar	PA6.6 – GF	experimentell (DBP)
[BERN99, S.768]	15 – 20 bar	PA12 – CF	theoretisch + experimentell
[MAYE00, S.72]	15 – 25 bar	PA6.6 – GF, CF	experimentell (DBP)
[WÖGI04, S.64]	25 bar	PEEK – CF	experimentell (statisch)
[JESP08, S.1828]	10 – 20 bar	PA6/12 – CF	theoretisch + experimentell (statisch)

Niedrigere Drücke resultieren in langen Imprägnierzeiten und hohen Porenrestgehalten. Höhere Drücke bewirken keine Verbesserung der Imprägnierungsqualität und -dauer und bedeuten so einen verzichtbaren Mehraufwand bei der Anlagentechnologie. Untersuchungen von JESPERSEN zur Imprägnierung von Carbongeweben mit Polyamiden zeigen sogar eine Verlängerung der Imprägnierdauer bei Drücken von über 30 bar [JESP08, S.1829]. Bei zu starker Drucküberhöhung kann es neben der Faserkompaktierung noch zu einer Schädigung der Fasern kommen, beispielsweise durch Faserbrüche an den Ondulationspunkten. Diese führen zusätzlich zu einer Minderung der mechanischen Laminateigenschaften [MAYE00, S.46].

2.3.3 Viskosität

Viscosity

Analog zur Beschreibung der Faserstruktureigenschaften durch die Permeabilität werden die für die Imprägnierung relevanten Eigenschaften des Matrixpolymers durch dessen Viskosität determiniert. Aufgrund des nicht-isothermen Charakters des Pressprozesses kann die Viskosität der Thermoplaste dabei nicht während des Imprägniervorgangs als konstant angesehen werden. Neben der Verarbeitungstemperatur ist sie eine Funktion der Scherrate, des Prozessdrucks und der Zeit. Werden isotherme Matrixviskositäten über der Schergeschwindigkeit aufgetragen, ergeben sich die in Bild 2-10 dargestellten Verläufe, welche in die beiden Bereiche des newtonschen und des strukturviskosen Verhaltens unterteilt werden können. Während bei einem Fluid mit newtonschen Verhalten die Schubspannung und damit die Viskosität unabhängig von der Schergeschwindigkeit und der Zeit sind, tritt bei strukturviskosen Fluiden eine Abnahme der Viskosität mit zunehmender Scherrate auf, welche bei Polymeren mehrere Zehnerpotenzen betragen kann [MENG11, S.106]. Zur Viskositätsbeschreibung über einen weiten Scherratenbereich eignet sich der Ansatz nach Carreau [CARR68] [CARR72]:

$$\eta(\dot{\gamma}) = \eta_0 \cdot (1 + B \cdot \dot{\gamma})^{-C} \tag{2.13}$$

mit der von der Scherrate $\dot{\gamma}$ abhängigen Viskosität η, der sich bei $\dot{\gamma} \rightarrow 0$ einstellenden Nullviskosität η_0, der reziproken Übergangsschergeschwindigkeit B und der Steigung der Viskosität im strukturviskosen Bereich C.

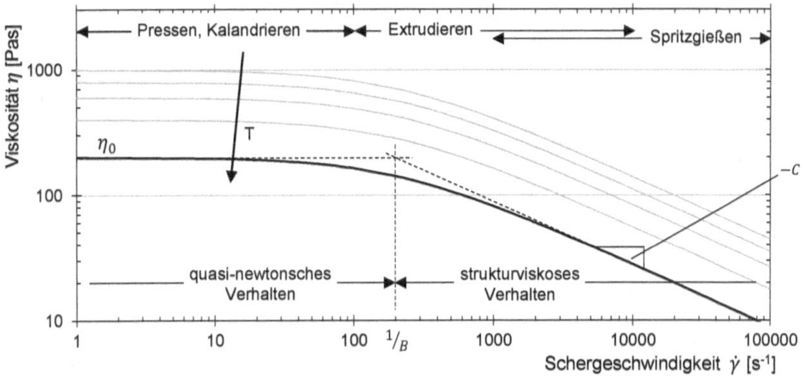

Bild 2-10: Approximation des schergeschwindigkeits- und temperaturabhängigen Viskositätsverlaufs im quasi-newtonschen und strukturviskosen Bereich eines typischen Thermoplasts nach CARREAU, in Anlehnung an [MENG11, S.122]

Approximation of shear rate and temperature induced viscosity in quasi-Newtonian and shear thinning range of a typical thermoplastic acc. to CARREAU

MENGES gibt für Press- und Kalandrierprozesse von Thermoplasten maximale Schergeschwindigkeiten von $\dot{\gamma} = 100\,s^{-1}$ an [MENG11, S.121]. Ihr Einfluss auf die Polymerviskosität während des Imprägnierprozesses kann abhängig von Polymer und Verarbeitungstemperatur daher in erster Approximation durch ein quasi-newtonsches Verhalten abgebildet werden. Dies wird durch Untersuchungen von MAYER und SCHÖLDGEN bestätigt [MAYE00, S.25] [SCHÖ13, S.85]. Bei der Imprägnierung von gespreizten UD-Lagen wird der viskositätssenkende Effekt der Schergeschwindigkeit hingegen gezielt genutzt, neben der Zuführung der Polymerschmelze durch Extrusion bspw. durch scherkraftinduzierende Komponenten im Imprägnierwerkzeug wie Tränkkanäle oder Umlenkelemente [LANG12].

Im betrachteten Bereich quasi-newtonschen Verhaltens lässt sich die Temperaturabhängigkeit der Viskosität $\eta_0(T)$ für teilkristalline Thermoplaste durch eine Arrhenius-Beziehung ausdrücken [MENG11, S.113]:

$$\eta_0(T) = \eta_0(T_0) \cdot exp\left[\frac{E_0}{R} \cdot \left(\frac{1}{T} - \frac{1}{T_0}\right)\right] \quad (2.14)$$

mit der polymerspezifischen Schmelzaktivierungsenergie E_0 [J/mol], der allgemeinen Gaskonstanten $R = 8{,}314\, J\, mol^{-1} K^{-1}$ und der bei der Bezugstemperatur T_0 vorliegenden Nullviskosität η_0.

Der Temperatur-Viskositätsverlauf von amorphen Thermoplasten hingegen kann durch die sogenannte WLF-Gleichung (nach WILLIAMS, LANDEL und FERRY) angenähert werden [WILL55]:

$$\eta(T) = \eta(T_S) \cdot exp\left[-\frac{C_1 \cdot (T - T_S)}{C_2 + (T - T_S)}\right] \quad (2.15)$$

mit der Viskosität $\eta(T)$ bei einer beliebigen Temperatur sowie der Viskosität $\eta(T_S)$ bei der Standardtemperatur T_S. Für $T_S \approx T_E + 50°C$ mit der Erweichungstemperatur T_E gilt für die meisten amorphen Polymerschmelzen mit hinreichender Genauigkeit $C_1 = -8{,}86$ und $C_2 = 101{,}6$.

Generell sollte die Prozesstemperatur möglichst hoch gewählt werden, um die Viskosität für die Imprägnierung so weit wie möglich zu reduzieren. Jedoch ist darauf zu achten, das Polymer nicht durch eine zu hohe thermische Belastung zu degradieren. Die temperaturabhängigen Viskositätswerte lassen sich empirisch beispielsweise mittels Platte-Platte Rheometer oder Kapillarviskosimetrie mit Extruder und Schmelzepumpe ermitteln. Durch die Arrhenius-Beziehung bzw. WLF-Gleichung lässt sich dann für jedes beliebige prozessspezifische Temperaturprofil der zugehörige Viskositätsverlauf bestimmen.

Der Einfluss des Prozessdrucks lässt sich ebenfalls durch eine Exponentialfunktion angeben. Eine Erhöhung führt dabei zu einer verminderten Beweglichkeit der Molekülketten und damit zu einer Zunahme der Schmelzviskosität [MAYE00, S.25]:

$$\eta_0(p) = \eta_0(p_0) \cdot exp\,[C_3(p - p_0)] \quad (2.16)$$

mit der Nullviskosität η_0 bei Referenzdruck p_0 sowie dem empirisch zu ermittelnden Druckkoeffizienten C_3. Bei Prozessdrücken unterhalb von 350 bar ist der Einfluss des Drucks auf die Viskosität jedoch vernachlässigbar gering und soll im Folgenden daher nicht weiter berücksichtigt werden.

2.3.4 Fließweg

Flow distance

Der von der polymeren Schmelze zur Benetzung sämtlicher Filamente zurückzulegende Fließweg hat nach Gleichung 2.3 den signifikantesten, weil quadratischen Einfluss auf die benötigte Imprägnierdauer. Im Sinne eines minimierten Fließwegs sollten Polymer und Faserstruktur daher bereits in ihrer Rohform möglichst gut und homogen kombiniert werden. Hierfür wurden die in Tabelle 2-4 dargestellten Varianten der Folien-, Schmelze- und Pulverimprägnierung sowie der Misch- und ummantelten Garne entwickelt. Es existieren weitere Prepreg-Typen, deren Ansatz primär nicht in der Reduzierung der Fließwege, sondern beispielsweise der Viskosität liegt. So wird das Polymer bei Lösungsmittel-Prepregs in gelöstem Zustand mit den Fasern kombiniert und das Lösemittel anschließend verdampft.

Bei der Folien- oder Schmelzimprägnierung wird des Polymergranulat über eine Breitschlitzdüse entweder in einem Zwischenschritt zu einer Folie oder direkt auf die Faserstruktur extrudiert. Da bei der Schmelzimprägnierung Zwischenprodukte entfallen, stellt dies das kostengünstigste Verfahren hinsichtlich des Ausgangsmaterials dar, benötigt jedoch zusätzliche Analgentechnologie wie Extruder. Für die Folienextrusion können je nach Polymer 20 – 40 % der Polymergranulatkosten veranschlagt werden [NEIT14, S.181]. Für die Folienextrusion typischerweise eingesetzte Polymertypen höherer Viskosität sollten für die Imprägnierung nicht verwendet werden. Die Folienimprägnierung ist aufgrund der einfachen und flexiblen Materialhandhabung in der Industrie weit verbreitet, obwohl die relativ langen Fließwege die Applikation hoher Prozessdrücke über lange Zeiten notwendig machen.

Tabelle 2-4: Faser-Matrix-Kombinationen und ihr Einfluss auf den Fließweg

Combinations of fiber and matrix and their influence on the flow distance

	Folie	Schmelze	Pulver	Mischgarn / Commingled	Ummantelung
			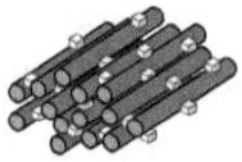	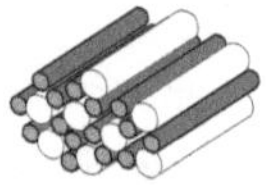	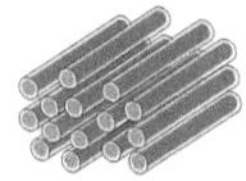
Typischer Fließweg	$0{,}5 \dots 1 \cdot D_{Roving}$	$0{,}5 \dots 1 \cdot D_{Roving}$	$1 \cdot D_{Faser} - 1 \cdot D_{Roving}$	$1 \dots 10 \cdot D_{Faser}$	$1 \dots 3 \cdot D_{Faser}$
Polymer-Mehrkosten*	20 – 40 %	-	1 – 2 €/kg	1 – 3 €/kg	
Notwendige Peripherie	Abwickler	Extruder, Werkzeug	Streueinheit	-	-

*ggü. Granulat

Für die Pulverimprägnierung wird das Polymer kryogen gemahlen und entweder durch direktes Aufstreuen, durch elektrostatische Anbindung oder in einem Imprägnierbad mit der Faserstruktur kombiniert und gegebenenfalls durch Anschmelzen lokal fixiert. Die Kosten für das kryogene Mahlen belaufen sich ja nach Polymer auf etwa 1,00 – 2,00 €/kg [NEIT14, S.180], was beispielsweise für Polypropylen bei einem Granulatpreis von 1,10 – 1,40 €/kg eine Verdoppelung der Polymerkosten bedeutet. Die Fließwege können durch dieses Verfahren bei vorheriger Spreizung der Rovings reduziert werden; wird das Pulver jedoch lediglich auf die Faserstruktur aufgestreut, so berichtet WÖGINGER bei der Verarbeitung von CF-PEEK von keiner Reduzierung der notwendigen Imprägnierzeit gegenüber dem Film-Stacking [WÖGI04, S.66]. Bei der Verarbeitung stark hygroskopischer Polymere sind besondere Maßnahmen zu ergreifen.

Bei der Herstellung von Misch- bzw. *commingled* Garnen handelt es sich um einen textilen Verwirbelungsprozess, bei dem die Verstärkungsfilamente mit dem Matrixmaterialgarn durch einen Luftstrom zu einem möglichst homogenen Mischroving verwirbelt wird [FLEM96, S.142]. Diese Rovings können anschließend in textilen Prozessen weiterverarbeitet werden. Die resultierenden Fließwege sind geringer, jedoch sind die so hergestellten Halbzeuge deutlich teurer als andere Prepregarten, die Homogenität der Mischung ist aufgrund des größeren Polymerfaserdurchmesser nicht optimal und der Faservolumengehalt ist auf etwa 50 % begrenzt [NEIT14, S.236].

Ein neuartiger Ansatz verfolgt die direkte Beschichtung der einzelnen Glasfaserfilamente bei deren Herstellung mit einer thermoplastischen Matrix [LÜKI17] [BREM17]. Hierbei werden die Glasfasern nach dem Ziehen aus der Schmelze entweder mit einem elektrostatisch geladenen Polymerpulver oder durch Tränken mit einem Monomer und anschließender in-situ Polymerisation beschichtet.

Eine pauschale Bewertung der vorgestellten Polymer-Matrix-Kombinationen für die Herstellung von Laminaten ist nicht möglich, ihr Einsatz wird stark von den spezifischen technischen und wirtschaftlichen Rahmenbedingungen bestimmt und ist für jeden Anwendungsfall gesondert zu evaluieren.

2.3.5 Betrachtung eines beispielhaften Imprägnierungsprozesses

Analysis of an exemplary impregnation process

Zur Veranschaulichung der beschriebenen Effekte und Parameter soll ihr Einfluss auf die Imprägnierungsdauer anhand zweier charakteristischer Faser-Matrix Anordnungen der in Kapitel 2.2 differenzierten Herstellungsstrategien beim Film-Stacking Verfahren beschrieben werden: Zum einen die Imprägnierung eines gespreizten Rovings bei der UD-Lagen- bzw. Tapeherstellung und zum anderen ein Ondulationspunkt zweier sich kreuzender Rovings bei der Gewebeimprägnierung, siehe Bild 2-11. Die Zieldicke des Tapes D_{Tape} sowie die Dicke der als elliptisch angenommenen Rovings D_{Roving} soll $240\ \mu m$ betragen. Dies entspricht etwa der Dicke eines 1200 tex Glasfaserrovings oder eines 12k Carbonrovings [LONG05, S.6]. Damit ergibt sich für die in Bild 2-11 dargestellte Organoblechlage eine Dicke von etwa $D_{Organoblech} = 500\ \mu m$. Der Faservolumengehalt von Tape und Organoblech liegt bei $\varphi_f = 0{,}5$, in den Rovings selbst in Anlehnung an OSTGATHE und SCHÖLDGEN bei $\varphi_{f,roving} = 0{,}7$ [OSTG97, S.77] [SCHÖ13, S.93].

Durch die Möglichkeit der Faserspreizung vor der Tapeherstellung beträgt mit den Zielparametern $D_{Tape} = 240\ \mu m$ und $\varphi_f = 0{,}5$ die Dicke des trockenen gespreizten UD-Faserbetts $D_{gespreizt} = 171{,}4\ \mu m$ mit $\varphi_{f,roving} = 0{,}7$. Nach erfolgreicher Umströmung der Fasern relaxieren diese wie in Abschnitt 2.3 beschrieben ihren radialen Abstand, sodass sich Zieldicke und -faservolumengehalt einstellen. Da das Faserbett von beiden Seiten durchströmt werden kann, halbiert dies den notwendigen Fließweg. Bei der Imprägnierung des Gewebes ist eine Faserspreizung grundsätzlich nicht möglich. Hinzu kommt, dass am betrachteten Ondulationspunkt die sich kreuzenden Rovings nur von der sich nicht berührenden Seite durchströmt werden können. Es sollen nur die transversalen Strömungsvorgänge betrachtet werden.

Das Polymer besitzt eine isotherme Nullviskosität von $\eta = 120\ Pa \cdot s$, zur Permeabilitätsbestimmung der Faserstrukturen wird das Modell nach BRUSCHKE aus Gleichung 2.10 verwendet. Aufgetragen sind die Verläufe der notwendigen Imprägnierungsdauern über dem applizierten Prozessdruck für Carbonfasern mit einem Durchmesser 7 µm und Glasfasern mit einem Durchmesser von 16 µm.

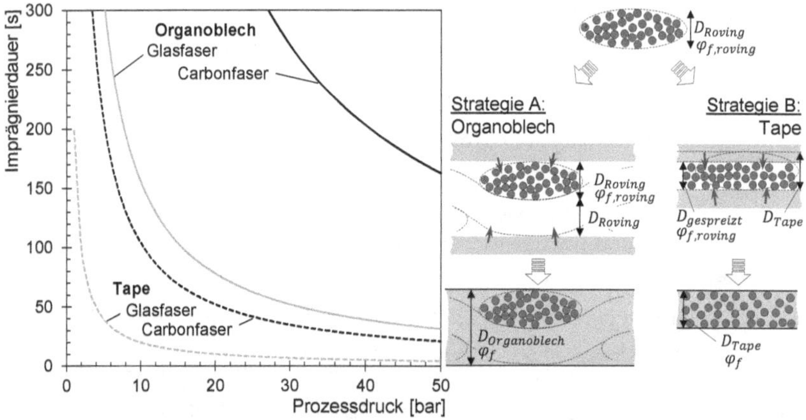

Bild 2-11: Dauer der Imprägnierung in Abhängigkeit des Prozessdrucks für beispielhafte gespreizte und ungespreizte Rovings aus Glas und Carbon

Duration of impregnation as a function of process pressure for exemplary spread and non-spread glass and carbon rovings

Deutlich erkennbar ist der starke Einfluss des Filamentdurchmessers auf die Imprägnierdauer. Neben dem Faservolumenanteil ist der Durchmesser die einzige geometrische Größe, welche nach BRUSCHKE die Permeabilität determiniert. Feinere Fasern führen zu verengten Fließwegen und damit erhöhtem Fließwiderstand. Weiterhin ist der starke Einfluss der unterschiedlichen Fließwege der Tape- und Organoblechherstellungsstrategien auf die resultierende Imprägnierzeit ersichtlich. Der Fließweg der Tapeherstellung ist im vorliegenden Fall um den Faktor 2,8 kürzer und fließt entsprechend Gleichung 2.3 quadratisch bei der Bestimmung der Imprägnierdauer ein. Da-

her sollten bei der Herstellung von TP-FVK Laminaten mit Carbonverstärkung bevorzugt Textilien aus 3k oder 6k anstatt der im Beispiel verwendeten 12k Rovings zur Verkürzung der Prozesszeit aufgrund des kürzeren Fließwegs eingesetzt werden, obwohl diese das teurere Ausgangsmaterial darstellen [WÖGI04, S.66]. Aufgrund der linearen Korrelation zwischen Rovingdurchmesser und Flächengewicht eines Textils sollten Faserstrukturen mit niedrigem Flächengewicht eingesetzt werden [SCHÖ13, S.104]. So zeigt ISHIDA, dass die Herstellung eines 6 mm dicken Organoblechs aus 28 dünnen Carbongeweben und 29 intermittierend gestapelten PA6-Folien durch die kurzen Fließwege auch mit relativ kurzen Druckzeiten möglich ist [ISHI19].
Bei der Imprägnierung dünner UD-Lagen können zusätzlich zum verringerten Fließweg prozessinduzierte Scherkräfte des Extruders die Polymerviskosität herabsetzen, was die benötigte Imprägnierungszeit entsprechend Gleichung 2.3 linear reduziert, vergleiche Bild 2-10.

2.4 Physikalische Grundlagen der Konsolidierung

Basics of consolidation

Unter der Konsolidierung wird die Prozessphase verstanden, in der unter Temperatur- und Druckeinwirkung die Polymergrenzschichten der Einzellagen des Materialverbundes stoffschlüssig gefügt werden. Dazu gilt es, das Wachstum eingeschlossener Poren sowie die elastischen Rückstellkräfte der Faserstruktur zu unterbinden. Bei der Herstellung von Organoblechen im Direkt-Verfahren folgt dieser Prozess nahtlos auf die Imprägnierung, sodass eine gesonderte Betrachtung hier häufig entfällt. Werden vorimprägnierte Halbzeuge wie Tapes zu Laminaten konsolidiert, so muss für die stoffschlüssige Verbindung ihr Abstand zunächst minimiert werden. Dazu ist es notwendig, die Oberflächen der Lagen über Glasübergangs- bzw. bei teilkristallinen Polymeren über Kristallitschmelztemperatur zu erwärmen. Unter der Einwirkung eines Konsolidierungsdrucks werden Oberflächenrauhigkeiten durch Quetschfließen von Polymer und Filamenten eingeebnet, sodass ein sogenannter intimer Kontakt entsteht. Die Modellierung der zeitlichen Ausbildung dieses Kontakts ist Gegenstand diverser Untersuchungen, z.B. [DARA85] [LEE87] [MANT92b]. Gleichung 2.17 gibt das häufig verwendete Modell nach MANTELL & SPRINGER wieder, welches das Verhältnis von tatsächlicher Kontaktfläche zum betrachteten Zeitpunkt t und der maximal erreichbaren Kontaktfläche bildet [MANT92a]:

$$D_{IC}(t) = R^* \cdot \left[\int_0^t \frac{p_{kon}}{\eta_0(T)} dt\right]^{1/5} \; ; \; 0 < D_{IC} < 1 \tag{2.17}$$

mit dem Grad des intimen Kontakts $D_{IC}(t)$, dem Konsolidierungsdruck p_{kon} und dem empirischen Oberflächenkoeffizienten R^*. Die temperaturabhängige Viskosität $\eta_0(T)$ kann mit den Gleichungen 2.14 bzw. 2.15 bestimmt werden.

In Bild 2-12 ist der zeitliche Verlauf der Flächenkontaktbildung für einen isothermen und isobaren Prozess mit der Polymernullviskosität $\eta_0(T) = const = 200\ Pa \cdot s$ und einem von MANTELL & SPRINGER für die Verarbeitung von CF-PEEK-Tape angegebenen Oberflächenkoeffizienten von $R^* = 0{,}29$ für verschiedene isobare Konsolidierungsdrücke dargestellt. Bereits bei verhältnismäßig niedrigen Prozessdrücken ist der Prozess nach einigen hundertstel Sekunden abgeschlossen, weshalb dies bei der Verarbeitung von vorimprägnierten Halbzeugen in statischen oder kontinuierlichen Anlagen zumeist mit mehreren Größenordnungen Sicherheit als gewährleistet angenommen werden kann. Anders sieht dies beispielsweise beim Tapelegeprozess mit in-situ Konsolidierung aus. Hier werden Prozessgeschwindigkeiten >1 m/s angestrebt, wodurch die Konsolidierungszeit durch die Andruckrolle in der betrachteten Magnitude liegt. Einflussfaktoren wie die Beschaffenheit der Tapeoberflächen spielen dann eine wichtige Rolle. [YASS17] [WEIL19, S.99]

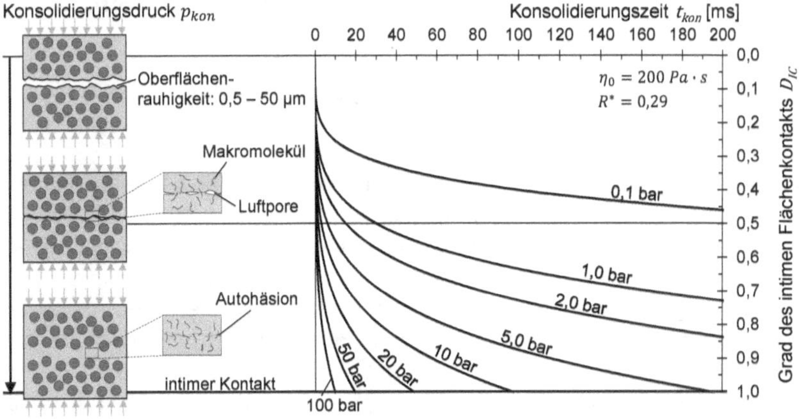

Bild 2-12: Schematische Darstellung des Konsolidierungsvorgangs und Grad des intimen Flächenkontakts als Funktion von Konsolidierungszeit und -druck unter isothermen Bedingungen, in Anlehnung an [WEIL19, S.101]

Schematic view of the consolidation process and degree of intimate surface contact as a function of consolidation time and pressure under isothermal conditions

Sobald ein intimer Kontakt erreicht wurde ($D_{IC}(t) = 1$), sind die physikalischen Barrieren und Inhomogenitäten der Grenzflächen nivelliert und durch den Autohäsionsmechanismus wird durch molekulare Interdiffusions- und Migrationsvorgänge von Polymerketten im Grenzschichtbereich vollflächig eine stoffschlüssige Verbindung erzeugt, Bild 2-12. Verschiedene Autoren zeigen, dass der Autohäsionsvorgang eine Funktion der Zeit und der temperaturabhängigen Viskosität ist; der Prozessdruck hingegen hat keinen direkten Einfluss [DARA85] [LEE87, S.1039] [AWAJ16]. Gleichung 2.18 gibt das nicht-isotherme Reptationsmodell nach YANG und PITCHUMANI wieder [YANG02, S.3216]:

$$D_{AU}(t) = \left[\int_0^t \frac{1}{t_w(T)} dt\right]^{1/4} ;0 < D_{AU} < 1 \qquad (2.18)$$

Hierin ist $D_{AU}(t)$ der zeitabhängige Grad der Autohäsion, beschrieben durch das Verhältnis von der Fügefestigkeit zu einem betrachteten Zeitpunkt und der maximal erreichbaren Fügefestigkeit, und $t_w(T)$ die materialspezifische temperaturabhängige Reptations- bzw. Fügezeit.

Ist der Autohäsionsvorgang abgeschlossen, wird idealerweise eine kohäsive Festigkeit der Fügezone erreicht.

Beide beschriebenen Mechanismen, die Autohäsion in den thermoplastischen Grenzschichten sowie die Ausbildung eines intimen Kontakts als Voraussetzung hierzu, determinieren die Füge- bzw. Konsolidierungsfestigkeit D_B. Diese ergibt sich daher aus den Gleichungen 2.17 und 2.18 zu

$$D_B = D_{IC} \cdot D_{AU}; \;\; 0 < D_B < 1 \qquad (2.19)$$

Abhängig vom Polymer wird D_B von der notwendigen Zeit für die Ausbildung des intimen Kontakts bestimmt. So hat GROUVE an PPS/CF Tapes gezeigt, dass D_{IC} hier um etwa 2 Größenordnungen länger ausfällt als D_{AU} [GROU12, S.82]. In jedem Fall sind die Fügeprozesse der zu konsolidierenden Lagen nach wenigen hundertstel Sekunden abgeschlossen und bei der Verarbeitung in statischen oder kontinuierlichen Pressen als unkritisch einzustufen [BAUM17, S.21] [GUTO97, S.99]. Dies gilt insbesondre in Relation zu den für die Imprägnierung notwendigen Prozesszeiten, vergleiche Bild 2-11. Hier gilt es, Druck und Temperatur nach dem Aufeinandertreffen der Schmelzefronten im Rovingzentrum aufrecht zu erhalten. Ein instantanes Abkühlen hingegen wirkt aufgrund der mangelnden Ausbildung der Fügezone festigkeitsreduzierend [MAYE00, S.85].

2.5 Systeme und Mechanismen zur Imprägnierung und Konsolidierung von thermoplastischen FVK-Laminaten

Systems and mechanisms for impregnation and consolidation of thermoplastic composite sheets

Nachdem in den vorherigen Kapiteln 2.3 und 2.4 die physikalischen Grundlagen der für die Herstellung flächiger FVK Halbzeuge kritischen Vorgänge der Imprägnierung und Konsolidierung sowie eine Darstellung der relevanten Prozessparameter und üblichen Wertebereiche erfolgte, sollen im Folgenden die hierzu verwendeten Pressensysteme vorgestellt und eingeordnet werden. Hinsichtlich der Weiterverarbeitung vorimprägnierter Lagen (Strategie B, Bild 2-5) sollen die zum Stacking der Laminate eingesetzten Systeme (entsprechend dem Prozessschritt (1) in Bild 2-5) wie beispielsweise Tape-Placement oder Pick-and-Place Systeme nicht betrachtet werden.

2.5.1 Pressenprinzipien und Systeme

Press principles and systems

Die eingesetzten Pressensysteme können generell nach ihrer Funktionsweise in statisch bzw. diskontinuierlich, semi-kontinuierlich und kontinuierlich arbeitende Anlagen gegliedert werden. Dabei steigt von diskontinuierlichen hin zu kontinuierlich arbeitenden Pressen sowohl der erreichbare Materialdurchsatz als auch der anlagentechnische Aufwand und damit die notwendigen Investitionskosten. Weiterhin unterscheiden sich die Systeme maßgeblich bei den Prozessparametern hinsichtlich der erreichbaren Maximalwerte sowie der Regelbarkeit von Druck- und Temperaturstufen und -gradienten sowie der Wirkweise. Weitere Unterscheidungsmerkmale liegen in den erreichbaren Oberflächenqualitäten, der Flexibilität hinsichtlich verschiedener Produktbreiten und lokaler Dickenvariationen sowie dem Energieeinsatz und Wirkungsgrad. Eine Übersicht über eine Auswahl aktueller Systeme und Anlagen ist in Bild 2-14 und Bild 2-15 aufgeführt. Die Auswahl eines Systems muss stets in Hinblick auf die anwendungsspezifischen Anforderungen an Prozess und Material erfolgen.

Zu den **diskontinuierlichen** Anlagen zählen beispielsweise Autoklave sowie Ein- oder Mehretagenpressen, Bild 2-14 a) und b). Durch den eingeschränkten Materialdurchsatz eignen sie sich insbesondere für kleinere Serien. Nachteilig ist, dass für die unterschiedlichen Phasen des Pressprozesses die Pressplatten zyklisch erwärmt und abgekühlt werden müssen. Durch neuartige Heizmethoden wie elektromagnetische Induktion lässt sich die dafür in Anspruch genommene Zeit zwar deutlich reduzieren, wodurch die Anlagen auch für mittlere Serien geeignet sind. Die für das zyklische Heizen benötigte hohe Energiemenge und damit die beeinträchtigte Wirtschaftlichkeit der Anlagen bleiben jedoch ein Nachteil. Weiterhin nehmen die Prozessnebenzeiten für das Öffnen und Schließen, die Temperierung und den Druckaufbau sowie die Beschickung einen beträchtlichen Anteil in Anspruch. Je nach Material und Pressentyp können sie sich auf 30 – 50 % summieren [PANK86, S.152] [PANK97, S.30]. Das in Bild 2-14 b) aufgeführte Verfahren *FiberCon* verwendet IR-Strahlung sowie für den entsprechenden Wellenlängenbereich transparente Pressplatten, um das zwischen den Platten befindliche Halbzeug schnell beidseitig aufzuwärmen und unter Vakuum zu konsolidieren. Nachteilig ist auch hier der diskontinuierliche, getaktete Charakter des Verfahrens, welches beispielsweise in einer Anlage mit drei Stationen aufgebaut ist [DIEF17a].

Sowohl bei semi-kontinuierlichen als auch kontinuierlichen Prozessen wird das Material durch die Presse bewegt, sodass die verschiedenen Prozessphasen in unterschiedlichen Bereichen der Pressen ablaufen. Zyklisch erwärmt und abgekühlt werden lediglich die verhältnismäßig dünnen, der Bewegungs- und Druckübertragung dienenden Transportbänder. Die Werkzeugplatten, welche eine um ein Vielfaches höhere Masse besitzen, können hingegen isotherm betrieben werden, was einen großen energetischen Vorteil bietet. So kann die Energieeinsparung gegenüber Mehretagenpressen mit etwa 40 % beziffert werden [PANK13].
Als **semi-kontinuierlich** werden Intervallheißpressen bezeichnet, bei denen das zu verpressende Material getaktet durch eine Presse mit Heiz- und Kühlzone bewegt wird. Jeder Takt besteht dabei aus den Phasen (1) Werkzeug schließen, (2) Pressen, (3) Werkzeug öffnen und (4) Materialvorschub. Aufgrund dieser Taktung sinkt die spezifische Kapazität mit abnehmender Laminatdicke. Dies ist in der sich damit ebenfalls verkürzenden Presszeit je Zyklus begründet, während die Nebenzeiten für Öffnen und Schließen des Werkzeugs sowie zum Vorschieben des Laminats konstant bleiben. Häufig weisen auf Intervallheißpressen hergestellte Organobleche ein charakteristisches optisches Streifenmuster auf der Oberfläche auf, welches auf lokale Rauhigkeitsunterschiede zurückzuführen ist [WÖGI04, S.78]. Dies resultiert aus einer lokal unterschiedlichen Prozesswärmehistorie, beispielsweise bei einem Vorschubweg je Zyklus, der als Divisor mit Heiz- und Kühlplattenlänge keinen ganzzahligen Quotienten bildet.

Eine Relativbewegung von Pressplatten und Produkt unter Druck findet bei diesem Anlagentyp nicht statt. Dadurch wird die größte Herausforderung **kontinuierlicher** Anlagen nach dem Stand der Technik, sogenannter Doppelbandpressen, umgangen. Diese Herausforderung besteht darin, auf ein sich bewegendes Objekt einen möglichst homogenen Prozessdruck über eine gewisse Zeitspanne bei gleichzeitiger Zu- bzw. Abfuhr von Wärmeenergie zu applizieren. Daher können Doppelbandpressen aus maschinenbaulicher Sicht als Wälz- bzw. Gleitlager betrachtet werden: mit den Pressplatten als feststehendem Innenring, den Pressbändern als umlaufendem Außenring und dazwischen angeordneten Wälzkörpern oder Gleitfilmen zur Reibungsreduzierung sowie Druck- und Wärmeübertragung.

Zur Reibungsminderung haben sich verschiedene Konzepte mit Gleitflächen, Bild 2-15 g) und h), ortsfesten Rollen bzw. Kalandern, Bild 2-15 i), umlaufenden Rollen, sogenannten Rollenstabteppichen, Bild 2-15 j), und Fluiddruckkissen, Bild 2-15 k), etabliert.

Gleitmodule erreichen lediglich Drücke von unter 2 bar und sind somit nicht für den Imprägnierungsprozess geeignet. Sie werden häufig zur Temperierung eingesetzt und mit Kalander- oder Rollstabteppichmodulen kombiniert. Kalander erreichen Linienlasten von bis zu 200 N/mm, die zeitliche Dauer des reinen Linienkontakts ist für die Imprägnierung von UD Faserstrukturen mit hochviskoser Thermoplastschmelze aber nicht ausreichend [OSTG97, S.19]. Rollstabteppiche weisen ebenfalls ein pulsierendes Druckfeld auf, aufgrund des deutlich geringeren Rollendurchmessers von 18 – 40 mm allerdings mit einer höheren Frequenz und einer geringeren Amplitude.

Ein homogenes Druckfeld über lange Prozesszeiten wird durch Fluiddruckkissen erzeugt, jedoch werden hierfür aufwendige Dichtungssysteme sowie große Aggregate für die Medienbereitstellung und -aufbereitung benötigt. Erste Anlagen mit diesem Prinzip wurden von der Firma Held Technologie GmbH (Trossingen, Deutschland) Ende der 1970er, Anfang der 1980er Jahre entwickelt und patentiert. Heute greifen fast alle Hersteller auf diese Entwicklungen zurück, wobei als Druckmedium Öl oder Luft zum Einsatz kommt, Bild 2-13. Zur Steigerung der Wärmeübertragungsleistung werden innerhalb der Fluid-Druckzone beheizte Wärmebrücken aus einem Material hoher Wärmeleitfähigkeit wie Kupfer oder Messing an die Stahlbänder gepresst.

Für die Kühlung werden allgemein die Medien Luft, Wasser und Öl bzw. Gemische davon für den Wärmeentzug eingesetzt. Dieser erfolgt entweder konduktiv über Plattenwerkzeuge oder per erzwungener Konvektion durch den Einsatz von Düsen.

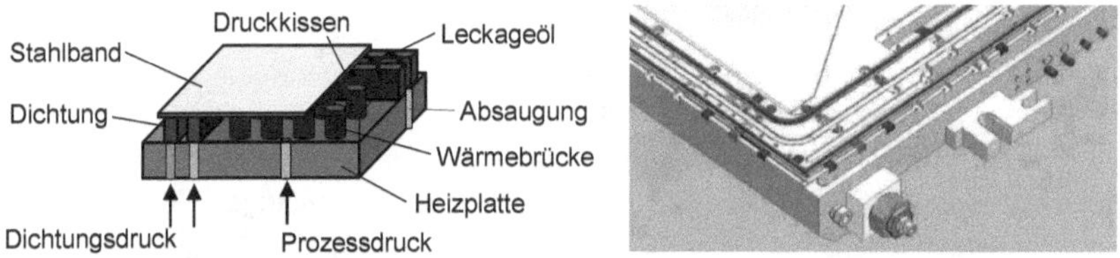

Bild 2-13: Schematische Darstellung der Funktionsweise eines Fluiddruckkissens (links) sowie CAD-Ansicht einer Pressplatte [HYMM14] (rechts)

Schematic view of pressure pad principle of a fluidic cushion (left side) and CAD view of a pressure plate (right side)

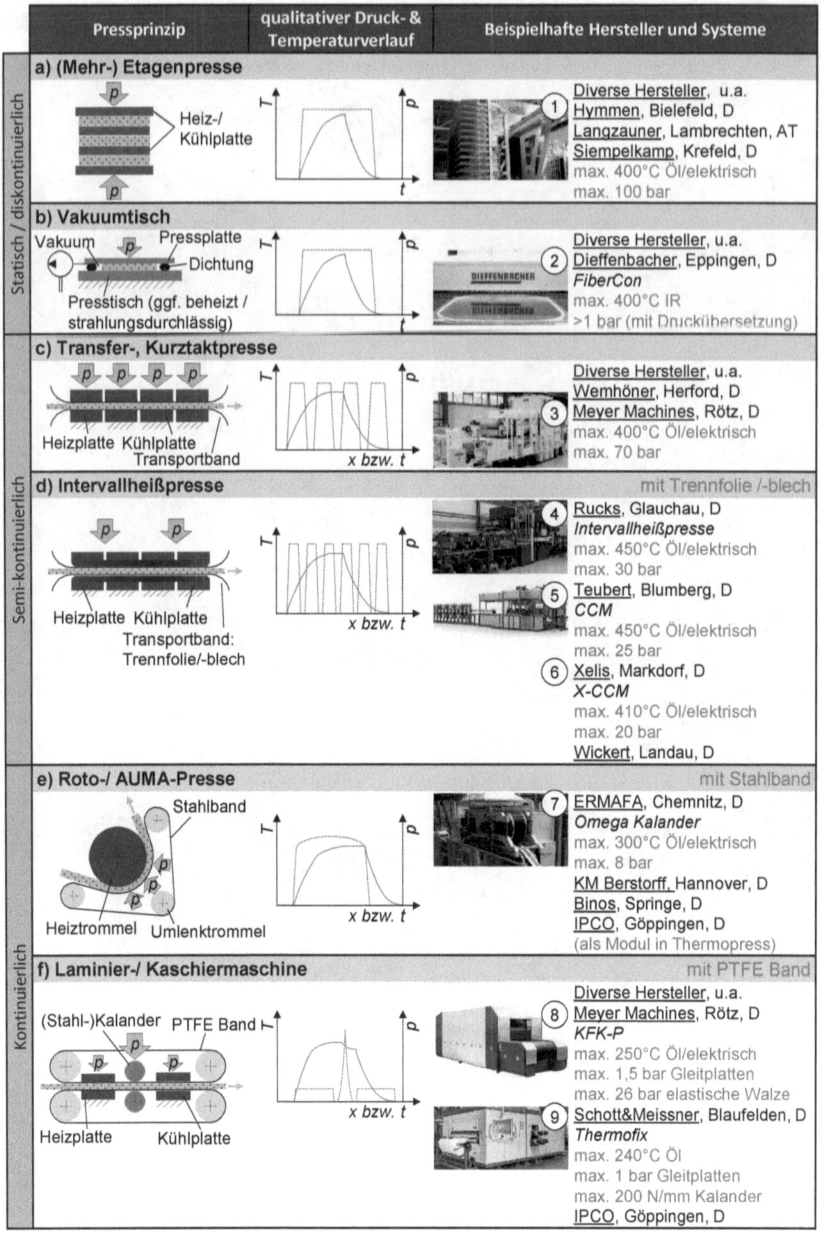

Bild 2-14: Übersicht verschiedener Pressenprinzipien und -systeme
Different press principles and systems
[DIEF17a][ERMA19][FRAU19][HYMM19][IPCO18][MEYE15][MEYE19][RUCK19][SCHO19][TEUB19][XELI19]

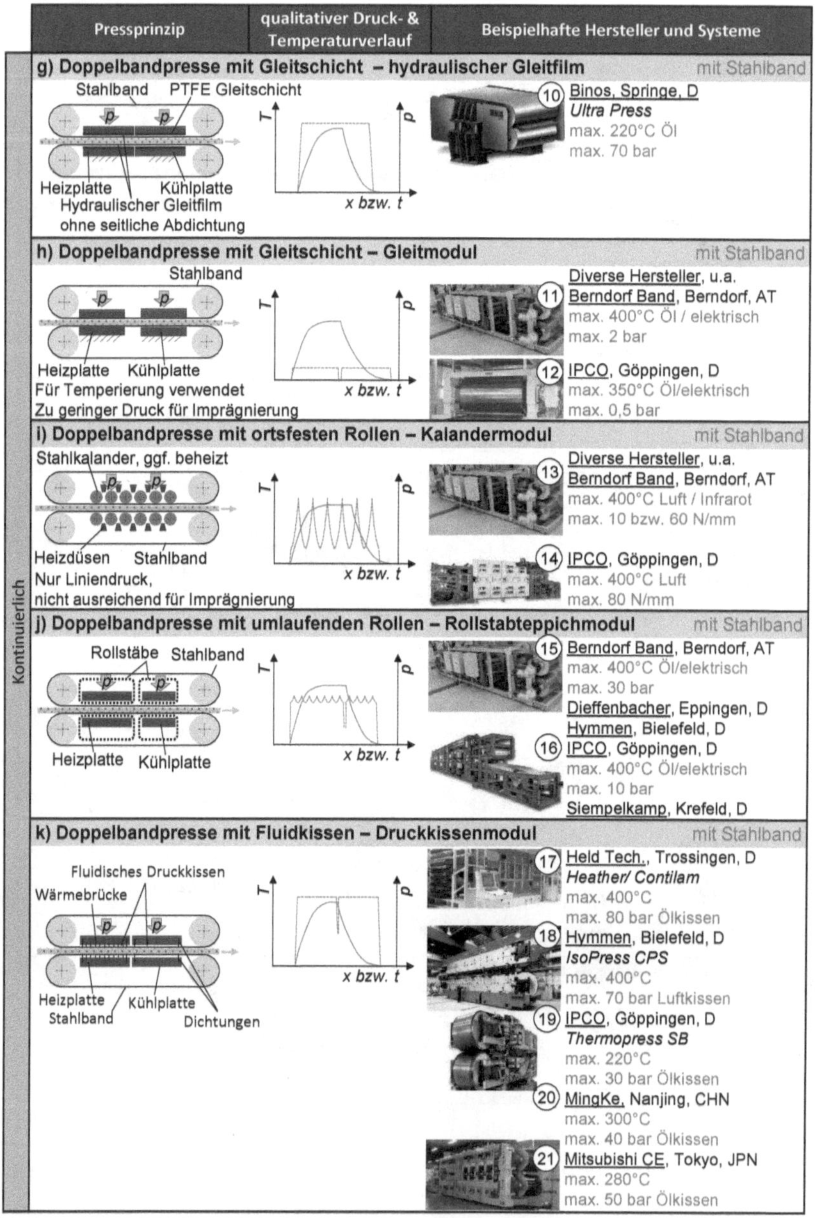

Bild 2-15: Übersicht verschiedener Pressenprinzipien und -systeme, Fortsetzung
Different press principles and systems, continued
[BERN18a][BINO17][BINO18][DIEF17b][HAUP97][HYMM16][HYMM19][IPCO18] [KIES15][MING19][MITS19][SIEM14]

In Bild 2-16 sind die in Bild 2-14 und Bild 2-15 aufgeführten Systeme hinsichtlich ihrer maximalen Druck- und Temperaturparameter aufgetragen. Zusätzlich sind die üblichen Verarbeitungstemperaturen einiger gängiger Thermoplaste eingezeichnet. Eine wichtige Stufe ist bei den Systemen bei einer Temperatur von 250°C zu finden. Diese markiert die maximale Einsatztemperatur von PTFE, welches in einigen Anlagen aufgrund seiner guten Reibeigenschaften für Gleitpaarungen und aufgrund der gegenüber Stahlbändern geringeren Kosten als gewebeverstärktes Bandmaterial eingesetzt wird. Solche Systeme sind hinsichtlich der zu verarbeitenden Materialien auf Standardkunststoffe wie PP, PVC oder unter starker thermischer Grenzbeanspruchung auf PA6 beschränkt. Systeme mit Werkzeugen und Bändern aus Stahl sind hingegen grundsätzlich für Temperaturen jenseits von 450°C und somit für die Verarbeitung von technischen und Hochleistungskunststoffen geeignet. Je nach Anwendung kommen zur Erwärmung Thermalöle (bis 250°C in offenen, bis 350°C in geschlossenen Kreisläufen), Heißluft (bis 400°C) oder elektrische Heizungen bzw. Wärmestrahler (jeweils bis ca. 450°C) zum Einsatz.

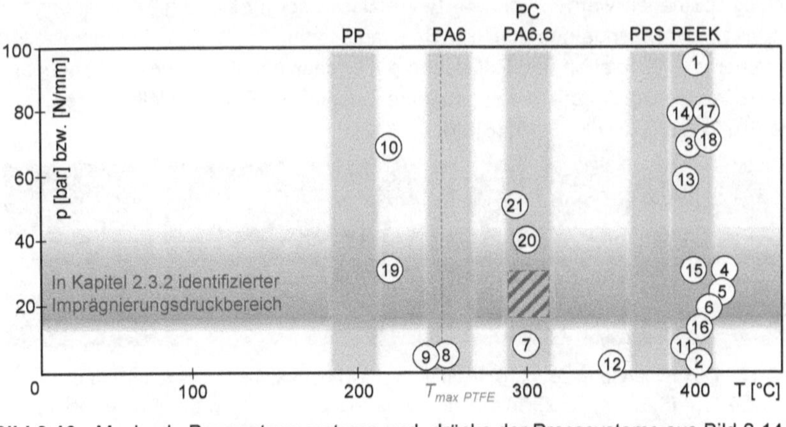

Bild 2-16: Maximale Prozesstemperaturen und -drücke der Presssysteme aus Bild 2-14 und Bild 2-15 sowie die Verarbeitungstemperaturen einiger Thermoplaste

Maximum process temperature and pressure of press systems from Bild 2-14 and Bild 2-15 and processing temperatures of selected thermoplastics

2.5.2 Isochor vs. isobar

Isochoric vs. isobaric

Neben der Materialbewegung kann eine Unterscheidung der Pressensysteme hinsichtlich ihrer Pressencharakteristik in isochore (volumenkonstante) und isobare (druckkonstante) Systeme erfolgen. Bei isochoren Systemen führt ein konstanter Spalt zwischen den Pressbändern zu einem Produkt homogener Dicke. Die sich dabei einstellenden lokalen Druck- und Dichteverteilungen hängen direkt von der Gleichmäßigkeit des zugeführten Massen- bzw. Volumenstromes ab; Schwankungen in der Materialzufuhr resultieren somit in lokalen Dichteschwankungen. Eine solche

Presscharakteristik ist Doppelbandpressen mit Rollstabteppich oder Kalandern eigen, aber auch Intervallheißpressen und herkömmlichen Ein- und Mehretagenpressen [SAND09, S.14]. Eingesetzt werden entsprechende Systeme in der Regel bei der Fertigung von Spanplatten, Transportbändern, Fußbodenbelägen oder glasmattenverstärkten Thermoplasten (GMT).

Bei isobaren Systemen ist der Prozessdruck die maßgebende Prozessgröße, was zu Produkten mit einer homogenen Dichteverteilung führt. Schwankungen bei der Materialzufuhr resultieren hier in lokalen Dickenabweichungen. Isobar arbeitende Systeme werden in der Regel für die Herstellung von dünnen Laminaten wie Organoblechen eingesetzt, beispielsweise in Form von Doppelbandpressen mit hydraulischem Druckkissen, vergleiche Bild 2-15 k). Als maximaler Prozessdruck wird für solche Systeme 80 bar, zum Teil bis zu 100 bar angegeben.

Die Abgrenzung von isochorem und isobarem Prinzip ist jedoch nicht scharf, da auch klassischerweise als isochor bezeichnete Systeme wie Intervallheiß- und Doppelbandpressen mit Rollstabteppichen auf einen definierten Prozessdruck anstatt „auf Anschlag" betrieben werden können. Bei letzteren sorgt eine enge Anordnung von Hydraulikzylindern längs und quer zur Bandlaufrichtung in Kombination mit elastisch verformbaren Pressplatten und Rollstäben dafür, dass ein an das Produkt angepasstes spezifisches Druckprofil, die sogenannte Querkorrektur, eingestellt werden kann, siehe Bild 2-17. [SAND09, S.15] [SIEM14, S.12]

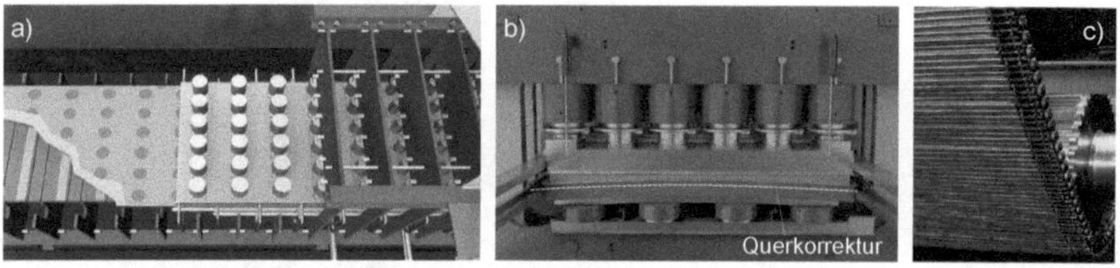

Bild 2-17: Doppelbandpresse mit Rollstabteppich; a) homogene Druckverteilung der ContiRoll [SIEM14, S.12]; b) Querkorrektur zur Entlüftung zu den Bandkanten durch optimiertes Druckprofil über die Anlagenbreite der CPS+ [DIEF17b]; c) Rollstabteppich [SAND09, S.20]

Double-belt presses with roller chain; a) homogenuous pressure distribution of ContiRoll; b) de-aeration to belt edges by optimized pressure profile over belt width of CPS+; c) roller chain

2.5.3 Entlüftung und Materialverschnitt

De-aeration and material waste

Ein porenfrei imprägniertes Halbzeug als oberstes Ziel der TP-FVK Herstellung setzt eine effektive Verdrängung (nahezu) sämtlicher im Rohmaterial eingeschlossener Gase voraus. Daher stellt die Entlüftung während des Prozesses eine der Hauptaufgaben dar. Erfolgt die Druckapplikation wie durch die lineare Stempelbewegung in statischen Pressen vollflächig, also über die gesamte Laminatfläche simultan, kann die Entlüftung nur über die Materialkanten erfolgen. Dies hat lange Entweichungswege der eingeschlossenen Luft aus der Materialmitte zur Folge. Wird der Druck hinge-

gen nicht vollflächig, sondern in einer walkenden Bewegung über eine fortschreitende Front appliziert, so können eingeschlossene Gase bereits im Zwickelpunkt herausgepresst werden. Dies führt in der Regel zu niedrigeren benötigten Effektivdrücken [PANK86, S.152] [PANK97, S.22]. Um diesen Effekt auch mit flächigen Pressplatten zu erzielen, sind Intervallheißpressen zumeist mit einer Einlaufschräge versehen. Durch diese wird zum einen der anfänglich starken Kompaktierung des Materials Rechnung getragen und eine mechanische Schädigung des Materials im Einlaufbereich vermieden, zum anderen wird eine Verdrängung der eingeschlossenen Luft entgegen der Vorschubrichtung erzwungen [WÖGI04, S.72] [CHRI14, S.24]. Zur Verstärkung des Effekts lässt sich bei einigen Anlagen eine definierte Winkelanstellung der Druckplatten einstellen, beispielsweise 1,5 mm je 1,2 m Pressenlänge (= 0,072°) [RUCK19] [MÜLL19].
Bei isochoren Rollstabteppich-Doppelbandpressen kann neben dem Einsatz von variablen Druckzonen über der Anlagenlänge durch die Anordnung von jeweils mehreren Differentialzylindern über der Anlagenbreite die Pressplatte über dem Querschnitt lokal unterschiedlich an Band und Material angepresst oder sogar angehoben werden. Dadurch ist das Einstellen eines Querschnittdruckprofils möglich, welches zu einer optimierten Entlüftung zu den Bandrändern hin führt, Bild 2-17 b) [DIEF17b] [MEYE07, S.1] [SAND09, S.11] [SIEM14, S.7]. Aufgrund dieses positiven Effekts auf die seitliche Entlüftung wird im Bereich der Spanplattenfertigung von einer abnehmenden notwendigen Presszeit je Millimeter Produktdicke, angegeben als Presszeitfaktor in [s/mm], mit zunehmender Anlagenlänge berichtet, während der Presszeitfaktor mit steigender Anlagenbreite zunimmt [SAND09, S.12–14]. Das bedeutet, dass eine Verlängerung der Anlage mit einer überproportional höheren möglichen Prozessgeschwindigkeit einhergeht, während eine Verbreiterung der Anlage zu einer Verlangsamung des Prozesses führt.

Neben der Entlüftung von Poren im Makrobereich führt eine Schrägstellung der Werkzeugplatten noch zu einer Induzierung von planaren Matrixflüssen im Mikrobereich, welche die transversale Imprägnierung überlagern. Solche temperatur- oder druckgradienteninduzierten Matrixflüsse bieten das Potential, den Imprägnierungsprozess durch eine optimierte Entlüftung zu beschleunigen. Untersuchungen von CHRISTMANN an einer Intervallheißpresse zeigen, dass mit steigendem Kippwinkel des Presswerkzeugs eine Verkürzung des Prozesses um bis 33 % möglich ist [CHRI14, S.79]. Dabei kommt es zu Fließvorgängen in Rovinglängsrichtung, in der wie in Kapitel 2.3.1 erläutert die Permeabilität etwa um den Faktor 19 – 25 größer als in transversaler Richtung ist. Je nach Anordnung der Fasern im Presssystem in 0°/90° resultiert dies in einem Fließen entgegen oder senkrecht der Materialvorschubrichtung. Als Schlussfolgerung schlagen CHRISTMANN und WÖGINGER keilförmige Druck- und Temperaturfelder zur Imprägnierung von 0°/90° Geweben vor, um bei fortschreitender Bewegung des Materials durch die Anlage einen planaren Schmelzefluss senkrecht zur Vorschubrichtung von der Laminatmitte zu den Rändern hin zu erzwingen [WÖGI04, S.69] [CHRI14, S.83]. Aktuelle Forschungstätigkeiten beschäf-

tigen sich mit einem keilförmigen Temperaturprofil der Heizplatten über dem Pressenquerschnitt, um denselben Effekt zu erzielen [KRÄM19].
Einen technischen Ansatz zur Induzierung planarer Matrixströmungen bei der Herstellung von TP-FVK-Laminaten in einer Doppelbandpresse stellen Kalanderwalzen zur Druckapplikation dar, welche zu einem zeitlich pulsierenden Druckfeld führen, z.B. [ISHI19]. Nachteilig sind hierbei die nur sehr kurzen Druckzeiten, resultierend aus dem lediglich linienförmigen Kontakt der Walzen.

Verschnitt entsteht bei statischen (Mehretagen-) Pressen auf allen vier Seiten des Laminats, während bei der endlosen Herstellung in einer Intervallheiß- oder Doppelbandpresse nur ein seitlicher Verschnitt an den Bandkanten anfällt. Dieser liegt bei der Organoblechherstellung in der Größenordnung von 2 – 3 cm je Seite [WÖGI04, S.74]. Bei Intervallheißpressen können zur Reduzierung des Verschnitts auf etwa 0,5 – 1 cm je Seite mit Hilfe von Tauchkanten die seitlichen Ränder abgedichtet werden. Dadurch wird das Herausquetschen des Polymers im Randbereich verhindert, sodass das Laminat hier ebenfalls über recht homogene Materialeigenschaften verfügt. Dies ist insbesondere bei der Verarbeitung von reinen UD-Laminaten ohne lagestabilisierende Verstärkungsfasern quer zur Vorschubrichtung relevant [HSIA12, S.231]. Jedoch wird durch die seitliche Abdichtung ebenfalls eine seitliche Entlüftung unterbunden, sodass in diesem Fall mit einem größeren Porengehalt im Laminat zu rechnen ist [WÖGI04, S.64]. CHRISTMANN berichtet von reduziertem seitlichen Quetschfluss und damit Verschnitt bei der Herstellung von PP-GF Organoblechen auf einer Intervallheißpresse, wenn die Temperatur in den seitlichen Randbereichen um 10 – 20°C gegenüber der Mittentemperatur abgesenkt wird. Jedoch führt dies ebenfalls zu einer reduzierten Entlüftung und Imprägnierung der Rovings quer zur Vorschubrichtung und wird daher im Sinne der Produktqualität nicht empfohlen. [CHRI14, S.58] Analog zu Tauchkanten können bei Doppelbandpressen Seitendichtungssysteme eingesetzt werden [HYMM14]. Hierbei handelt es sich um mitlaufende Bänder aus einem temperatur- und druckbeständigen Material, die eine vergleichbare Funktion wie Tauchkanten erfüllen und ebenfalls die seitliche Entlüftung behindern. Ein (poröses) seitliches Dichtungssystem, welches durchlässig für Gase und zugleich undurchlässig für die viskose Polymerschmelze ist, ist bisher nicht bekannt.

2.6 Industrielle Anwendungen elastischer Verformung zur Druckapplikation

Industrial uses of elastic deformation for areal pressure application

Eine elastische Materialverformung zur Erzeugung einer flächigen Druckzone kann in vielen walzenbasierten Systemen kontinuierlicher Bahnverarbeitungsprozesse gefunden werden. Im Anwendungsbereich der Doppelbandpressen kommt im System KFK-P der Maschinenfabrik Herbert Meyer GmbH (Rötz, Deutschland) zwischen Gleitplatten zum Heizen und Kühlen ein zentraler Kalander mit gummierten Walzen zum Einsatz, Bild 2-18 [MEYE15]. Mit diesem kann ein Flächendruck von bis zu

26 bar erreicht werden. Wird das System mit Stahl- anstelle von PTFE-Bändern betrieben, so ist eine Prozesstemperatur von bis zu 300°C möglich.

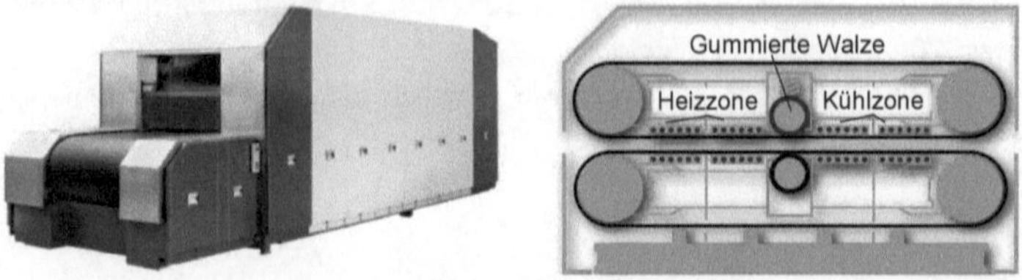

Bild 2-18: Doppelbandpressensystem mit gummierten Kalanderwalzen [MEYE15]
Double-belt press system with rubber calender rollers

In Systemen zum thermoplastischen Tape-Placement haben sich zur Applikation des notwendigen Konsolidierungsdrucks Andruckrollen mit Silikonmänteln etabliert. Die elastische Verformung ermöglicht dabei auch das Ablegen und Konsolidieren von konvex und konkav geformten Oberflächen, Bild 2-19 a) und b). Um auch bei stark gekrümmten Flächen einen homogenen Druck über der Ablegebreite gewährleisten zu können, können die Rollen in mehrere Segmente unterteilt werden, Bild 2-19 c).

Zur Verminderung der thermischen Belastung des Elastomers im Dauereinsatz werden die Rollen häufig intern oder extern gekühlt. Die Rollen verfügen in der Regel über einen Durchmesser im Bereich von 50 mm bis 80 mm und eine Breite, welche über die des abzulegenden Tapes hinausragt. Um den ungewollten thermischen Eintrag durch Wärmestrahlquellen in die nicht vom Tape verdeckten Seitenbereiche zu reduzieren, werden zum Teil transparente Silikone mit entsprechend verminderter Strahlungsadsorption eingesetzt, Bild 2-19 a) [STEY13, S.68].

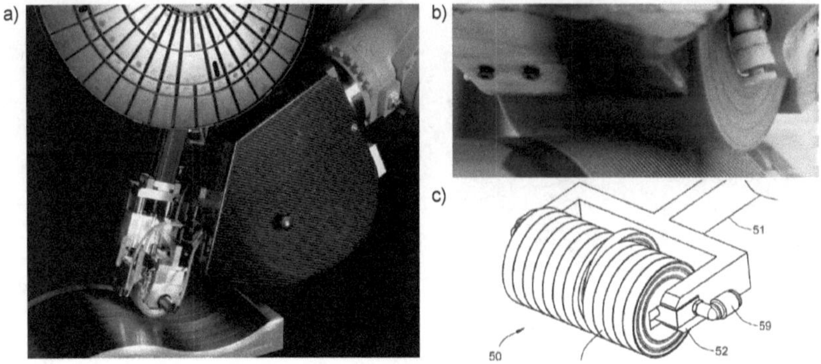

Bild 2-19: Elastische Rollen beim Tape-Placement: a) Tape-Placement-Kopf mit Laserstrahlquelle und transparenter Rolle [BREC14]; b) Verformung der Rolle durch 3D-Kontur der Ablegeform [GIDD15]; c) Segmentierte Rolle [MISC06]

Elastic rollers for tape placement: a) tape placement head with laser heating system and translucent roller; b) deformed roller at 3D contour; c) segmented roller

In der papierverarbeitenden Industrie kommen in der Presszone der Papiermaschinen Kalander zum Einsatz, um mechanisch Wasser aus der Papiermassenbahn in eine mitgeführte Filzbahn zu quetschen und so den Feststoffanteil der Cellulosefasern von etwa 20 % auf 50 % zu steigern. Der Restfeuchtegehalt ist dabei eine Funktion des Walzenspaltimpulses I_W (engl.: *nip impulse*) als Quotient aus Linienlast F_L und Geschwindigkeit v_p [WAHL81]:

$$I_W = \frac{F_L}{v_p} = p_{mittel} \cdot t_p \quad in\,[kPa \cdot s] \tag{2.20}$$

Zur Steigerung des Walzenspaltimpulses ohne Schädigung der Papierbahn oder Reduzierung der Prozessgeschwindigkeit werden seit den 1980er Jahren Druckschuh-Kalander (engl.: *shoe presses*) eingesetzt. Bei diesen ist die Gegenrolle des Kalanders durch einen statischen, konkav geformten Druckschuh ersetzt, Bild 2-20. Zwischen Material- und Filzbahn und statischem Schuh läuft dabei ein Polyurethanmantel um, Bild 2-20 b). Dieser mit mehreren Gelegelagen synthetischer Fasern verstärkte, etwa 5 mm Dicke Mantel mit einer Temperaturbeständigkeit bis etwa 120°C weist häufig produktspezifische Nuten an der Oberfläche auf, um die Entwässerungskapazität zu erhöhen [VALM17].
Die wechselnde konvex-konkave Krümmung des Mantels während eines Umlaufs führt zu einer nennenswerten mechanischen Belastung des elastischen Materials [VOIT15, S.4]. Zwischen Mantel und Druckschuh wird ein Gleitfilm aus Öl erzeugt. Durch den Anstellungswinkel von Druckschuh- und Gegendruckwalze sowie die geometrische Form des Druckschuhs lässt sich der Druckverlauf über die Walzenspaltlänge je nach Produkt anpassen, bspw. homogen oder progressiv, Bild 2-20 c).

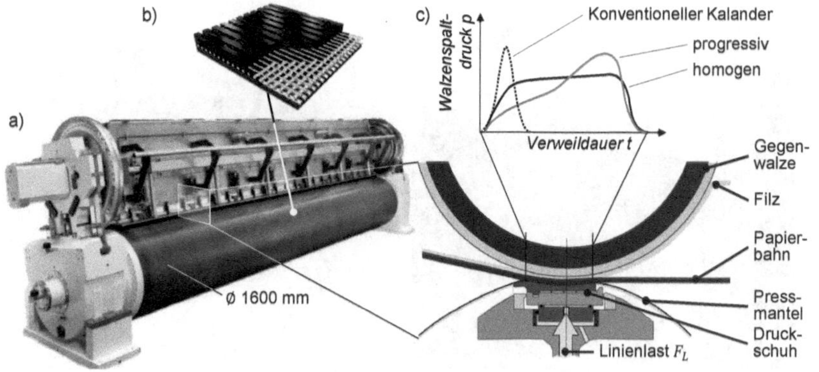

Bild 2-20: Druckschuh-Kalander: a) Isometrische Ansicht [VOIT15]; b) Aufbau des Druckmantels [VALM17]; c) schematische Darstellung und Druckverläufe [VOIT15]

Shoe press system: a) isometric view; b) press sleeve composition; c) schematic view with various pressure distributions

Die Durchmesser der eingesetzten Walzen betragen bis zu 1600 mm, die resultierenden Kontaktzonenlängen im Walzenspalt bis zu 300 mm und die Maximaldrücke bis zu 60 bar [LUIT01, S.60] [VALM09, S.3]. Dies entspricht einer Steigerung des Walzenspaltimpulses gegenüber konventionellen Kalandern um den Faktor 5.

2.7 Induktive Banderwärmung in kontinuierlichen Prozessen

Inductive heating in continuous processes

Industrielle Anwendungen der induktiven Banderwärmung erstrecken sich über einen Dickenbereich von 0,2 mm bei der Blechbehandlung bis zu 60 mm im Dünnbrammen-Strangguss, und einen Temperaturbereich von wenigen 100°C bis über 1200°C [RUHN99, S.1]. Als Bandmaterial wird ein Werkstück mit ausgeprägtem Breite-Dicke-Verhältnis $b \gg d$ bezeichnet. Aufgrund des häufig kontinuierlichen Verfahrenscharakters ist die Länge der Werkstücke ebenfalls groß gegenüber ihrer Dicke.
Die elektromagnetische Induktion stellt dabei ein präzise regelbares Verfahren mit einer hohen Leistungsdichte von bis zu 30 kW/cm² [BENK90, S.12] und einem hohen energetischen Wirkungsgrad dar [NACK13]. Ziel der Bandtemperierung kann zum einen die Verarbeitung des Bandmaterials selbst sein, bspw. die Erwärmung für das anschließende Warmumformen oder ein Temperatur-*Boost* im Stranggussprozess, die Wärmebehandlung durch Anlassen oder Rekristallisationsglühen, oder die Trocknung nach Beschichten oder Lackieren. In diesem Fall erreicht das System durch die direkte volumetrische Erwärmung seinen höchsten Wirkungsgrad. Zum anderen kann das erwärmte Bandmaterial als Werkzeug dienen, welches die Wärme an das zu verarbeitende Produkt überträgt. Hierbei kommt der Wärmeübergangskoeffizient der Werkstoffpaarung zum Tragen.
Je nach Anwendung können die Induktoren um das Werkstück geschlossen oder ober- und unterhalb davon ausgeführt werden, Bild 2-21. Dies beeinflusst die Ausbildung des magnetischen Hauptfeldes längs- oder quer zum Werkstück, was näher in Kapitel 5.1 erläutert werden soll.

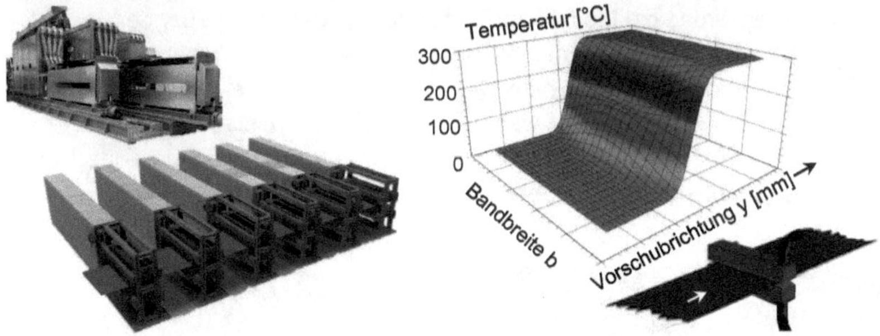

Bild 2-21: Induktive Banderwärmungsanlage mit geschlossenen Induktionsspulen (links); Beidseitig montierte Induktionsspulenmodule und Temperaturprofil (rechts) [ELOT19] [NAUV01, S.114] [MAGC19]

Induction sheet heating system with closed inductor (left); Induction modules installed on two sides of sheet material and temperature profile (right)

Zum Einsatz von elektromagnetischer Induktion im Bereich der Doppelbandpressensysteme existiert ein Schutzrecht der Firma LG Hausys, Ltd. (Seoul, Korea) hinsichtlich einer Doppel-Stahlbandpresse mit hochfrequenter Induktionsheizung [JUNG11]. Das System dient der Imprägnierung gespreizter, unidirektionaler Faserbündel mit thermoplastischer Matrix. Laut Patentansprüchen kommen hierzu Induktionsspuleneinheiten zum Einsatz, welche das obere und untere Stahlband umschließen und so ein magnetisches Längsfeld in den Bändern erzeugen, Bild 2-22. Der beabsichtigte Frequenzbereich liegt bei 20 – 40 kHz.

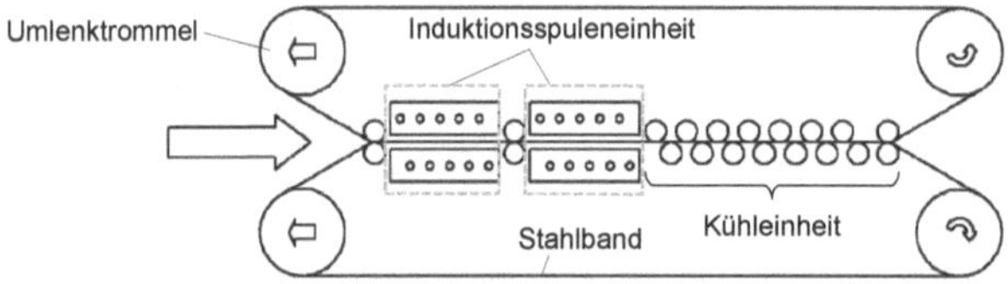

Bild 2-22: Prinzipskizze der Hochfrequenz-Induktionsheizungs-Doppelbandpresse nach Patent EP 2540475B1 mit um die Stahlbänder geschlossenen Induktionsspuleneinheiten und resultierendem magnetischen Längsfeld [JUNG11]

Sketch of high frequency induction heating double steel belt press apparatus according to patent EP 2540475B1 with induction units closing around the belts

In der Lebensmittelindustrie kommt darüber hinaus das Doppelbandsystem *Inducook* zum Einsatz, bei welchem der Spalt zwischen zwei per elektromagnetischer Induktion erwärmten, 0,3 mm dicken Edelstahlbänder zur Garung von Nahrungsmitteln wie Fleisch genutzt wird [BELT14, S.12–13]. Hierzu sind auf der Innenseite der Bänder Induktionsmodule der Firma MagComp (Lund, Schweden) installiert, wie sie schematisch in Bild 2-21 rechts dargestellt sind.

Neben der Erwärmung von Bandmaterial finden solche geschlossenen Module auch bei der Temperierung von Walzen in der Papier- oder Stahlindustrie Verwendung, Bild 2-23. Dabei werden die Module zur Temperierung der Walze über der gesamten Breite oder für lokale Bereiche eingesetzt, beispielsweise im Randbereich des zu verarbeitenden Produkts. Weiterhin können die Walzen durch eine im Inneren angeordnete Induktionsspule temperiert werden, wobei hier zumeist ein Wärmeträgermedium zwischen Walzenmantel und erwärmten Innenrohr für eine verbesserte Homogenität der Walzenoberflächentemperatur sorgt.

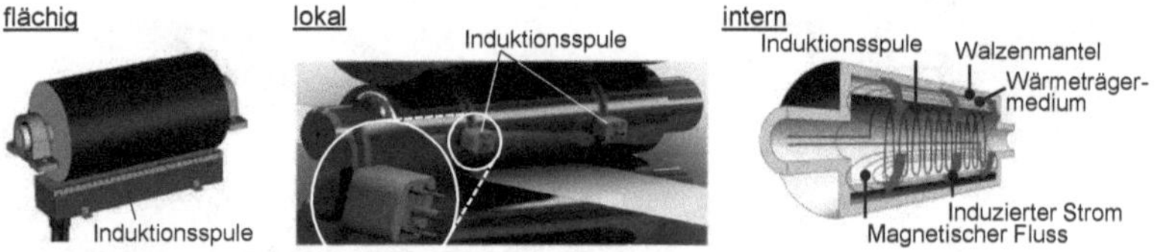

Bild 2-23: Industrielle Beispiele induktiver Walzenerwärmungen: extern flächig bzw. lokal sowie intern [MAGC19] [DESC15] [RICE14]

Examples of industrial rollers heated via electromagnetic induction on entire surface, locally and internally

2.8 Zusammenfassung und identifizierte Limitationen

Summary and identified limitations

Unidirektional endlosfaserverstärkte Thermoplastlaminate besitzen ein enormes technisches Potential, weshalb sie folgerichtig zunehmenden Einzug in industrielle Anwendungen erhalten. Die Zunahme der Anzahl veröffentlichter großvolumiger Serienanwendungen erfüllt jedoch bisher nicht vollumfänglich die Erwartungen der Industrie [SCHA18]. Einen Grund hierfür stellen die hohen Kosten endlosfaserverstärkter Halbzeuge dar, welche zu einem großen Teil auf die Herstellkosten und hier speziell auf hohe Anlagenkosten zurückzuführen sind. Es stehen der Industrie zwar erprobte Anlagen- und Pressentechnologien unterschiedlicher Produktivitäten zur Verfügung. Insbesondere die für eine großserientaugliche Herstellung qualifizierten kontinuierlichen Prozesse und die hierzu eingesetzten Doppelbandpressen mit Fluiddruckkissen erfordern jedoch Investitionen von über 4.000.000 € und installierte Leistungen von über einem halben Gigawatt [BÜHL17, S.138].
Ein Grund für die hohen Kosten resultiert aus der Diskrepanz zwischen dem prozessgeforderten Druck von etwa 30 bar (Abschnitt 2.3.2) und dem realisierten erreichbaren Druck von bis zu 80 bar. Diese Druckreserve birgt aus Prozess- und Kundensicht nicht erforderlichen konstruktiven Aufwand („*Over-Engineering*"), dessen Kosten dennoch auf den Preis je Quadratmeter produziertes Laminat umgelegt werden muss. Die Wirtschaftlichkeit des Prozesses wird dadurch verringert.
Das in Bild 2-16 schraffiert eingezeichnete Prozessfenster mit 15 – 30 bar Druck und etwa 320°C Maximaltemperatur scheint im Sinne einer maßgeschneiderten Anlagentechnologie einen günstigen Zielparameterbereich darzustellen, der die Verarbeitung eines breiten Spektrums an für großvolumige Absatzmärkte relevanten technischen Kunststoffen einschließlich der Polyamide und Polycarbonate abdeckt.

In Tabelle 2-5 sind einige abgeleitete Schlussfolgerungen für die beiden wichtigsten Parameter bei der Herstellung von TP-FVK-Laminaten zusammengefasst, wie sie sich aus den in Kapitel 2.3 gewonnenen Erkenntnissen über den komplexen Realprozess mit seiner Vielzahl untereinander vernetzter Einflussfaktoren ergeben. Die Druckapplikation sollte erst nach einer definierten Erwärmung des Polymers über Schmelztemperatur T_g erfolgen. Dadurch wird die Druckaufnahme und Kompaktierung der Faserstrukturen durch Druckübertragung des elastischen, noch nicht viskosen Polymers verhindert, was durch eine reduzierte Permeabilität zu einer verminderten Imprägnierungsleistung nach Erreichen von T_g führen würde. Bei Doppelbandpressen mit Fluidkissen werden in der Regel die Einlauftrommeln mit Thermalöl erwärmt. Die Temperatur wird dabei deutlich unterhalb der Schmelztemperatur des Polymers gewählt, um ein Erweichen und potenzielles Zerreißen der Polymerfolien zu verhindern, was zu einer Unterbrechung des laufenden Produktionsprozesses führen würde. Mit Erreichen der Prozesszone in der Presse werden dann simultan Prozesstemperatur und -druck appliziert, was der Polymerperkolation wie erläutert durch die Kompaktierung der Faserstruktur entgegenwirkt. Diese Schlussfolgerung ziehen auch MAYER und OSTGATHE [MAYE00, S.73] [OSTG97, S.100] und schlagen den Einsatz einer der Doppelbandpresse vorgelagerten, drucklosen Vorheizstrecke vor.

Die Beschleunigung der Imprägnierung durch von Druckgradienten getriebene planare Matrixströme stellt aufgrund der um den Faktor 19 – 25 größere longitudinale Permeabilität einen interessanten Ansatz dar, welcher Gegenstand diverser Untersuchungen auf Intervallheißpressen ist. Um in einem kontinuierlichen Prozess homogene Materialstärken erzielen zu können, sind die planaren Matrixströmungen bevorzugt in oder entgegen der Vorschubrichtung hervorzurufen. Ein kostengünstiges Mittel zur Induzierung von Druckgradienten in kontinuierlichen Prozessen stellen Walzenkalander dar. Stahlwalzen galten lange als ungeeignet für eine porenfreie Imprägnierung, da die Druckzeit des reinen Linienkontakts für den Prozess zu kurz ist [OSTG97, S.19]. Untersuchungen von ISHIDA mit einer isochor arbeitenden Doppelbandpresse mit festen Walzenpaaren der Firma IPCO (ehemals Sandvik TPS, Bild 2-15 Typ i, Nr. 14) zeigen, dass eine Imprägnierung mit Stahlkalandern bei langsamer Prozessgeschwindigkeit durchaus möglich sein kann [ISHI19]. Der Einsatz von Walzen mit einer elastischen Beschichtung bietet das Potential, die Druckzeit je Walzenpaar erheblich zu steigern und somit wirtschaftliche Prozessgeschwindigkeiten erreichen zu können. Der industrielle Einsatz elastischer Rollen ist aus dem Tape- und Fiber Placement sowie aus Doppelbandsystemen als zentraler Kalander bekannt. Der Einsatz seriell angeordneter elastischer Walzenpaare für die Herstellung großflächiger Laminate ist jedoch nicht publiziert, sodass eine fundierte Aussage über die durch entsprechend pulsierende Druckfelder erzielbare Imprägnierungsqualität aktuell nicht getroffen werden kann.

Tabelle 2-5: Abgeleitete qualitative und quantitative Prozesseigenschaften für eine optimierte Imprägnierung

Qualitative and quantitative process properties for an optimized impregnation

Prozessdruck	
Startzeitpunkt	Nach Erreichen von T_g
Dauer	Abhängig von Material-, Prozess- und Produkteigenschaften wenige Sekunden bis Minuten
Magnitude	15 – 30 bar
	Konstant für transversale Strömung
Gradienten	Bewirken planare Matrixströmungen in longitudinaler Faserrichtung
	Beeinflusst die Permeabilität der Faserstruktur durch Relaxation
Prozesstemperatur	
Magnitude	Größer T_g, möglichst maximal für reduzierte Schmelzviskosität
Gradienten	Bewirken planare Matrixströmungen in longitudinaler Faserrichtung
	Dynamisch für kurze Aufheizzeiten und flexible Materialwechsel

Die direkte volumetrische Erwärmung mittels elektromagnetischer Induktion bietet gegenüber fluidbasierten Heizsystemen den Vorteil eines deutlich überlegenen Wirkungsgrads sowie einer kompakten Bauweise durch die sehr hohen erzielbaren Heizraten. Dadurch lassen sich responsive Heizzonen vor und insbesondere intermittierend mit den Druckzonen anordnen. Obwohl induktive Erwärmungsprozesse zur Energieerzeugung in Doppelbandpressen von einigen Anlagenherstellern intensiv untersucht werden, sind hierzu weder kommerzielle Module oder Anlagen noch Publikationen bekannt.

3 Zielsetzung und Vorgehensweise

Objectives and modus operandi

Die Bereitstellung kostengünstiger, endlosfaserverstärkter thermoplastischer Halbzeuge ist aufgrund aufwändiger Anlagensysteme derzeit nur eingeschränkt gewährleistet, weshalb die technologischen sowie gesellschaftspolitischen Vorteile der Werkstoffe nicht voll ausgenutzt werden können. Die übergeordnete Zielsetzung der vorliegenden Arbeit ist daher die Entwicklung und Erprobung einer Doppelbandpresse, welche sich durch einfache Wirkmechanismen und eine hohe Skalierbarkeit optimal den Bedürfnissen von Prozess und Produktionsszenario anpassen lässt. Diese übergeordnete Zielsetzung lässt sich durch drei Teilziele und davon abgeleitete Forschungshypothesen spezifizieren:

Erstes Ziel ist die Untersuchung des Einsatzes von elastischen Walzen in Doppelbandpressen zur Druckerzeugung bei der Imprägnierung und Konsolidierung von FVK-Laminaten. Die flächige Kontaktzone durch die elastische Verformung ist dabei einem reinen Linienkontakt von starren Walzenkörpern durch die deutlich verlängerte Prozessdauer überlegen. Aufwändige Dichtungssysteme von flächig wirkenden Fluidkissen, welche vermehrter Reibung und Verschleiß ausgesetzt sind, können hingegen vermieden werden. Weiterhin führen die durch Druckgradienten induzierten planaren Matrixströmungen zu einer Beschleunigung des Imprägnierprozesses. Auch eine erhöhte Temperaturbeständigkeit der elastischen Werkstoffe soll dabei Teil der Untersuchungen der Arbeit sein.

> ***These 1:*** *Die serielle Anordnung elastomerbeschichteter Walzen lässt sich zur Erzeugung eines Druckfelds mit pulsierender Amplitude über eine ausreichende summierte zeitliche Dauer nutzen, um TP-FVK-Laminate mit einer Imprägnierungs- und Konsolidierungsqualität herzustellen, wie sie von Systemen nach dem Stand der Technik erreicht werden.*

Zweites Ziel ist die Untersuchung des Einsatzes von elektromagnetischer Induktion in Doppelbandpressen zur energieeffizienten Bereitstellung der notwendigen Prozesswärme für die Verarbeitung von TP-FVK. Neben einer präzise geregelten Prozesstemperatur und guten Homogenität längs und quer zur Prozessvorschubrichtung ist dabei eine hohe erzielbare Aufheizrate für die Erreichung kurzer Durchlaufzeiten ebenfalls von Bedeutung. Dabei sollen zur Erwärmung der umlaufenden Bänder Flächeninduktoren in Querfeldanordnung eingesetzt werden, da sich diese gegenüber klassischen Längsfeldinduktoren bei dünnen Werkstücken als technisch effizienter und wirtschaftlicher erweisen.

> ***These 2:*** *Die Prozesstemperatur in einer Doppelbandpresse lässt sich mittels elektromagnetischer Querfelderwärmung der umlaufenden Stahlbänder sowohl in der primären Heiz- also auch in den sekundären Haltezonen im Druckbereich ausreichend genau und reproduzierbar regeln.*

Drittes Ziel sind Untersuchungen zur Kombination der beiden Mechanismen aus These 1 und 2 in einem Doppelbandpressensystem. Als Bewertungskriterium soll dabei die erreichbare Imprägnierungs- und Konsolidierungsgüte von FVK-Laminaten dienen.

> ***These 3:*** *Durch Kombination von Druckapplikation mittels elastischer Walzen (These 1) und Erwärmung durch elektromagnetische Induktion (These 2) in einer Doppelbandpresse lassen sich porenfrei imprägnierte und konsolidierte TP-FVK-Laminate kostengünstig herstellen.*

Die aus den Hypothesen abgeleiteten Forschungsfragen sowie die resultierende Struktur der vorliegenden Arbeit sind in Bild 3-1 aufgeführt.

Kapitel 4

These 1: Pulsierendes Druckfeld auf Basis elastischer Walzen

- Welchen Einfluss hat die Konfiguration der Walzen auf die resultierende Kontaktfläche und den Druckverlauf im Walzenspalt?
- Mit welcher Methodik kann ausgehend von spezifischen Prozessanforderungen die Walzenauslegung erfolgen?
- Wie beeinflusst ein pulsierendes Druckfeld die Fließvorgänge der Imprägnierung?
- Inwieweit eignen sich elastomerbeschichtete Walzen zum dauerhaften Einsatz bei der Herstellung von FVK-Laminaten und
- Wie können Sie zur Verarbeitung höherschmelzender Polymere verwendet werden?

Kapitel 5

These 2: Erwärmung mittels elektromagnetischer Induktion

- Kann mit der Querfelderwärmung eine ausreichend homogene Prozesstemperatur erreicht werden?
- Wie verhält sich die Anlagentemperatur in den seriellen Heiz- und Druckzonen?
- Welche Randeffekte und Wechselwirkungen treten durch die Abstandssensitivität des Heizmechanismus in Erscheinung?
- Wie lässt sich der Temperaturverlauf des Systems analytisch beschreiben und
- Welche Optimierungspotentiale bieten sich zur Homogenisierung der Temperatur?

Kapitel 6

These 3: Kombinierbarkeit von Druck- und Heizmechanismus

- Kann eine ausreichende Fügefestigkeit bei der Konsolidierung vorimprägnierter UD-Lagen erreicht werden?
- Können mit Hilfe der Mechanismen porenfrei imprägnierte und konsolidierte Organobleche hergestellt werden?
- Wo liegen die Grenzen der neuentwickelten Prozesstechnologie?

Bild 3-1: Von den Hypothesen abgeleitete Forschungsfragen und Struktur der Arbeit
Objectives based on the hypotheses and structure of the thesis

Das Vorgehen der Arbeit sieht zunächst eine weitestgehend getrennte Untersuchung von Druck- und Heizmechanismus in den Kapiteln 4 und 5 vor. Einige in Kapitel 4 zum Verhalten der elastischen Walzen gewonnen Erkenntnisse fließen jedoch bereits in die Entwicklung des Heizmoduls ein. Weitere gegenseitige Interferenzen der Module werden zu Beginn von Kapitel 6 analysiert, ehe die experimentelle Verifikation der Konsolidierungs- und Imprägnierungsbefähigung untersucht wird.

Abgeschlossen wird die Arbeit mit einer Zusammenfassung der Ergebnisse und einem Ausblick, der auf aufbauende Forschungsfragen und Entwicklungspotentiale der entwickelten Mechanismen verweist.

4 Untersuchungen zum Einsatz elastischer Walzen

On the use of elastic rollers

Zur Erzeugung der für die Imprägnierung und Konsolidierung von TP-FVK-Laminaten notwendigen Druck beaufschlagten Zeit in der Doppelbandpresse soll in diesem Kapitel der Einsatz elastischer Walzen untersucht werden. Durch die elastische Verformung der Walzen im Kontaktbereich kommt es über der Walzenbreite b zur Ausbildung einer flächigen Kontaktzone der Länge l_p mit dem Kontaktdruck $p(x)$, siehe Bild 4-2. Die präzise analytische Beschreibung von Kontaktlänge und Druckverlauf ist aufgrund des stark nichtlinearen Druck-Verformungsverhaltens sowie der nichtlinearen Geometrie der Walzen jedoch nur schwer möglich. Analytische Ansätze von PARISH und ZEPPERNICK hierzu beruhen zumeist auf den allgemeinen Gleichungen von HERTZ, welche Druck, Kontaktfläche und Verformung zweier aufeinander gepresster Zylinder beschreiben [HERT81] [PARI58] [ZEPP89]. Ihnen gemein ist, dass sie grundsätzlich auf der Annahme linearelastischen Materialverhaltens basieren, weshalb ihre Gültigkeit auf Verformungsgrade von unter 25 % begrenzt ist [GENT12, S.300]. Auf die Verwendung analytischer Zusammenhänge zur Beschreibung des elastischen Kontakts soll im Rahmen dieser Arbeit daher verzichtet werden. Vielmehr erfolgt die Vorhersage der Größen mittels der Finite-Elemente-Methode (FEM). Hierzu ist die empirische Ermittlung der materialspezifischen, nichtlinearen Spannungs-Dehnungs-Kennlinien der verwendeten Elastomere erforderlich.

Der Lösungsraum möglicher Walzenkonfigurationen ist in Bild 4-1 dargestellt. Für die Auslegung gilt es, den Einfluss der die Druckzone beeinflussenden Parameter Walzenkerndurchmesser D_W, Elastomerschichtdicke h_S und Elastomerhärte H_A zu untersuchen und hinsichtlich der Anwendung zu optimierten. Neben dem primären Einfluss auf die Kontaktzone hat die Walzenkonfiguration weiterhin Einfluss auf sekundäre Parameter wie den Druckzonenanteil bezogen auf die Gesamtlänge des Druckmoduls (vergleiche Bild 4-2 bzw. Gleichung 4.2 in Kapitel 4.1.1), die Biegesteifigkeit der Walzen und damit die maximal applizierbare Linienlast sowie eine etwaige Skalierung der Walzenbreite, die Elastomerlebensdauer sowie im Hinblick auf die Integration des Heizmoduls den Bauraum zwischen den einzelnen Walzenpaaren.

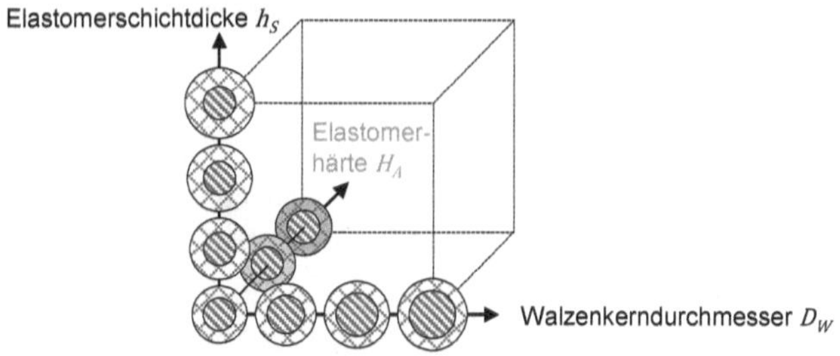

Bild 4-1: Lösungsraum der Walzenkonfigurationen
Solution space for the roller configuration

Nachdem zu Beginn dieses Kapitels einige Grundlagen hinsichtlich Geometrie und Werkstoffverhalten erläutert werden, soll eine FE-Analyse der Walzenkontaktzone durchgeführt werden. Die dafür notwendigen Kraft-Verformungs-Kennlinien werden empirisch ermittelt, in das FE-Modell implementiert und im Anschluss anhand von Versuchen an einzelnen sowie an mehreren seriell angeordneten Walzenpaaren mittels quantitativer und qualitativer Druckmessungen validiert. Mithilfe des Modells werden dann die Einflüsse unterschiedlicher Walzenkonfigurationen auf die resultierende Druckzone und die Belastung der Elastomerschicht analysiert sowie eine mögliche Methodik zur Synthese und Auswahl der Walzen abgeleitet. Anschließend widmet sich Abschnitt 4.5 der Beschreibung des Druckfeldes seriell angeordneter Walzen sowie der Fließvorgänge im Walzenspalt, ehe abschließend Ansätze zur Erhöhung der Temperaturbeständigkeit elastischer Walzen erarbeitet werden.

4.1 Einleitende Grundlagen

Introduction of fundamentals

4.1.1 Geometrische Definitionen

Geometric definitions

In Bild 4-2 sind die geometrischen Größen von seriell angeordneten elastischen Walzen definiert. Die Walzenkontaktlänge $l_{p,i}$ des i-ten Walzenpaares als übergeordnete Prozesszielgröße wird bestimmt von der Walzenkonfiguration, also dem Walzenkerndurchmesser D_W, der Elastomerschichtdicke h_S und seiner Härte H_A, sowie der anliegenden Linienlast $F_{L,i}$ als Funktion des Zylinderdrucks $p_{Zyl,i}$ und der Walzenbreite b. In der Kontaktzone $l_{p,i}$ stellt sich der spezifische Kontaktdruck $p_i(x)$ ein.

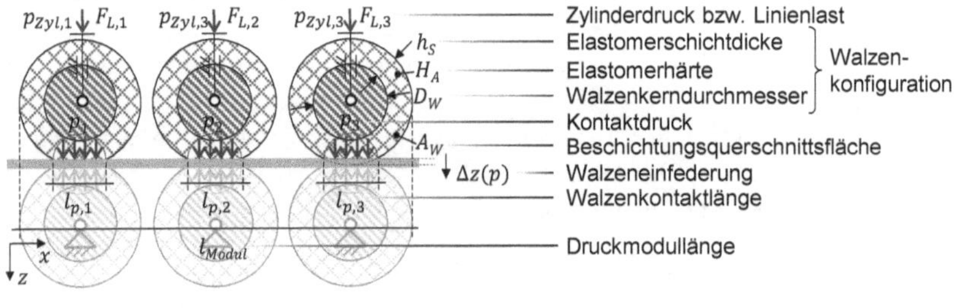

Bild 4-2: Definition der geometrischen Walzenparameter
Definition of geometric roller parameters

Die gesamte Druckzonenlänge DZL der Doppelbandpresse ergibt sich aus der Summe der einzelnen Walzenkontaktlängen $l_{p,i}$ der n Walzenpaare:

$$DZL = \sum_{i=1}^{n} l_{p,i} \tag{4.1}$$

Als Maß für die Effektivität des Druckmoduls wird der Druckzonenanteil DZA eingeführt, welcher die mit Druck beaufschlagte Länge ins Verhältnis zur Gesamtlänge des Druckmoduls setzt:

$$DZA = \frac{DZL}{l_{Modul}} = \frac{\sum_{i=1}^{n} l_{p,i}}{l_{Modul}} \tag{4.2}$$

Der spezifische Kontaktzonendruck $p_i(x)$ ist über der Kontaktlänge nicht konstant, sondern bildet eine charakteristische Druckfigur aus, welche durch den Maximaldruck p_{max}, den mittleren Druck über der Kontaktlänge p_{mittel} sowie den sich daraus ergebenen Quotienten k quantifiziert werden soll. Druckfigur und Kraft-Verformungsverhalten der Walzen gilt es in diesem Kapitel zu ermitteln.

4.1.2 Grundlagen elastischer Werkstoffe

Basics of elastic materials

Elastomere sind weitmaschig vernetzte Polymere, die sich in ihrem Gebrauchstemperaturbereich entropieelastisch verhalten und Dehnungen von 100 – 1000 % ermöglichen. Dabei weisen sie ein nichtlineares (hyperelastisches) Verformungsverhalten auf, welches stark vom verwendeten Werkstoff, den Füllstoffen sowie der Art und Höhe der aufgeprägten Belastung abhängt. Im Folgenden sollen einige grundlegende charakteristische Materialeigenschaften vorgestellt werden, welche für die weiteren Betrachtungen von Relevanz sind. Für detaillierte Ausführungen sei auf die einschlägige Fachliteratur verwiesen, z.B. [RÖTH13] [OSSW18].

Härte und Steifigkeit

Bei metallischen Werkstoffen ist die Materialsteifigkeit mit elastischem Verhalten (gemessen im Elastizitätsmodul E) und die Materialhärte mit plastischem Verhalten (angegeben in dimensionslosen Vergleichsgrößen, je nach Messverfahren z.B. Brinell, Rockwell, Vickers) verbunden. Bei Elastomeren hingegen sind aufgrund fehlender Plastizität beide Terme mit elastischen Eigenschaften verknüpft [SPON03, S.608]. Zur Bestimmung der Gummihärte ist die nach DIN ISO 7619-1 genormte Shore A Härte mit $0 < Sh_A < 100$ ein etabliertes Härtemessverfahren, bei der die Skala die Eindringtiefe eines genormten Kreiskegelstumpfes in die Materialoberfläche bemisst [DIN12]. Eine Härte von 100 bedeutet dabei, dass kein eindringen des Prüfkörpers erfolgte. Die Härte wird maßgeblich vom Vernetzungsgrad sowie dem Einfluss von Füllstoffen bestimmt. Mit einer gesteigerten Härte geht dabei gleichzeitig eine gesteigerte Steifigkeit des Materials einher, weshalb die beiden Begriffe bei Elastomeren synonym verwendet werden. Die Härte stellt eine einfach zu bestimmende Größe dar, weshalb in Industrie und Wissenschaft einige Anstrengungen unternommen wurden, sie durch analytische Modelle in das Spannungs-Verformungsverhalten des Materials zu überführen. Empirische Zusammenhänge hierzu finden sich beispielsweise in [GENT58, S.904] [BATT82, S.60] [SPON03] [KUNZ06, S.94], eine Gegenüberstellung in [HEIP13, S.83]. Ihre Anwendbarkeit ist nach SPONAGEL auf Härtebereiche von 30 bis 80 Shore A begrenzt [SPON03]. Der so gewonnene E-

Modul legt ein linear elastisches (Hooksches) Materialverhalten zu Grunde, was nur in sehr grober Näherung und nur für sehr kleine Verformungsgrade bis etwa 25 % gewährleistet ist [RÖTH13, S.552] [GENT12, S.300].

Hyperelastizität

Die aufgrund ihrer Inkompressibilität isochore Deformation entropieelastischer Werkstoffe über große Deformationsgrade wird als Hyperelastizität bezeichnet [RÖTH13, S.552]. Zur Beschreibung der nichtlinearen Spannungsantwort auf mittlere und große Dehnungen hat sich die phänomenologische Theorie zur Gummielastizität nach RIVLIN etabliert [RIVL51]. Nach dieser werden die elastischen Eigenschaften anhand der Formänderungsenergiedichte $W(I_1, I_2, I_3)$ [J/m³] beschrieben, mit den Invarianten des rechten Cauchy-Green-Dehnungstensors I_i [BOWE10, S.99]:

$$I_1 = \lambda_1^2 + \lambda_2^2 + \lambda_3^2 \qquad \textit{Längenänderung} \qquad (4.3)$$

$$I_2 = \lambda_1^2\lambda_2^2 + \lambda_1^2\lambda_3^2 + \lambda_2^2\lambda_3^2 \qquad \textit{Oberflächenänderung} \qquad (4.4)$$

$$I_3 = \lambda_1^2\lambda_2^2\lambda_3^2 \qquad \textit{Volumenänderung} \qquad (4.5)$$

λ_i stellen dabei die Hauptstreckungen oder Verstreckgrade dar, welche als Quotient aus Ausgangslänge $l_{0,i}$ und deformierter Länge l_i definiert sind:

$$\lambda_i = \frac{l_i}{l_{0,i}} = \frac{l_{0,i} + \Delta l_i}{l_{0,i}} = 1 + \varepsilon_i \qquad (4.6)$$

mit der Dehnung ε_i in Hauptstreckrichtung. Auf Basis der Formänderungsenergiedichte haben sich eine Vielzahl unterschiedlicher Materialmodelle entwickelt, welche auf einem Polynomansatz basieren:

$$W = \sum_{i+j=1}^{N} C_{ij}(I_1 - 3)^i(I_2 - 3)^j + \sum_{i=1}^{N} \frac{1}{D_i}(I_3 - 1)^{2i} \qquad (4.7)$$

mit den Materialparametern C_{ij} und D_i sowie dem Ordnungsgrad des Polynoms N. Wird der Grad $N = 1$ gesetzt, handelt es sich bei Gleichung 4.7 um das von linearen Termen abhängige, häufig verwendete Mooney-Rivlin-Modell [MOON40, S.582–592] [RIVL51, S.251–255]:

$$W = C_{10}(I_1 - 3) + C_{01}(I_2 - 3) + \frac{1}{D_1}(I_3 - 3)^2 \qquad (4.8)$$

Dieses ist für den Fall geltender Inkompressibilität lediglich von den empirisch zu ermittelnden Parametern C_{10} und C_{01} abhängig und bildet den Bereich bis etwa 100 % [JOHA99, S.15] bzw. 25 % [NASD15, S.195] technischer Dehnung häufig hinreichend präzise ab. Der durch die Bedingung $j = 0$ weiter vereinfachte Polynomansatz aus Gleichung 4.7 ist bei Inkompressibilität lediglich vom Materialparameter C_{10} abhängig und kann ebenso wie das Mooney-Rivlin-Modell annähernd lineares Verhalten abbilden. Er wird als Neo-Hooke-Modell bezeichnet:

$$W = C_{10}(I_1 - 3) + \frac{1}{D_1}(I_3 - 3)^2 \qquad (4.9)$$

Viskoelastizität

Elastomere zählen zu den viskoelastischen Materialien. Diese weisen temperatur- und verformungsgeschwindigkeitsabhängig sowohl elastische als auch viskose Eigenschaften auf. Die Abhängigkeit des elastischen und viskosen Teils der Spannungsantwort des Materials wird durch das Speichermodul G' und das Verlustmodul G'' beschrieben. Der Quotient aus Verlustmodul und Speichermodul $\tan\delta$ wird Verlustfaktor genannt und charakterisiert das Verhältnis aus viskos dissipierter Energie und elastisch gespeicherter Energie. [OSSW18, S.161]

In Bild 4-3 sind links für Walzendurchmesser von 50 mm bis 250 mm die aus der Prozessgeschwindigkeit resultierenden Drehzahlen bzw. Belastungsfrequenzen dargestellt. Für einen Walzendurchmesser von 50 mm und eine für einen Imprägnierungsprozess sinnvoll gewählte maximale Geschwindigkeit von 5 m/min ergibt sich eine maximale Frequenz von 0,53 s^{-1}.
Auf der rechten Seite von Bild 4-3 ist die aus der Belastungsfrequenz resultierende relative Steifigkeitsveränderung gezeigt, wie sie von SHERGOLD für verschiedene Silikone ermittelt wurde [SHER06, S.1397]. Im Frequenzbereich von 10^{-3} s^{-1} bis 10^{-1} s^{-1} ist kein nennenswerter Steifigkeitsgradient zu beobachten [GRAY97, 526], erst ab einer Belastungsfrequenz von 10 s^{-1} kommt es zu einer signifikanten Veränderung der Steifigkeit. Dies deckt sich mit Erkenntnissen von LEE und BERGSTRÖM [LEE03, S.1419] [BERG98, S.936]. Da der erwartete Belastungsfrequenzbereich der Walzen mehr als eine Größenordnung unterhalb der Grenzbelastungsfrequenz liegt, sollen viskoelastische Effekte bei der Modellierung des Elastomers im Folgenden vernachlässigt werden. Dies reduziert die notwendigen Materialcharakterisierung auf den (quasi) statischen Bereich.

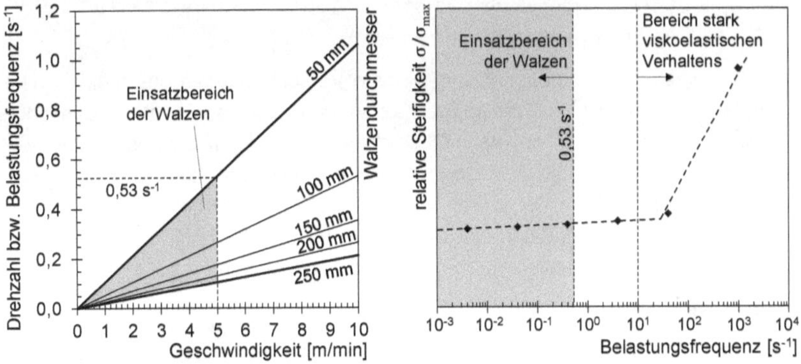

Bild 4-3: Walzendurchmesser- und geschwindigkeitsabhängige Belastungsfrequenz (links) sowie der empirisch ermittelter Einfluss der Belastungsfrequenz auf die relative Elastomersteifigkeit nach [SHER06, S.1397] (rechts)

Strain rate as a function of roller diameter and velocity (left) as well as its influence on relative shear modulus (right)

Mullins-Effekt

Der sogenannte Mullins-Effekt beschreibt eine belastungshistorische Spannungserweichung von gefüllten Elastomerwerkstoffen, die sowohl temperatur- als auch belastungsgeschwindigkeitsabhängig ist. Wird eine Elastomerprobe erstmalig mit der Spannung $\sigma_{1,max}$ belastet, ergibt sich die Dehnung ε_1 sowie ein charakteristischer Spannungs-Dehnungsverlauf $\sigma_1(\varepsilon)$, siehe Bild 4-4. Bei der Entlastung der Probe kommt es zu einem veränderten Spannungsverlauf – die durch die Belastungs- und Entlastungskurve eingeschlossene Fläche (1) (Hysterese) ist dabei die dissipierte Energie des Zyklus. In folgenden Belastungen wird die Dehnung ε_1 zunächst durch einen niedrigeren Spannungsverlauf erreicht; bei Übersteigen der Erstdehnung ε_1 mit $\sigma_2 > \sigma_{1,max}$ folgt der Spannungs-Dehnungs-Verlauf dann zunächst wieder dem einer unbelasteten Probe (gestrichelte Linie in Bild 4-4), ehe in darauf folgenden Belastungen erneut eine Spannungserweichung auftritt.

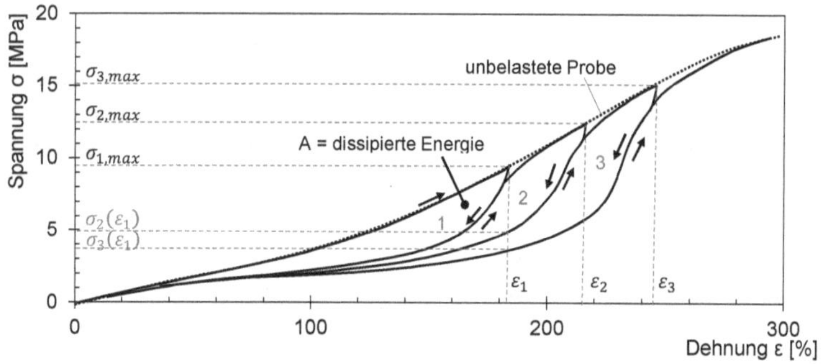

Bild 4-4: Darstellung des Mullins-Effekts eines hochgefüllten Elastomers nach [RÖTH13]
Mullins effect of a highly filled elastomer

Ursache für dieses Phänomen sind u.a. gelöste Verschlaufungen des dreidimensionalen Netzwerkes aus Polymerketten, der Zusammenbruch des Füllstoff-Netzwerkes sowie getrennte Kontakte zu den Oberflächen anderer Mischungsbestandteile [MULL69] [RÖTH13, S.269]. Durch das belastungshistorienabhängige Spannungs-Dehnungs-Verhalten ist der Vergleich von Materialkennwerten erschwert. Vor der Charakterisierung von Materialproben ist eine Vorbelastung in Höhe der relevanten Belastungen, auch als Konditionierung bezeichnet, durchzuführen.

Temperaturverhalten

Das mechanische Verhalten von Elastomeren ist stark abhängig von der Materialtemperatur. Der übliche entropieelastische Gebrauchstemperaturbereich vulkanisierter Silikon- und Fluorelastomere erstreckt sich etwa von -40°C bis 200°C. Durch den Zusatz von Füllstoffen lässt sich dieser jedoch bis 250°C im Dauereinsatz und bis zu 350°C kurzzeitig anheben [JERS01, S.25] [RÖTH13, S.227]. Obwohl es bei höheren Temperaturen zu einer Erweichung bzw. Steifigkeitsabnahme des Materials kommt [MALE16, 2], erweist sich das mechanische Verhalten der Elastomere über dem entropieelastischen Temperaturbereich als verhältnismäßig konstant. Wichtig ist die

Anwesenheit von Sauerstoff (beispielsweise in der Umgebungsluft) bei hohen thermischen Belastungen, da so vorwiegend ein Abbau der organischen Gruppen unter Freisetzung flüchtiger Bestandteile und Versprödung des Materials eintritt. Anaerobe Wärmebelastungen hingegen führen bereits nach kurzer Zeit zu einer Depolymerisation des Werkstoffs [RÖTH13, S.225] [SCHÖ13, S.39].

Inkompressibilität

Elastomere können hinreichend exakt als inkompressibel und bei Isotropie entsprechend mit einer Querkontraktionszahl $\upsilon \approx 0{,}5$ angenommen werden [BAAS11, S.21] [RÖTH13, S.13] [BERT01, S.24]. Zu deutlichen Abweichungen kommt es bei dieser Vereinfachung lediglich in hoch komprimierten Anwendungen mit einem hydrostatischen Druck von über 100 MPa, wie er beispielsweise in der Dichtungstechnik vorliegt [BOWE10, S.102]. Da wie in Kapitel 2.3.2 gezeigt der für die Imprägnierung notwendige Prozessdruck um etwa 2 Größenordnungen unterhalb dieses Grenzwerts liegt, kann im Folgenden von Inkompressibilität des Werkstoffs ausgegangen werden.

4.2 Das Druck-Verformungsverhalten elastischer Walzen

Analysis of the stress-strain behavior of elastic rollers

Um eine zielgerichtete Dimensionierung des Druckmoduls bestehend aus hintereinander angeordneten elastischen Druckwalzenpaaren zu ermöglichen, soll das Druckspannungs-Verformungsverhalten elastischer Walzen und die daraus resultierenden Größen der Kontaktlänge sowie der Druckfigur unter Variation der Walzenkonfiguration untersucht werden. Die mechanischen Eigenschaften temperaturbeständiger Silikonkautschuk-Vulkanisate werden allgemein stark von deren Steifigkeit bzw. Härte determiniert. Für den Anwendungsfall weisen Vulkanisate im Härtebereich von 50 – 60 Shore A die günstigsten mechanischen Kennwerte auf [RÖTH13, S.226]. Die Optimierung der Walzen für den Imprägniernugsprozess durch Variation der geometrischen Walzenparameter Durchmesser und Beschichtungsstärke kann unter Verwendung desselben Materialmodells erfolgen. Eine Modifikation der Härte, also des Silikons selbst, erfordert hingegen stets die empirische Ermittlung eines adäquaten Materialmodells. Die im Rahmen dieser Arbeit durchgeführten Untersuchungen fokussieren sich daher auf die Materialhärte von 60 Shore A.

Für die Versuche wird ein Eurosil 009 561 der Firma Paul Sauer GmbH & Co (Berlin, Deutschland) mit einer nominellen Härte von 60 Shore A und einer Dauertemperaturbeständigkeit bis 180°C, kurzzeitig bis 200°C verwendet. Laut Hersteller sind jedoch auch höhere Temperaturen bis 250°C möglich, führen jedoch zu einer Nachvernetzung und damit Nachhärtung des Materials. Das vollständige Datenblatt befindet sich im Anhang dieser Arbeit in Bild 9-1. Die tatsächliche Härte wurde mit Hilfe eines Durometers Typ HP der Firma Bareiss (Oberdischingen, Deutschland) zu 60,84 Shore A (Standardabweichung: 0,46, Stichprobenzahl: 25) ermittelt, was nach

ISO 6123-1 deutlich innerhalb der Toleranz von ±5 Shore A für elastomerbeschichtete Walzen liegt [ISO15a, S.3].

4.2.1 Materialcharakterisierung und hyperelastisches Materialmodell

Characterization of material properties and hyperelastic material model

Der Standardversuch zur Bestimmung der Spannungsantwort des Elastomers auf eine Druckverformung ist der uniaxiale Druckversuch, bei dem eine Elastomerscheibe zwischen zwei Platten axial komprimiert („gequetscht") wird. Nachteilig an dieser Prüfung ist jedoch der unsichere Reibungszustand zwischen den Druckplatten und dem Elastomerprüfkörper, welcher auch unter Einsatz von Schmiermitteln zwangsläufig durch induzierte Scherungen zu einem multiaxialen Spannungszustand und damit zu verfälschten Messergebnissen führt [GENT12, S.307] [STOM18, S.114].

Präziser ist es, zunächst äquibiaxiale Zugspannungen durch einen Membraninflationsversuch zu ermitteln. Bei diesem liegt am Pol einer mit Innendruck beaufschlagten Elastomermembran ein äquibiaxialer Spannungszustand vor [RIVL51, S.271–273] [JOHA99] [BAAS11]. Der Versuchsaufbau sowie eine mathematische Herleitung befinden sich im Anhang in Kapitel 10.
Dieser so ermittelte äquibiaxiale Spannungszustand kann nach Gleichung 4.10 durch Superposition in eine unidirektionale Druckspannung sowie einen hydrodynamischen Spannungszustand überführt werden, wobei letzterer bei geltender Inkompressibilität keine Volumenänderung erzeugt:

$$\sigma_D = \sigma_{ÄB} \cdot \lambda_{ÄB}^3 \quad mit\, \lambda_D = \lambda_{ÄB}^{-2} \qquad (4.10)$$

Hierin sind σ_D bzw. λ_D die Druckspannung und die daraus resultierende Hauptstreckung sowie $\sigma_{ÄB}$ bzw. $\lambda_{ÄB}$ die äquibiaxiale Zugspannung und die zugehörige Hauptstreckung.
Aus der Höhe der Innendruckbeaufschlagung p_n und der Geometrie der resultierenden Membrankontur kann auf den äquibiaxialen Spannungszustand am Pol $\sigma_{Pol} = \sigma_{ÄB}$ geschlossen werden. Dieser kann mit Gleichung 4.10 in die in Bild 4-5 dargestellte uniaxiale Druckspannungskurve über der Hauptstreckung überführt werden. Das angegebene Fehlerquadrat von 0,981 zeigt eine sehr gute Übereinstimmung mit dem eingezeichneten Ausgleichspolynom 3. Grades. Man erkennt eine deutliche Abweichung der nichtlinearen Spannungsantwort des Materials zur eingezeichneten hookeschen Ausgleichsgraden. Die lineare Annäherung scheint nur bis zu einer Streckung von ca. 0,8 sinnvoll. Dies deckt sich mit den Angaben von GENT, der einen linearelastischen Bereich bis etwa 25 % Dehnung angibt [GENT12, S.300].

Weiterhin sind in Bild 4-5 die auf das Material angepassten hyperelastischen Materialmodelle nach Mooney-Rivlin (Gleichung 4.8) mit $C_{10} = 0{,}339\, N/mm^2$ und $C_{01} = 0{,}119\, N/mm^2$ sowie nach Neo-Hooke (Gleichung 4.9) mit $C_{10} = 0{,}567\ N/mm^2$ dargestellt. Insbesondere das Modell nach Mooney-Rivlin zeigt eine gute Übereinstimmung mit dem gemessenen Spannungs-Dehnungsverhalten und wird daher im Folgenden zur numerischen Modellierung verwendet.

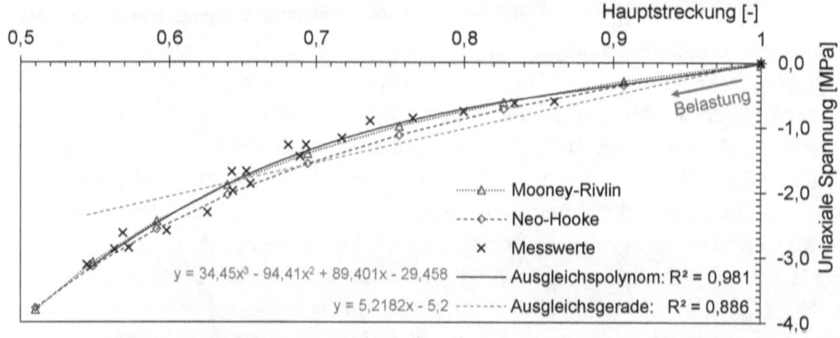

Bild 4-5: Gemessene uniaxiale Druckspannungs-Dehnungskurve des Eurosil 009 561 mit Ausgleichpolynom und Ausgleichsgrade sowie gefittete Mooney-Rivlin und Neo-Hooke Materialmodelle

Measured uniaxial stress-strain behavior of Eurosil 009 561 material with line of best fit as well as Mooney-Rivlin and Neo-Hookean material model fit

Neben dem Druck-Verformungsverhalten des Elastomers wird für die Modellierung noch der Reibungskoeffizient der Materialpaarung Elastomer-Stahlband benötigt. Hierzu wird in Anlehnung an [MALE16, 3-4] und ASTM-D1894 [ASTM14a] eine Elastomerprobe mit einer definierten Kraft auf ein Stahlband gepresst und mit der Messzelle einer Universalprüfmaschine die notwendige Kraft zur Überwindung der Haft- und Gleitreibung aufgezeichnet. In Tabelle 4-1 sind die so bestimmten Reibungskoeffizienten sowie die mittels Hommel-Etamic W5 der Firma Jenoptik Industrial Metrology Germany GmbH (Villingen-Schwenningen, Deutschland) ermittelten Rauhigkeitswerte der Oberflächen notiert. Die Untersuchungen erfolgen in Übereinstimmung mit dem späteren Prozess in Walzrichtung des Stahlbandes.

Tabelle 4-1: Ermittelte Reibungskoeffizienten und Oberflächenrauigkeiten

Measured friction coefficients and surface roughness

	Ra [µm]	Rz [µm]	$\mu_{statisch}$	$\mu_{dynamisch}$
Silikon (Eurosil), geschliffen	1,018	6,750	1,045	1,038
Stahlband, walzblank	0,111	0,674		

4.2.2 Modellierung des Walzenkontakts

Modelling of the contact in the roller nip

Die numerische Untersuchung des Walzenkontakts mittels FEM erfolgt in der kommerziellen Software Abaqus 6.17 von Dassault Systèmes (Vélizy-Villacoublay, Frankreich). Das Modell wird auf einen zweidimensionalen Walzenquerschnitt im Kontakt mit einem Stahlband reduziert. Die dabei getroffenen Vernachlässigungen von Walzenrandeffekten, der Elastizität des Faser-Matrix-Materials im Walzenspalt sowie die Annahme von Symmetrie zwischen oberem und unterem Walzenkontakt des Kalanders haben keinen erwartbaren Einfluss auf die hier zu bestimmenden Walzenkontaktlängen und Druckfiguren. Weiterhin wird das Stahlband sowie der Stahlkern in Relation zur Elastomerbeschichtung als ideal steif betrachtet und Durchbiegungen nicht berücksichtigt. Ihre Modellierung erfolgt daher als *analytical rigid*. Die Elastomerbeschichtung wird als verformbare Schale (*deformable shell)* mit aufgrund des ebenen Dehnungszustandes eines annähernd inkompressiblen Materials hybriden CPE4RH Elementen modelliert. In einem ersten Schritt wird der Kontakt zwischen Elastomeroberfläche und Stahlband mit dem in Abschnitt 4.2.1 bestimmten Reibwert hergestellt. In den beiden folgenden Schritten wird die translatorische Belastung auf den Walzenkern aufgeprägt und anschließend das Stahlband tangential zur Walze mit einer Geschwindigkeit 0,5 m/min bewegt. Da die Geschwindigkeit des Prozesses entsprechend niedrig ist, ist die Beeinflussung der Druckfigur der vom Band getriebenen Walzen durch tangentiale Spannungen zu vernachlässigen, sodass (nahezu) symmetrische Druckverläufe vorliegen.

Eine beispielhafte Auswertung für die Walze 120x20 (Kerndurchmesser $D_W = 120\,mm$, Beschichtungsstärke $h_S = 20\,mm$) ist in Bild 4-6 gezeigt. Neben der Kontaktlänge l_p wird der Druckverlauf $p(x)$ sowie der maximale Druck p_{max} und der über der Kontaktlänge gemittelte Druck p_{mittel} bestimmt.

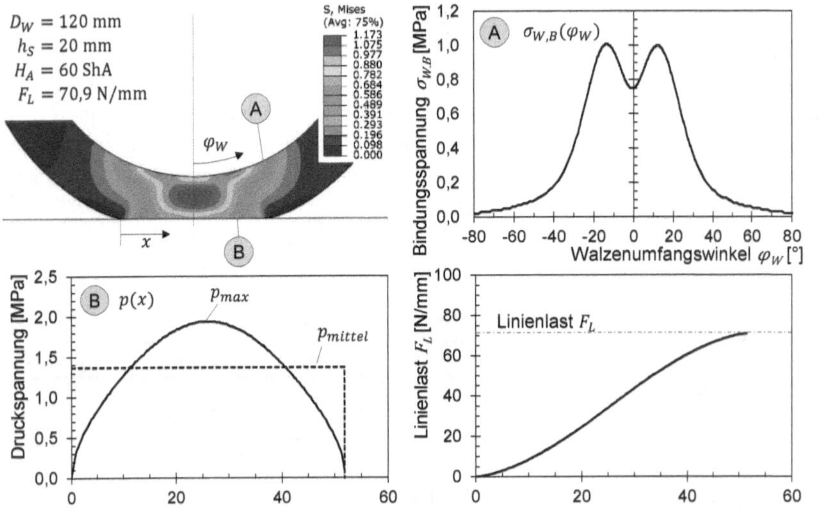

Bild 4-6: Beispielhafte Auswertung der simulierten Walzenkonfiguration 120x20: von Mises Vergleichsspannung der Kernbindung $\sigma_{W,B}$ (A), Druckspannungsverlauf über der Kontaktlänge $p(x)$ (B) mit maximalem und gemitteltem Druck p_{max} bzw. p_{mittel} sowie Integral des Drucks über der Kontaktlänge als resultierende Linienlast F_L

Exemplary evaluation of the simulated roller configuration 120x20: von Mises stress in the core bonding (A), pressure distribution over contact length (B) with maximum and mean pressure as well as integration of pressure over contact length as roller line load

Das Integral des Drucks $p(x)$ über der Kontaktlänge ergibt als Prüfmaß nach Gleichung 4.11 die aufgeprägte Linienlast:

$$F_L = \int_0^{l_p} p(x)\,dx \tag{4.11}$$

Als Indikatoren für die Belastung des Elastomers werden die maximale Vergleichsspannung nach von Mises in der Beschichtung $\sigma_{W,max}$ sowie in der Kernbindung am Außendurchmesser des Kerns $\sigma_{W,B}$ untersucht.

4.2.3 Validierung des numerischen Modells

Validation of the numerical model

Die Validierung des Modells erfolgt durch den Vergleich numerischer und anhand realer Walzen empirisch ermittelter Kontaktzonen. Die verwendeten Walzen verfügen über einen Kerndurchmesser $D_W = 120\,mm$, eine Beschichtungsstärke des Eurosils von $h_S = 10\,mm$ und eine Breite $b = 346\,mm$. Auf die Walzen kann im Versuchsstand durch Pneumatikzylinder vom Typ ADN 125-50 der Firma Festo (Esslingen, Deutschland) eine Linienlast von $F_L = 0\,N/mm$ bis $70{,}9\,N/mm$ (entsprechend einem Zylinderdruck $p_{Zyl} = 0\,bar$ bis $10\,bar$) aufgeprägt werden.

Zur Erfassung der Kontaktzonenlänge l_p werden Druckindikationsfolien vom Typ *Prescale Super Low Pressure (LLW)* der Firma Fujifilm (Tokio, Japan) verwendet. Ihr Messbereich beträgt 0,5 – 2,5 MPa. Bei diesem einfachen qualitativen Messverfahren platzen (je nach applizierter Druckamplitude die auf eine Basisfolie aufgebrachten) Farbmikrokapseln, woraufhin die freigegebene Farbe mit der Farbentwicklungsschicht einer zweiten Folie reagiert [FUJI19]. Obwohl die Farbtiefe als Maß der Druckmagnitude quantitativ ausgewertet werden kann, sollen die Versuche lediglich zur qualitativen Ermittlung der Kontaktlängen herangezogen werden. Zu beachten ist, dass die Ansprechschwelle der verwendeten Folien gemäß dem Messbereich bei 0,5 MPa liegt. Vor der eigentlichen Versuchsdurchführung ist sicherzustellen, dass die Walzen auf die maximal auftretende Linienlast konditioniert wurden, um einer Verfälschung der Messergebnisse durch den Mullins-Effekt vorzubeugen, vergleiche Abschnitt 4.1.2.

Bei der Durchführung der Messungen wird ein Streifen der Druckindikationsfolie drucklos zwischen die Walze und eine polierte Stahlplatte gebracht und dann durch eine translatorische Bewegung der Walze nach unten eine definierte Linienlast aufgeprägt. Die farblich indizierte Kontaktlängenbreite wird an mehreren Stellen über der Walzenbreite ausgewertet. In Bild 4-7 rechts sind die Messstreifen mit den zugehörigen Linienlasten dargestellt.

Die gemessenen und simulativ ermittelten Kontaktlängen sind in Bild 4-7 über der Linienlast aufgetragen. Es zeigt sich eine gute Übereinstimmung des Verlaufes, wobei die Simulationsergebnisse durchgehend die Kontaktlänge größer einschätzen.

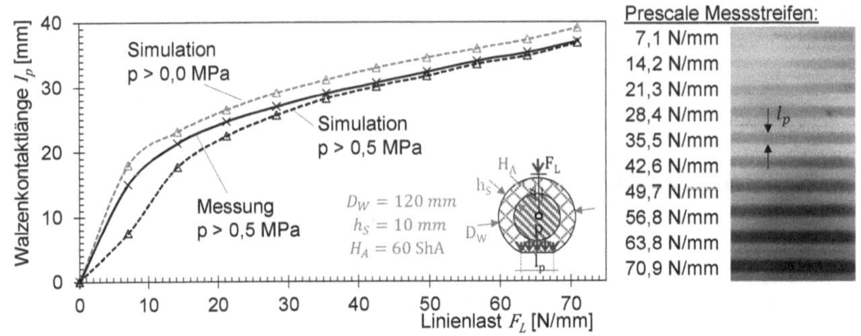

Bild 4-7: Gegenüberstellung der experimentell und simulativ ermittelten linienlastabhängigen Walzenkontaktlängen (links) sowie Prescale Messtreifen in der Draufsicht

Comparison of experimental and numerical results of roller contact length measurements as function of line load as well as Prescale indication foils in top view

Die Abweichung der einzelnen Werte ist durch den Mindestdruck der Druckindikationsfolie von 0,5 MPa zu erklären, während die Simulationsergebnisse die Kontaktlänge im Randbereich bereits ab einem Druck größer 0 MPa wiedergeben. Eine Bereinigung der numerischen Kontaktlängenergebnisse um die Kontaktlänge, welche durch einen Druck kleiner 0,5 MPa hervorgerufen wurde, führt zu einer sehr guten Übereinstimmung der Kontaktlängen. Dies gilt insbesondere ab einer Linienlast von etwa 27 N/mm.

Die numerisch ermittelten Verläufe des Kontaktdrucks $p(x)$ über der Kontaktlänge l_p der Linienlasten entsprechend Bild 4-7 sind in Bild 4-8 abgebildet. Ihre weitere Validierung erfolgt mit Hilfe des *Economical Load & Force Measurement System (ELF™)* der Firma Tekscan, Inc (South Boston, USA) mit Foliensensoren vom Typ *FlexiForce HT-201*. Diese haben eine Dicke von 0,203 mm und können Kräfte bis 222 N detektieren, was aufgrund eines Durchmessers der Messfläche von 9,53 mm einem Druck von 3,11 MPa entspricht. Die Funktionsweise der Sensoren beruht auf einem einfachen Spannungsteiler, weshalb sie eine ausgeprägte Druck- und Temperaturabhängigkeit aufweisen. Zur Kalibrierung muss daher eine bekannte Referenzkraft auf die Messfläche der Sensoren aufgebracht werden. Kalibrierung und Vermessung der Walzen erfolgten bei Raumtemperatur.

Für die Messung der Druckverläufe wird ein Foliensensor mittig zwischen zwei Stahlbänder einer Dicke von jeweils $d_{SB} = 0{,}8\ mm$ platziert und mit definierter Geschwindigkeit durch einen Walzenspalt zweier oben beschriebener Elastomer beschichteter Walzen gefahren. Der auf die Länge umgerechnete zeitliche Verlauf des Kontaktdrucks ist für die Linienlasten $F_L = 28{,}4\ N/mm$ und $70{,}9\ N/mm$ ebenfalls in Bild 4-8 eingezeichnet. Es zeigt sich eine gute Übereinstimmung mit den numerisch bestimmten Druckverläufen. An den Randbereichen der Kontaktzonen kommt es, anders als bei den simulierten Verläufen, nicht zu einer scharfen Abgrenzung des Druckverlaufs und damit der Kontaktzone, sondern zu einem unscharfen Ein- bzw. Auslaufbereich. Dies wird auf den Einfluss der Stahlbänder zurückgeführt: Im Modell wird der Kontaktdruck direkt zwischen Elastomerschicht und dem (als ideal steif angenommenen) Stahlband aufgezeichnet, während in den Versuchen die Druckmessung zwischen den Stahlbändern erfolgte. Diese zusätzliche Schicht propagiert den Druck über eine gewisse Strecke über den eigentlichen Kontaktbereich hinaus.

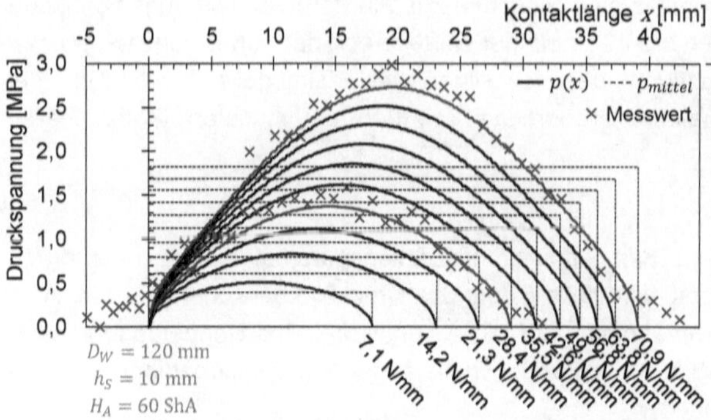

p_{Zyl} [bar]	F_L [N/mm]	l_p [mm]	p_{max} [MPa]	k
1	7,1	18,0	0,51	1,31
2	14,2	23,1	0,83	1,37
3	21,3	26,5	1,11	1,40
4	28,4	29,1	1,37	1,42
5	35,5	31,1	1,62	1,44
6	42,6	33,0	1,86	1,46
7	49,7	34,5	2,08	1,47
8	56,7	35,9	2,30	1,48
9	63,8	37,3	2,52	1,49
10	70,9	39,1	2,73	1,50

Bild 4-8: Simulierter Druckverlauf über der Kontaktlänge für verschiedene Linienlasten und validierende Messungen

Simulated pressure over contact length for different line loads

Insgesamt zeigt das erstellte numerische Walzenmodell beim Vergleich mit den durchgeführten Versuchen eine hinreichende Genauigkeit, sodass das Modell im Folgenden für die weiterführenden Analysen verwendet werden kann.

Der in Bild 4-8 aufgeführte k-Wert stellt das Verhältnis vom maximalen zum über der Kontaktlänge gemittelten Druck dar:

$$k = \frac{p_{max}}{p_{mittel}} \tag{4.12}$$

Er kann als Maß für die Form der Druckfigur herangezogen werden. Ein Wert von $k = 1$ bedeutet eine ideale Rechteckform. $k = 3/2$ korrespondiert mit einem parabelförmigen Verlauf, während $k = 4/\pi = 1{,}273$ einer elliptischen Form entspricht [ANSO88, S.39]. ZEPPERNICK berichtet von Praxiswerten zwischen 1,4 und 1,6, abhängig von Kontaktlänge, Härte und Qualität der Beschichtung [ZEPP89, S.1332].
Wie in Bild 4-8 gut zu erkennen ist, wird der Druckverlauf mit zunehmender Linienlast „spitzer", weshalb durch die stärkere Drucküberhöhung in der Walzenmitte der k-Wert zunimmt.

4.2.4 Einfluss der Walzenkonfiguration auf Prozessdruck und Kontaktlänge

Influence of roller configuration on process pressure and contact length

Um für den Imprägnierprozess optimierte Walzen auswählen zu können, ist es das Ziel der folgenden Analyse, die Einflüsse der Walzenkonfigurationsparameter (vergleiche Bild 4-2) auf die Kontaktlänge sowie den resultierenden Prozessdruck aufzuzeigen. Wie zu Beginn dieses Kapitels erläutert, fokussieren sich die folgenden Untersuchungen auf das verwendete Eurosil der Härte von 60 Shore A. Die Elastomerhärte als Walzenparameter wird daher nicht weiter untersucht. Da die Walzen im Einsatz hohen mechanischen Belastungen ausgesetzt werden, bedeutet eine Abweichung von der für die mechanischen Eigenschaften günstig gewählten Materialhärte von 60 Shore A gegebenenfalls eine Einschränkung in der Beschichtungslebensdauer [RÖTH13, S.227]. Durch die Variation der Härte würde der notwendige experimentelle Aufwand zur Ermittlung des jeweiligen Materialmodells hinsichtlich des Spanungs-Dehnungsverhaltens proportional mit den untersuchten Materialhärten zunehmen.

Konstante Linienlast F_L

Zunächst wird der Einfluss der Walzenkonfigurationsparameter Walzenkerndurchmesser D_W und Elastomerschichtdicke h_S auf das Druckbild bei konstanter Linienlast untersucht. Letztere wird in Hinblick auf ein zu entwickelndes Doppelbandpressensystem (vgl. Kapitel 6.1.1) aufgrund der folgenden Randbedingungen zu $F_L = 70{,}93\ N/mm$ gewählt:

- Walzenbreite $b = 346\ mm$, resultierend aus einer zu verwendenden Stahlbandbreite $b_{SB} = 350\ mm$
- Druckmedium Luft, Versorgungsdruck 10 bar
- Pneumatikzylinder mit Kolbendurchmesser 125 mm

Für die Analyse wird der Walzenkerndurchmesser D_W von 100 mm bis 200 mm in Schritten von 20 mm variiert, während für jeden Kerndurchmesser die Elastomerschichtdicke h_S in 5-mm-Intervallen von 10 mm bis 30 mm variiert wird. Die resultierenden Druckfiguren mit Kontaktlängen sowie maximalem und mittlerem Druck als Funktion von der Beschichtungsstärke sind für $D_W = 120\ mm$ in Bild 4-9 gezeigt. Die vollständigen Simulationsergebnisse befindet sich in Bild 11-1 im Anhang.

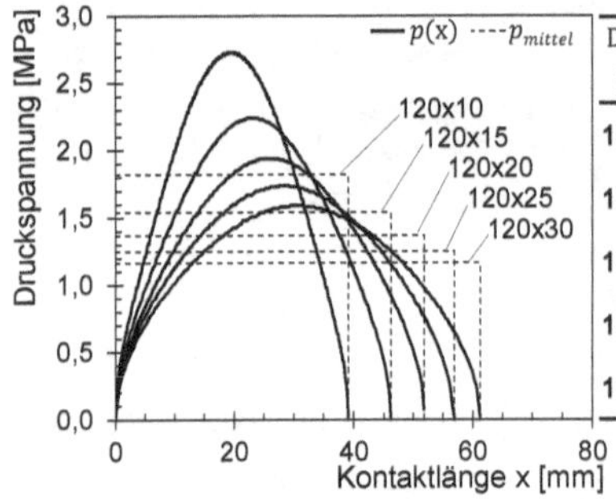

D_W x h_S [mm]	p_{max} [MPa]	p_{mittel} [MPa]	k	l_p [mm]	qualitative Verformung
120x10	2,73	1,82	1,50	39,1	
120x15	2,24	1,54	1,45	46,2	
120x20	1,94	1,37	1,42	51,8	
120x25	1,74	1,25	1,39	56,9	
120x30	1,59	1,16	1,37	61,2	

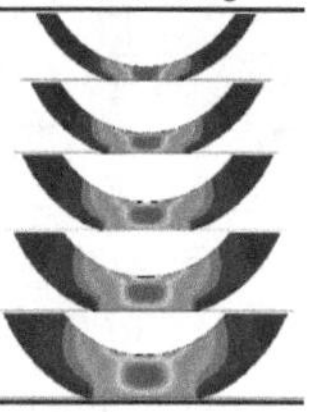

Bild 4-9: Kontaktlänge und Druckfigur als Funktion der Beschichtungsstärke für Walzenkerndurchmesser $D_W = 120\ mm$ und Linienlast $F_L = 70{,}9\ N/mm$

Roller contact length and pressure figure as function of cover thickness for constant roller core diameter and line force

Für $D_W = 120\,mm$ nimmt der maximale Kontaktdruck bei einer Beschichtung von 30 mm um 41,7 % gegenüber der dünnsten Beschichtungsstärke von 10 mm ab (1,59 MPa gegenüber 2,73 MPa), gleichzeitig verlängert sich die Kontaktlänge um 56,5 % von 39,1 mm auf 61,2 mm.

Die resultierenden Kontaktlängen l_p sowie die maximalen und mittleren Drücke p_{max} und p_{mittel} in Abhängigkeit von der elastomeren Beschichtungsstärke h_S und dem Walzenkerndurchmesser D_W sind in Bild 4-10 aufgetragen. Es ist ersichtlich, dass die Kontaktlänge mit zunehmender Schichtdicke degressiv zunimmt, während der Kontaktdruck aufgrund der Verteilung der Linienlast auf eine größere Fläche entsprechend abnimmt. Der Exponent der die Verläufe beschreibenden Potenzfunktion liegt mit etwa ±0,4 etwas oberhalb der von ANSORGE experimentell ermittelten Exponenten von ±1/3 [ANSO88, S.25]. Darüber hinaus führt ein zunehmender Walzenkerndurchmesser bei konstanter Schichtdicke und Linienlast ebenfalls zu einer steigenden Kontaktlänge bei gleichzeitig abnehmendem Kontaktdruck.

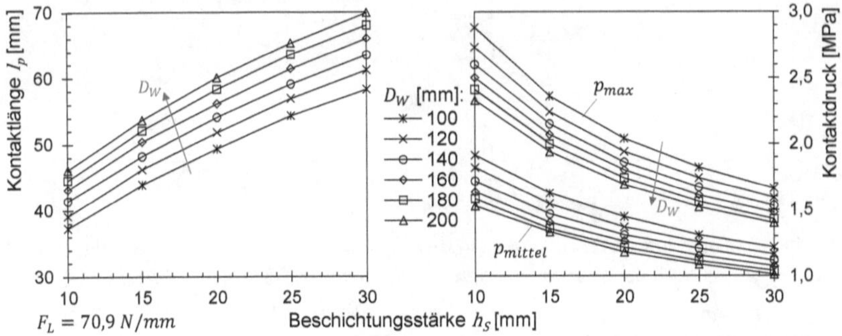

Bild 4-10: Kontaktlänge (links) sowie maximaler und über der Kontaktlänge gemittelter Kontaktdruck (rechts) als Funktion von Beschichtungsstärke und Walzendurchmesser bei konstanter Linienlast

Contact length (left) as well as maximum and mean pressure (right) as function of cover thickness and roller diameter at constant line load

Der k-Wert (das Verhältnis vom maximalen zum mittleren Kontaktdruck, Gleichung 4.12), in Abhängigkeit von Schichtstärke und Kerndurchmesser ist in Bild 4-11 links dargestellt. Er steigt progressiv mit abnehmender Beschichtungsstärke an.

Die unterschiedlichen Druckfiguren der simulierten Walzenkonfigurationen und k-Werte sind in Bild 11-1 im Anhang und auszugsweise für einen Kerndurchmesser von $D_W = 120\,mm$ in Bild 4-9 zusammengestellt. Zur weiteren Veranschaulichung sind in Bild 4-12 für die diametralen Walzenkonfigurationen des betrachteten Spektrums 100x10 und 200x30 die Druckfiguren über der Kontaktlänge x und in normalisierter Form über der Länge $\xi(x) = (2x/l_p - 1)$ skizziert. Aus dieser Darstellung für $p(\xi(x)) = p(x)/p_{max}$ lässt sich der abweichende Druckverlauf über der Kontaktlänge gut erkennen [AUST13b, S.272].

Für den Prozess bedeutet ein großes Druckverhältnis k eine stärkere Druckschwankung während des Durchlaufens der Prozesszone als bei einem kleineren k-Wert; zwar erfährt das Produkt im Walzenspalt einen hohen Maximaldruck, dieser wird jedoch durch einen relativ konstanten Gradienten dp/dx erreicht. Die Zeit unter hohem applizierten Prozessdruck ist dadurch begrenzt.
Druckfiguren mit kleinem k-Wert dagegen weisen zu Beginn einen großen Gradienten dp/dx auf, verlaufen dann jedoch flacher und „bauchiger". Dadurch ist der Prozessdruck im Durchlauf homogener. Dies ist insbesondere in Hinblick auf einen möglichen Mindestdruck zur Initiierung der Imprägnierung von Belang, welcher bei großen k-Werten zwar bereits bei niedrigeren Linienlasten erreicht wird, bei kleinen k-Werten tendenziell aber länger überschritten bleibt.

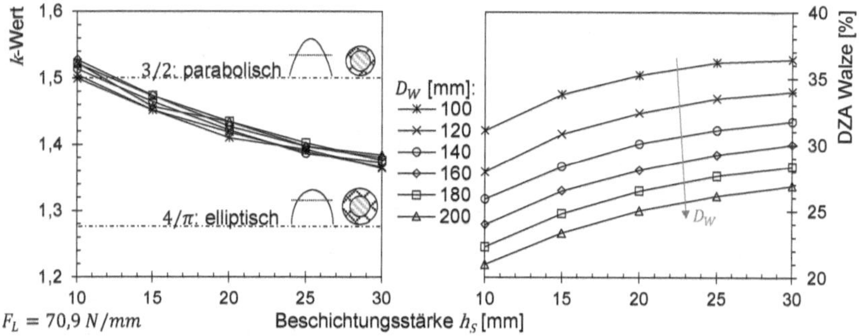

Bild 4-11: Einfluss von Beschichtungsstärke und Walzenkerndurchmesser auf das Druckverhältnis k (links) sowie auf den Druckzonenanteil je Walze (DZA) (rechts)

Pressure ratio k (left) and contact length ratio per roller (right) as function of cover thickness and roller diameter

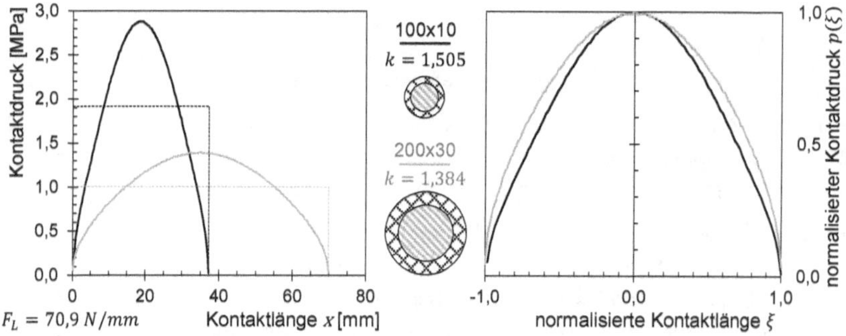

Bild 4-12: Druckfigur der Walzenkonfiguration 100x10 und 200x30 in normaler (links) und normalisierter Darstellung (rechts)

Pressure figure of the two roller configurations 100x10 and 200x30 in standard (left) and normalized depiction (right)

In Bild 4-11 rechts ist der Druckzonenanteil der Walzen, also die auf den Walzendurchmesser bezogene Kontaktlänge, für die Beschichtungsstärken- und Durchmesserkombinationen aufgetragen. Wie in Kapitel 4.1.1 beschrieben dient dieses Maß einerseits zur Bewertung der Bauraumausnutzung (vergleiche Bild 4-2). Andererseits kann durch sie abgeschätzt werden, wie das Verhältnis aus Druck beaufschlagter und druckloser Zeit in der Anlage ausfällt.

Kleine Walzendurchmesser führen zu einem gesteigerten DZA. So liegt er bei Walzen mit $D_W = 100\,mm$ je nach Beschichtungsstärke zwischen 31,1 % und 36,4 %, während er bei Walzen mit $D_W = 200\,mm$ zwischen 21,0 % und 27,0 % rangiert. Der Druckzonenanteil steigt dabei mit der Beschichtungsstärke. Dies deutet darauf hin, dass kleinere Walzendurchmesser mit dicken Beschichtungen zu bevorzugen sind. Allerdings bieten größere Walzen konstruktive Vorteile wie einen größeren Zwischenraum für die Integration von Heizelementen. Weiterhin besitzen sie eine größere Biegesteifigkeit, was vorteilhaft für eine homogenere Druckverteilung, insbesondere bei breiteren Maschinen ist. Die bei gleicher Produktionsgeschwindigkeit höhere Drehzahl und damit Belastungsfrequenz kleinerer Walzen hingegen spielt wie in Abschnitt 4.1.2 gezeigt für die üblichen Prozessgeschwindigkeiten bei der Imprägnierung eine untergeordnete Rolle.

Weiterhin lässt sich sagen, dass die Spannungsbelastung im Elastomer mit abnehmendem Walzendurchmesser zunimmt: durch die vertikale Bewegung des Walzenkörpers in Richtung des Stahlbandes wird die Elastomerbeschichtung gestaucht. Es wird angenommen, dass es sich um einen ebenen Dehnungszustand handelt und die Elastomerbeschichtung inkompressibel ist. Hierdurch wird in Bereichen stark eingeschränkter Beweglichkeit unter Last eine hohe Spannung erzeugt und durch das nichtlineare Materialverhalten überhöht (vergleiche Bild 4-5). Bei einer geringeren Beschichtungsstärke überlagern sich die Bereiche zwangsläufig stärker, sodass es zu einer Spannungskonzentration kommt. Für sehr dünne Schichten erreicht die Spannung schließlich die Maximalspannung der Kontaktzone [ANSO88, S.30]. Die Elastomerspannung stellt daher zusammen mit der Festigkeit der Kernbindung einen limitierenden Faktor für die maximale Linienlast dar. In Bild 4-13 sind die maximale Vergleichsspannung nach von Mises an der Kernbindung in Abhängigkeit von h_S und D_W sowie exemplarisch die Spannungsverläufe über dem Walzenumfangswinkel der beiden Walzenkonfigurationen 100x10 ($D_W = 100\,mm, h_S = 10\,mm$) und 200x30 ($D_W = 200\,mm, h_S = 30\,mm$) gezeigt. Die in Bild 4-13 farblich dargestellten Spannungsverläufe in der Beschichtungskontaktzone bestätigen ZEPPERNICK, nach dem es bei dünnen Belägen unter hoher Last durch Spannungsspitzen zu einem tangentialen Abscheren der Beschichtung vom Walzenkern kommt, während bei dickeren Beschichtungsstärken die Spannungsspitzen tiefer, also weiter in der Beschichtungsmitte liegen [ZEPP90, S.131].

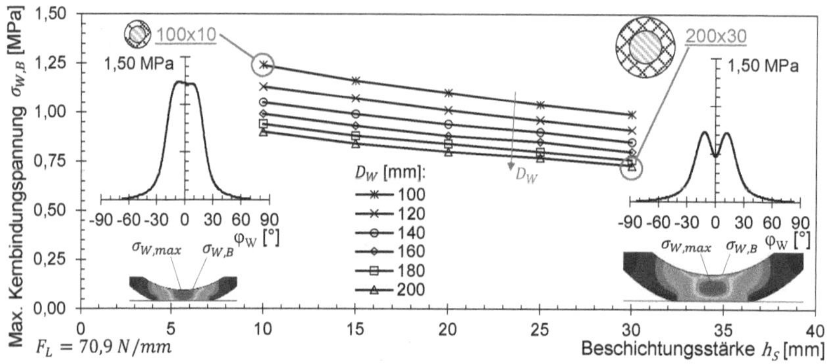

Bild 4-13: Kernbindungs-Vergleichsspannung $\sigma_{W,B}$ in Abhängigkeit von Schichtdicke und Kerndurchmesser für konstante Linienlast

Core bonding tension as function of cover thickness and roller diameter for constant line load

Variation der Linienlast F_L

Um den Einfluss der Linienlast auf Druckzonenlänge und Druckverlauf zu analysieren, werden die Walzenkerndurchmesser D_W 120 mm, 160 mm und 200 mm jeweils mit den Beschichtungsstärken h_S 10 mm und 30 mm mit Linienlasten F_L von 0 N/mm bis 200 N/mm beaufschlagt simuliert.
Zu beachten ist, dass das in Kapitel 4.2.1 erstellte Materialmodell nach Mooney-Rivlin aufgrund seiner Ordnung den bei hohen Verformungen elastomerer Werkstoffe typischerweise auftretenden zweiten Wendepunkt des hyperelastischen Materialverhaltens nicht abbilden kann. Wie in Bild 4-5 zu sehen, werden durch das an die Versuchsergebnisse angepasste Materialmodell Hauptstreckungen bis etwa 0,55 korrekt abgebildet, nach STOMMEL kann eine technische Dehnung bis etwa 100 % abgebildet werden [STOM18, S.91]. Dies ist für die im Folgenden zu erwartenden Verformungsgrade ausreichend.

In Bild 4-14 sind beispielhaft die Ergebnisse für $D_W = 200\ mm$ dargestellt, eine vollständige Übersicht der Simulationsergebnisse befindet sich in Bild 11-2 im Anhang. Es zeigt sich erneut eine starke Abhängigkeit von Kontaktlänge und Kontaktdruck von der Beschichtungsstärke. Die aus den verschiedenen Linienlasten resultierenden maximalen und über der Kontaktlänge gemittelten Kontaktdrücke sind in Bild 4-15 für die untersuchten Walzenkonfigurationen geplottet. Die resultierende Kontaktlänge ist in Bild 4-16 links dargestellt. Obwohl die Zunahme der Kontaktlänge mit steigender Linienlast degressiv abflacht, steigt der maximale Kontaktdruck p_{max} im betrachteten Linienlastbereich nahezu linear an. Dies bedeutet zwangsläufig, dass sich die Form der Druckfigur ändern muss, was sich in einem langsamer ansteigenden gemittelten Druck p_{mittel} und einem entsprechend mit der Linienlast zunehmenden Druckverhältnis k zeigt. Die in Bild 4-14 bzw. Bild 11-2 gezeigten Druckfiguren laufen entsprechend bei höheren Lasten spitzer zum Druckmaximum zu.

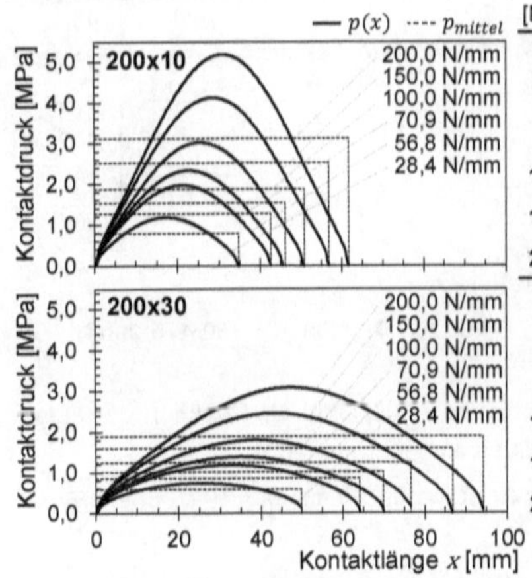

F_L [N/mm]	p_{max} [MPa]	p_{mittel} [MPa]	k	l_p [mm]	DZA [%]	$\sigma_{W,max}$ [MPa]	$\sigma_{W,B}$ [MPa]
28,4	1,19	0,79	1,51	34,7	15,8	0,55	0,49
56,8	1,98	1,27	1,55	42,6	19,4	0,88	0,81
70,9	2,34	1,48	1,57	45,6	20,7	1,03	0,90
100,0	3,02	1,87	1,61	50,9	23,1	1,37	1,31
150,0	4,13	2,52	1,64	57,0	25,9	2,00	1,95
200,0	5,19	3,12	1,66	61,8	28,1	2,74	2,69
28,4	0,74	0,58	1,28	49,9	19,2	0,48	0,33
56,8	1,19	0,86	1,39	64,2	24,7	0,75	0,56
70,9	1,40	1,01	1,38	69,9	26,9	0,86	0,73
100,0	1,81	1,25	1,45	76,5	29,4	1,08	0,86
150,0	2,46	1,59	1,54	86,8	32,9	1,43	1,17
200,0	3,09	1,89	1,64	94,2	36,3	1,78	1,47

Bild 4-14: Kontaktlänge, Druckfigur, Druckzonenanteil DZA sowie maximale Vergleichsspannung in Beschichtung $\sigma_{W,max}$ und Kernbindung $\sigma_{W,B}$ als Funktion der Linienlast F_L für Walzenkerndurchmesser $D_W = 200\ mm$

Contact length, pressure figure, pressure area ratio and equivalent cover tension as function of line load for core diameter 200 mm

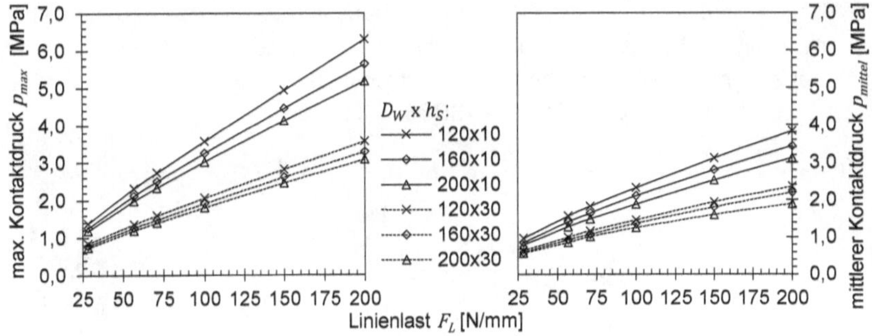

Bild 4-15: Maximaler (links) und gemittelter Kontaktdruck (rechts) als Funktion der aufgeprägten Linienlast für verschiedene Walzenkonfigurationen

Maximum (left) and mean contact pressure (right) as function of line load for different roller configurations

Die Druckzonenanteile DZA zeigen einen analogen Verlauf mit der Linienlast wie die Kontaktzonenlänge, jedoch weisen die Kerne mit dem kleinsten Durchmesser und der größten Beschichtungsstärke den höchsten Anteil auf, Bild 4-16 rechts.

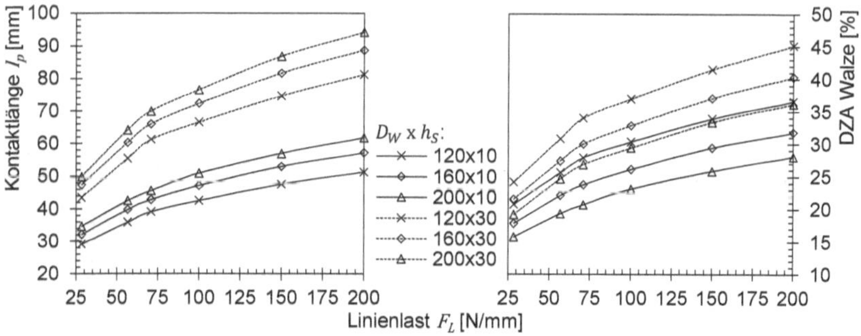

Bild 4-16: Kontaktlänge (links) und Druckzonenanteil DZA (rechts) als Funktion der aufgeprägten Linienlast für verschiedene Walzenkonfigurationen

Contact length (left) and pressure area rate (right) as function of line load for different rollers

Der Linienlast sind wie zuvor beschrieben durch die maximalen Spannungen im Elastomer Grenzen gesetzt. Die maximal auftretenden Vergleichsspannungen in der Beschichtung sowie der Kernbindung als Funktion von Linienlast und Walzenkonfiguration sind in Bild 4-17 aufgeführt. Mit zunehmender Linienlast verschiebt sich die Position der maximalen Spannung von der Beschichtungsmitte in Richtung des Walzenkerns. Zusätzlich kommt es bei dünnen Beschichtungen zu einer Überhöhung und einem progressiven Ansteigen beider Spannungsverläufe. Bei dickeren Beschichtungen hingegen steigt die Elastomerbelastung im betrachteten Spannungsbereich linear mit der Walzenlast. Ein Überschreiten der zulässigen Linienlast führt in der Regel zu einem Herausbrechen von Beschichtungssegmenten, seltener zur Bildung von oberflächlichen Querrissen [ANSO88, S.32].

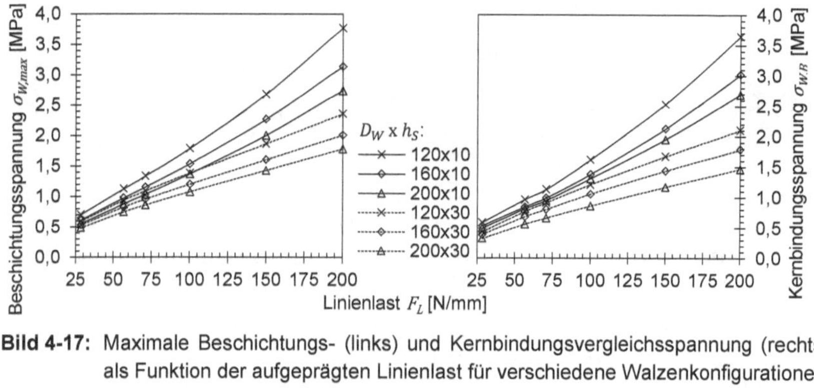

Bild 4-17: Maximale Beschichtungs- (links) und Kernbindungsvergleichsspannung (rechts) als Funktion der aufgeprägten Linienlast für verschiedene Walzenkonfigurationen

Maximum equivalent tension in cover (left) and core bonding (right) as function of line load for different roller configurations

Wie bei den Untersuchungen zur konstanten Linienlast und Bild 4-13 dargestellt, sinkt die Spannungsbelastung der Beschichtung mit zunehmender Beschichtungsdicke, was den Schluss nahelegt, dass dicke Beschichtungen grundsätzlich günstiger hinsichtlich der mechanischen Belastung sind. Dies gilt jedoch nur für konstante Linienlasten. Soll hingegen als Zielgröße ein bestimmter Kontaktdruck erreicht werden, so sind mit dicken Beschichtungen hierzu höhere Linienlasten erforderlich als bei dünnen, vergleiche Bild 4-15. Durch diese höhere notwendige Linienlast fallen die resultierenden Vergleichsspannungen in einer dicken Beschichtung höher aus als in einer dünnen Beschichtung zur Erreichung des gleichen Kontaktdrucks.
So führt nach Bild 4-15 beispielsweise bei der Walze 120x10 eine Linienlast von $F_L = 80\,N/mm$ und bei der Walze 120x30 eine doppelt so hohe Linienlast von $F_L = 160\,N/mm$ zum gleichen maximalen Kontaktdruck $p_{max} = 3\,MPa$. Nach Bild 4-17 liegt dabei die maximale Beschichtungsvergleichsspannung bei der Walze mit dünner Beschichtung (120x10) bei etwa $\sigma_{W,max} = 1{,}5\,MPa$, während die innere Belastung der Walze 120x30 $\sigma_{W,max} = 1{,}9\,MPa$ beträgt und damit um etwa 27 % höher ausfällt. Bei der Kernbindungsvergleichsspannung beziffert sich die Differenz in diesem Beispiel sogar auf etwa 40 %.

Zusammenfassung der Einflüsse der Walzenparameter

Tabelle 4-2 gibt einen zusammenfassenden qualitativen Überblick über den Einfluss veränderter Walzenkonfigurationen auf relevante System- und Prozessparameter.

Generell ist zur Erreichung gleicher Druckniveaus und summierter Kontaktlängen eine Vielzahl von Walzen kleinen Durchmessers wenigen aber größeren Walzen vorzuziehen. Kleinere Kerndurchmesser führen zu niedrigeren Spannungsbelastungen in der Beschichtung und einem größeren effektiven Druckzonenanteil. Die notwendige Modullänge sinkt entsprechend, was ein kompakteres System ermöglicht. Aufgrund der langsamen Produktionsgeschwindigkeit und damit zu erwartenden niedrigen Belastungsfrequenz der Beschichtung fällt die zusätzliche Erwärmung durch dissipierte Verformungsenergie nicht ins Gewicht [AUST13a].

Für größere Durchmesser sprechen der größere Bauraum zwischen den Walzen für etwaige Heizmodule sowie die höhere Biegesteifigkeit der Walzen, was insbesondere bei breiten Systemen eine zunehmende Rolle spielt. Die Biegelinie der Walzendurchbiegung $y(x)$ lässt sich als Parabel vierter Ordnung nach Gleichung 4.13 beschreiben [KOPS78, S.23] [RÖTH13, S.620]:

$$y(x) = \frac{F_L \cdot b^3 \cdot x}{24 \cdot E \cdot I^*} \cdot \left[1 - 2\left(\frac{x}{b}\right)^2 + \left(\frac{x}{b}\right)^3 + \frac{6a}{b} - \frac{6ax}{b^2}\right] \tag{4.13}$$

woraus sich die maximale Durchbiegung wie folgt ergibt:

$$y_{max} = \frac{F_L \cdot b^4}{48 \cdot E \cdot I^*} \cdot \left[3\frac{a}{b} + 0{,}625\right] \tag{4.14}$$

Mit der Linienlast F_L, der Walzenballenbreite b, der Länge des Lagerzapfens a, gemessen vom Walzenballenrand zum Ende des Lagersitzes, dem Elastizitätsmodul E und dem Trägheitsmoment des Walzenquerschnitts I^*.

Eine große Beschichtungsstärke ist bei der Walzenauslegung einer dünnen vorzuziehen, solange die dadurch steigenden Beschichtungsspannungen sowie die zunehmende aufzubringende Linienlast zur Erreichung des Zieldruckes tolerierbar sind. Druckzonenanteil und k-Wert werden dadurch günstiger.

Tabelle 4-2: Qualitativer Einfluss von Veränderungen der Walzenkonfigurationsgrößen D_W und h_S auf relevante Anlagen- und Prozessparameter

Qualitative influence of variations in roller configuration on system and process parameters

Ursache: Walzen-...	**Kerndurchmesser D_W**		**Beschichtungsstärke h_S**	
ist:	zunehmend ↑	↓ abnehmend	zunehmend ↑	↓ abnehmend
Folge: Parameter ... ist:				
$p_{max}(F_L = const)$	↓	↑	↓	↑
$l_p(F_L = const)$	↑	↓	↑	↓
$\sigma_{W,max}(F_L = const)$	↓	↑	↓	↑
$\sigma_{W,B}(F_L = const)$	↓	↑	↓	↑
$F_L(p_{max} = const)$	↑	↓	↑	↓
$\sigma_{W,max}(p_{max} = const)$	↑	↓	↑	↓
$\sigma_{W,B}(p_{max} = const)$	↑	↓	↑	↓
k	↑	↓	↓	↑
DZA	↓	↑	↑	↓
$l_{Module}(DZL = const)$	↑	↓	↓	↑
Bauraum zw. Walzen	↑	↓	-	-
Belastungsfrequenz	↓	↑	↓	↑
Flächenträgheitsmoment I^*	↑	↓	-	-
Walzengewicht	↑	↓	↑	↓

4.3 Methodik zur Walzenauslegung anhand des Beschichtungsquerschnitts

Methodology for roller design with use of the cover cross section

Bei der Auslegung eines Systems zur Imprägnierung und Konsolidierung von FVK-Laminaten stehen die Hauptprozessparameter Temperatur, Druck und Zeit im Vordergrund. Soll die Druckapplikation durch seriell angeordnete elastische Walzen erfolgen, bietet sich für die Auswahl passender Walzenkonfigurationen die Betrachtung der Zielparameter Kontaktlänge und Kontaktdruck in Abhängigkeit vom Beschichtungsvolumen der Walzen bzw. von ihrem Beschichtungsquerschnitt A_W an:

$$A_W = \pi \cdot \left[\left(\frac{D_W}{2} + h_S\right)^2 - \left(\frac{D_W}{2}\right)^2\right] = \pi \cdot h_S \cdot (D_W + h_S) \quad (4.15)$$

In Bild 4-18 sind die bereits aus Bild 4-10 bekannten Verläufe der resultierenden Kontaktlängen und Druckspannungen für die Linienlast $F_L = 70{,}9\,N/mm$ dargestellt, an dieser Stelle jedoch über dem sich nach Gleichung 4.15 ergebenden Beschichtungsquerschnitt der Walzen. Da nach Gleichung 4.11 das Integral des Druckverlaufs über der Kontaktlänge stets die applizierte Linienlast ergeben muss, entstehen die dargestellten Verläufe für l_p, p_{max} und p_{mittel}, welche sich durch Potenzfunktionen approximieren lassen.

Es ist ersichtlich, dass bei Applikation einer konstanten Linienlast eine Walze identischen Elastomers und Beschichtungsquerschnitts im betrachteten Bereich der Konfigurationen aus Kerndurchmesser und Beschichtungsstärke nach Gleichung 4.15 stets die gleiche Druckfigur bilden wird. Dies hat den praktischen Vorteil, dass für die Analyse einer veränderten Walzengeometrie (oder bei Variation des eingesetzten Elastomers) nicht sämtliche Durchmesser-Beschichtungsstärke-Kombinationen simuliert werden müssen, sondern lediglich der Beschichtungsquerschnitt. Aus diesem ergeben sich dann die möglichen Walzenkonfigurationen.

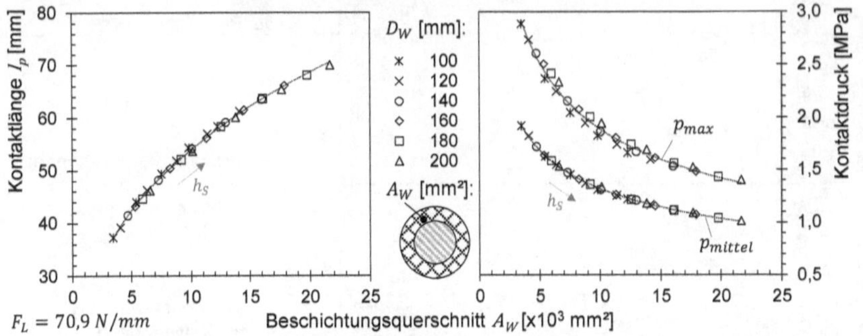

Bild 4-18: Kontaktlänge (links) sowie maximaler und über der Kontaktlänge gemittelter Kontaktdruck (rechts) als Funktion des Beschichtungsquerschnitts bei konstanter Linienlast

Contact length (left) as well as maximum and mean pressure (right) as function of cover cross-sectional area at constant line load

Ein mögliches Auswahlschema für eine Walzenkonfiguration ausgehend von einem geforderten mittleren und maximalen Kontaktdruck ist in Bild 4-19 dargestellt. Neben den aus Bild 4-18 bekannten Verläufen von p_{max}, p_{mittel} und l_p als Funktion von A_W für die Linienlast $F_L = 70{,}9\,N/mm$ sind die Isolinien der in Abschnitt 4.2.4 simulativ ermittelten Linienlasten von 28,4 N/mm bis 200 N/mm als Kurvenscharen eingezeichnet. Weiterhin sind in Bild 4-19 unten für den Beschichtungsquerschnittsbereich A_W mögliche Verläufe von Walzenkerndurchmessern und Beschichtungsdicken nach Gleichung 4.15 geplottet.

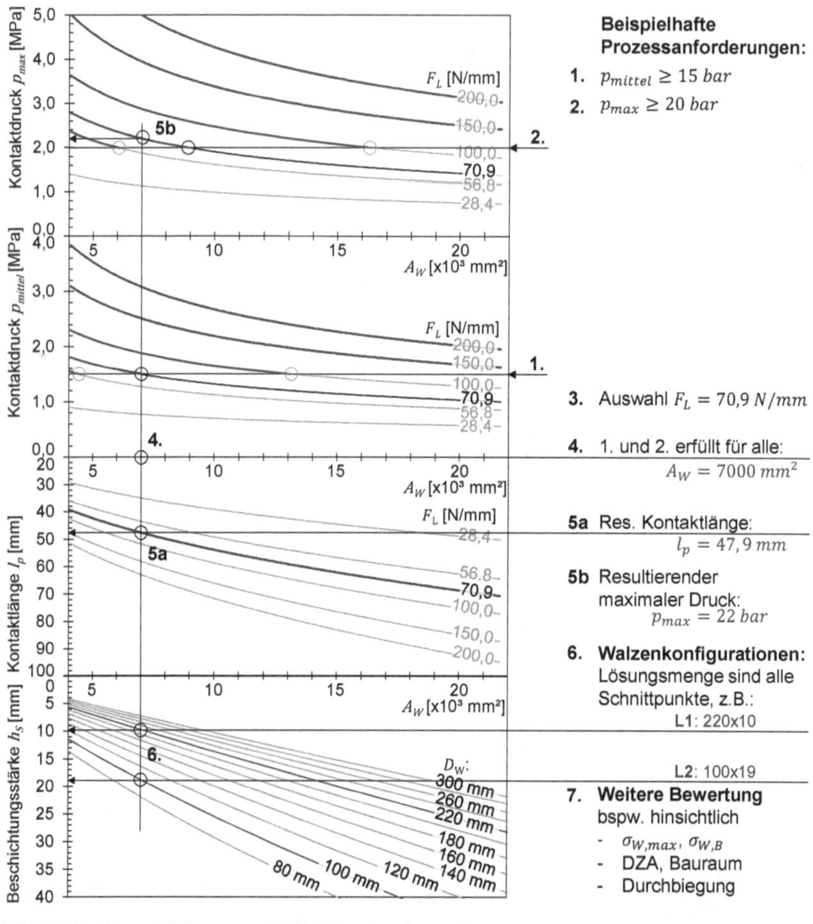

Bild 4-19: Auswahldiagramm für Walzenkonfigurationen

Diagram for selection of suitable roller configuration

Das in Bild 4-19 eingezeichnete Beispiel setzt einen über der Kontaktlänge gemittelten Mindestdruck zur Imprägnierung entsprechend der Empfehlungen aus Kapitel 2.3.2 von $p_{mittel} = 15\ bar$ an (1.). Als Maximalwert des Druckverlaufs sollen $p_{max} = 20\ bar$ erreicht werden (2.). Die Linienlast wird wie zu Beginn von Abschnitt 4.2.4 aufgrund systemseitiger Randbedingungen auf 70,9 N/mm festgelegt (3.). Beide Forderungen werden für einen Beschichtungsquerschnitt von $A_W = 7000\ mm^2$ erfüllt (4.). Die Kontaktlänge ergibt sich zu $l_p = 47{,}9\ mm$ (5a), der sich tatsächlich einstellende maximale Druck zu $p_{max} = 22\ bar$ (5b). Das Druckbild lässt sich mit sämtlichen Walzen mit Beschichtungsquerschnitt A_W einstellen, beispielsweise mit den Konfigurationen L1: 220x10 oder L2: 100x19 (6.). Für die endgültige Auswahl der Konfiguration sind dann Kriterien wie die tatsächliche und zulässige Spannungsbelastung von Beschichtung und Kernbindung, der resultierende Druckzonenanteil DZA sowie die Walzendurchbiegung heranzuziehen (7.), vergleiche Tabelle 4-2.

Ist eine adäquate Walzenkonfiguration ausgewählt, ergibt sich aus der Walzenkontaktlänge l_p, der geforderten zeitlichen Dauer der Druckapplikation t_p und der Prozessgeschwindigkeit v_p die notwendige Walzenpaarzahl n des Systems als aufgerundete ganze Zahl:

$$n \geq \frac{v_p \cdot t_p}{l_p}, \quad n \in \mathbb{Z} \tag{4.16}$$

4.4 Einfluss des Drucks auf die Prozesszeit

Influence of pressure on process time

Da die Kontaktlänge der Walzen eine Funktion des Drucks ist, reduziert ein verringerter Prozessdruck gleichzeitig auch die Prozesszeit. Dieser Zusammenhang ist in Bild 4-20 für ein System bestehend aus 11 seriell angeordneten Walzenpaaren dargestellt. Die untersuchten Walzen entsprechen den in Kapitel 4.2.3 zur Validierung verwendeten Walzen mit $D_W = 120\,mm$, $h_S = 10\,mm$ (Beschichtungsmaterial Eurosil 009 561) und $b = 346\,mm$. Die linienlastabhängigen Druckfiguren können Bild 4-8 entnommen werden.

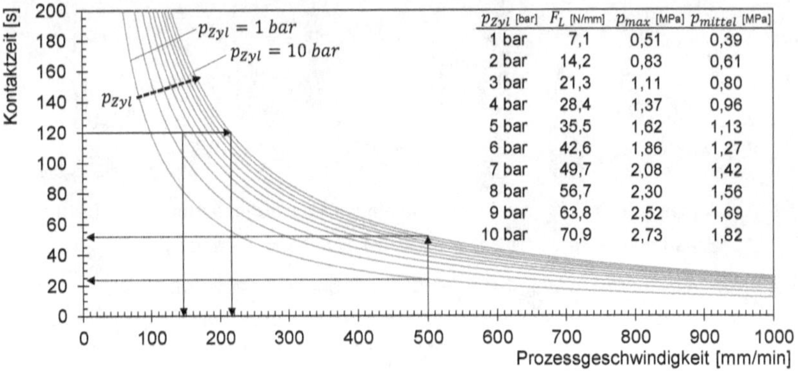

p_{Zyl} [bar]	F_L [N/mm]	p_{max} [MPa]	p_{mittel} [MPa]
1 bar	7,1	0,51	0,39
2 bar	14,2	0,83	0,61
3 bar	21,3	1,11	0,80
4 bar	28,4	1,37	0,96
5 bar	35,5	1,62	1,13
6 bar	42,6	1,86	1,27
7 bar	49,7	2,08	1,42
8 bar	56,7	2,30	1,56
9 bar	63,8	2,52	1,69
10 bar	70,9	2,73	1,82

Bild 4-20: Einfluss von Prozessgeschwindigkeit und Prozessdruck auf die Prozesszeit für ein beispielhaftes System mit 11 Walzenpaaren, Typ 120x10

Time under pressure as a function of process speed and process pressure for an exemplary system comprising 11 roller pairs of type 120x10

Ist beispielsweise eine Zeit unter Druckapplikation von 120 s gefordert, so ist unter maximaler Linienlast von 70,9 N/mm eine Geschwindigkeit $v_p = 216\,mm/min$ für das System zulässig, während eine Linienlast von 21,3 N/mm eine Geschwindigkeit von lediglich $v_p = 148\,mm/min$ gestattet. Andersherum kann bei $v_p = 500\,mm/min$ die Druckzeit zwischen 52 s für $p_{Zyl} = 10\,bar$ und 24 s für $p_{Zyl} = 1\,bar$ schwanken. Bei einer Auslegung des Systems sollte daher bereits eine Berücksichtigung des gesamten relevanten Druckspektrums und nicht nur der erforderlichen Maximaldrücke erfolgen. Neben einer Anpassung der Geschwindigkeit kann eine Verlängerung um weitere Walzenpaare der Anlage zur Einhaltung der Zielprozesszeit und -geschwindigkeit führen. Unter Umständen ist eine Veränderung der Walzenkonfiguration nötig. Dieses Verhalten steht in deutlichem Kontrast zu Doppelbandpressen mit fluidischem Druckkissen oder Intervallheißpresssystemen, bei denen Druckmagnitude und Druckzeit entkoppelt sind.

4.5 Das pulsierende Druckfeld seriell angeordneter Walzenpaare

The pulsating pressure field of serial roller pairs

Der wegabhängige Druckverlauf des in Kapitel 4.4 und 6.1.1 vorgestellten Systems bestehend aus 11 seriell angeordneten Walzenpaaren ist in Bild 4-21 aufgezeichnet. Er wurde mit Hilfe der in Kapitel 4.2.3 beschriebenen Foliensensoren im Durchlauf durch die Anlage zwischen zwei Stahlbändern für zwei Prozessdrücke erfasst.

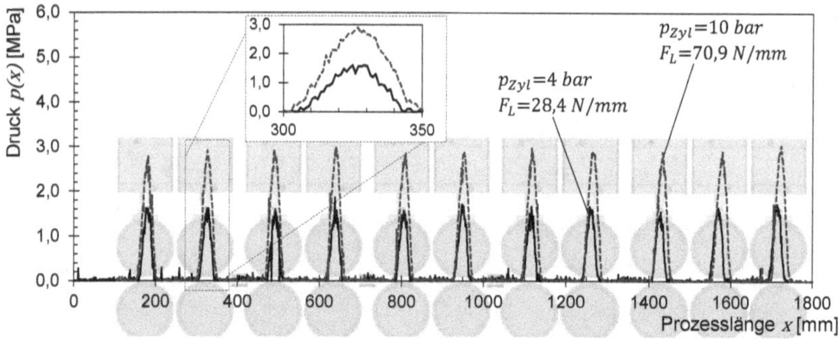

Bild 4-21: Gemessene Druckprofile für ein System mit 11 Walzenpaaren, Typ 120x10
Measured pressure profiles for a system of 11 roller pairs of type 120x10

Es stellt sich ein über dem Weg bzw. mit der Zeit pulsierendes Druckfeld dp/dx bzw. dp/dt ein. Die über der Gesamtsystemlänge erreichte Imprägnierungsstrecke Z des Polymers in die Faserstruktur in Dickenrichtung ergibt sich als Summe der in den einzelnen Walzenpaaren zurückgelegten Imprägnierungstrecken:

$$Z = \sum \Delta z \tag{4.17}$$

Z sollte am Anlagenende bei der Folienimprägnierung beispielsweise dem mittleren Faserbündeldurchmesser D_{Roving} entsprechen, vergleiche Bild 2-11.

Zur Beschreibung der Imprägnierungsstrecke je Walzenpaar Δz kann das Gesetz von Darcy aus Gleichung 2.2 unter Annahme konstanter Viskosität η und Permeabilität K_{zz} wie folgt umgeschrieben werden:

$$\Delta z = \left[\frac{2 \cdot K_{zz}}{\eta} \cdot \int p(t)\, dt\right]^{1/2} \tag{4.18}$$

Insbesondere die Annahme konstanter Permeabilität stellt wie in Abschnitt 2.3.2 erläutert aufgrund deren ausgeprägten Druckabhängigkeit eine Vereinfachung dar. Durch die sequenzielle Be- und Entlastung der Faserstruktur durch das pulsierende Druckfeld und deren damit einhergehenden zyklischen Relaxation kann jedoch von einer gegenüber Prozessen mit konstant hohem Druck günstigeren Permeabilität ausgegangen werden.

Wird eine Druckwirkung der Walzen nur in Dickenrichtung angenommen, so lässt sich Gleichung 4.18 bei konstanter Prozessgeschwindigkeit v_p folgendermaßen umschreiben:

$$\Delta z = \left[\frac{2 \cdot K_{zz}}{\eta} \cdot \frac{1}{v_p} \cdot \int p(x)\, dx\right]^{1/2} \qquad (4.19)$$

Wie bereits in Gleichung 4.11 gezeigt, ergibt das Integral des Drucks über der Kontaktlänge die aufgeprägte Linienlast F_L, sodass sich weiter schreiben lässt:

$$\Delta z = \left[\frac{2 \cdot K_{zz}}{\eta} \cdot \frac{F_L}{v_p}\right]^{1/2} = \left[\frac{2 \cdot K_{zz}}{\eta} \cdot I_W\right]^{1/2} \qquad (4.20)$$

Der in Gleichung 4.20 eingeführte Term

$$I_W = \frac{F_L}{v_p} = p_{mittel} \cdot t_p \qquad (4.21)$$

ist der aus Gleichung 2.20 bekannte Walzenspaltimpuls I_W (engl.: *nip impulse* oder *press impulse*) mit der Einheit $[kPa \cdot s]$. Er stellt wie in Kapitel 2.6 beschrieben eine etablierte Größe beispielsweise beim Kalandrieren von Papierbahnen dar, wo gleiche Walzenspaltimpulse zu vergleichbaren Feuchtigkeitsrestgehalten führen und somit zum einen untereinander substituierbar und zum anderen ihre Effekte in serieller Anordnung addierbar sind [WAHL81] [MCDO00, S.402–406]. Die Übertragung dieser Substituierbarkeit der Faktoren des Walzenspaltimpulses bei der Imprägnierung mit dem Resultat gleicher Imprägnierungsgrade ist aufgrund der starken Druckabhängigkeit der Permeabilität nicht ohne weiteres möglich.

Eine Beurteilung des Druckfeldes kann beispielsweise durch den Druckzonenanteil DZA erfolgen (Gleichung 4.2), welcher die mit Druck beaufschlagte Länge ins Verhältnis zur Druckmodullänge setzt und somit eine Größe zur Beschreibung des Verhältnisses von mit Druck beaufschlagter (Prozess-)Zeit und druckloser Zeit darstellt. Wie in Abschnitt 4.2.4 gezeigt, ist der Druckzonenanteil sowohl von der Walzenkonfiguration selbst als auch vom Prozessdruck abhängig.

4.5.1 Der resultierende Druckverlauf auf Laminatebene

The resulting pressure on laminate level

Bei Betrachtung der Vorgänge auf Laminatebene wird der von außen über der Walzenkontaktlänge x erzeugte Druck $p(x)$ über die Stahlbänder auf Faserstruktur und Polymerschmelze transferiert. Daraus resultiert ein Gleichgewicht aus der in Gleichung 2.11 beschriebenen elastischen Faserverformungsspannung $\sigma_f(x)$ und des hydrodynamischen Drucks $p_p(x)$. Das nichtlineare viskoelastische Materialverhalten des Verbundes lässt sich dabei durch eine parallele Anordnung von Feder- und Dämpferelement beschreiben [GUTO85] [MAYE00, S.117]. In Bild 4-22 sind qualitativ die zeitabhängigen Phasen eines beispielhaften Walzenspaltdurchlaufs dargestellt. Die Beschreibung der Vorgänge erfolgt in Analogie zu der Darstellung der Pressphasen bei der Papierverarbeitung nach WAHLSTROM [WAHL81] [SMOO16] sowie bei der Imprägnierung nach ISHIDA [ISHI19].

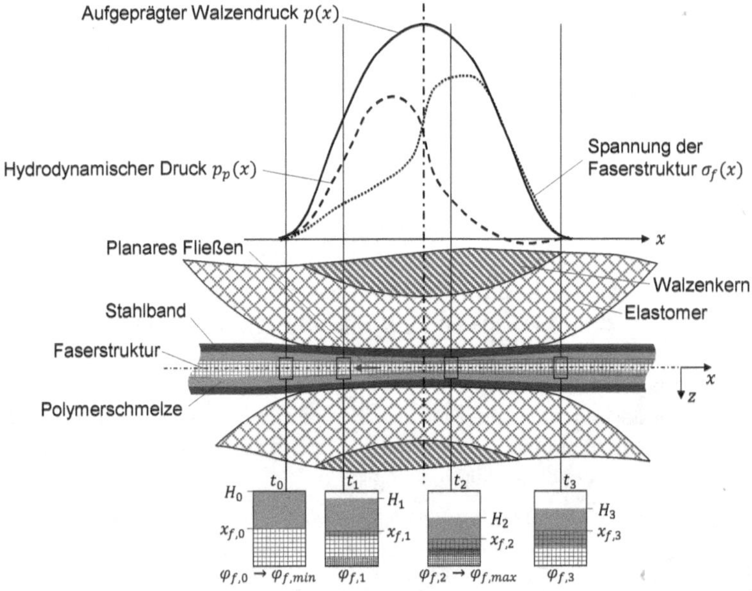

Bild 4-22: Beispielhafter Druckverlauf im Walzenspalt auf Laminatebene, in Analogie zu [WAHL81]

Exemplary pressure distribution in roller nip on laminate level

Die Wärmezufuhr erfolgt beim betrachteten Imprägnierungsmechanismus zeitlich sowie räumlich *vor* der Walzenkontaktzone, sodass angenommen werden kann, dass das Polymer bei Erreichen der Druckzone zum Zeitpunkt t_0 bereits die Schmelzviskosität η besitzt. Dies steht in Kontrast zur (in der Literatur etablierten) schematischen Darstellung des Imprägnierungsprozesses in Bild 2-6, nach der zunächst die Druckapplikation und anschließend bzw. nahezu zeitgleich die Erwärmung unter Druck erfolgt. Das dadurch beschriebene Prozessverhalten tritt beispielsweise bei Intervallheißpressen oder Doppelbandpressen mit fluidischem Druckkissen auf. Es führt zu einer Kompaktierung der Faserstruktur durch das noch feste Polymer und einer damit verbundenen Herabsetzung der Permeabilität vor Beginn der eigentlichen Imprägnierung, vergleiche Bild 2-9.

Der aufgeprägte Druck im betrachteten Fall führt direkt zu einem Fließen der Polymerschmelze in die noch wenig kompaktierte Faserstruktur mit Faservolumengehalt $\varphi_{f,0}$ und Dicke $x_{f,0}$. Durch die Viskosität der Schmelze und den zunehmenden Druck kommt es zu einer stetig steigenden elastischen Kompaktierung der trockenen Faserstruktur, deren Faservolumengehalt folglich zunimmt und sich dem maximalen Faservolumengehalt $\varphi_{f,max}$ annähert, t_2. Am Auslauf der Druckzone kann die Relaxation der Faserstruktur zu einem lokal negativen hydrodynamischen Druck in den Faserbündeln führen, wodurch durch Kapillareffekte Schmelze und Luftporen in die Bündel eindringen können.
Nach Gleichung 2.12 bzw. Bild 2-9 steigt der vom Fasernetzwerk aufgenommene Druck σ_f mit dem Faservolumengehalt, weshalb bei einem niedrigen Imprägnierungsgrad ein großer Teil des Drucks von der Faserstruktur getragen wird. Bei fortgeschrittener Mikroimprägnierung hingegen relaxieren die Fasern in der Schmelze, sodass der Anteil von σ_f abnimmt. Daher sind die Anteile von hydrodynamischer und elastischer Druck- bzw. Spannungskomponente neben dem Grad der Faserausrichtung und der Polymerviskosität eine Funktion des vorliegenden Imprägnierungsgrads. Dieser steigt mit zunehmender Imprägnierung entsprechend über der Anlagenlänge. So stellt der Imprägnierungsgrad am Walzenspaltende t_3 den Eingangszustand des darauffolgenden Walzenpaares dar.

4.5.2 Hydrodynamische Fließvorgänge im Walzenspalt

Hydrodynamic flow phenomena in the nip zone

Die im Allgemeinen bei der Betrachtung der Imprägnierungen flächiger TP-FVK Halbzeuge getroffene Reduzierung der Fließvorgänge auf die transversale Dickenrichtung ist bei walzenbasierten Systemen aufgrund der Druckgradienten im Walzenspalt nur bedingt zulässig. Der hydrodynamische Druckanteil der Schmelze induziert im Walzenspalt neben dem transversalen Fließen in Materialdickenrichtung $\pm z$ ein planares Fließen in Laminatebene entgegen der Prozessvorschubrichtung $-x$ (vergleiche Bild 4-22) sowie zu den Walzenseiten $\pm y$. Diese Strömungen können qualitativ in Analogie zu den viskosen Strömungen im Kalandrierprozess betrachtet werden: Als Kalandrieren bezeichnet man allgemein in der Kunststoff- und Kautschukindustrie das Ausformen hochviskoser Materialmischungen unter Verarbeitungstemperatur im Spalt zwischen zwei oder mehr Walzen zu einer endlosen Bahn [KOPS78, S.4]. Da zumeist die Herstellung von Bahnen konstanter Dicke das Ziel ist, wird der Walzenspalt h_0 vorgegeben. In Abhängigkeit von Volumenstrom, Materialviskosität und Spaltabstand stellt sich daraufhin der Spaltdruck ein. Die Strömungen im Walzenspalt können bei Betrachtung eines Querschnitts durch eine Schmierstoffspaltströmung approximiert werden. Die Modelle hierzu gehen größtenteils auf Arbeiten von

ARDICHVILI und darauf aufbauende Untersuchungen von GASKELL zurück [ARDI38] [GASK50], ein Überblick der Modellentwicklung findet sich beispielsweise in [THOM09, 312ff]. Umfangreiche Experimente von UNKRÜER sowie FE-Analysen von LUTHER bestätigen die gefundenen analytischen Zusammenhänge weitestgehend [UNKR72] [LUTH03].
Demnach liegt der maximale Druck p_{max} um die Länge λ vor dem minimalen Walzenabstand h_0 an der sogenannten Fließscheide, siehe Bild 4-23; an der engsten Stelle des Walzenspalts beträgt er noch die Hälfte des Maximalwertes. Symmetrisch zur Fließscheide fällt der Druck hinter dem engsten Spalt auf null ab, sodass sich die kalandrierte Bahn an dieser Stelle von der Walze löst.

In Bild 4-23 sind schematisch die Stromlinien eines Walzenspalts gezeigt. Durch das zugeführte Material bildet sich vor dem Walzenpaar ein Wulst der Höhe H aus, der sogenannte Knet. Die Ausprägung des Knets hängt stark vom Verhältnis von zugeführter Polymerschichtdicke h_1 zum minimalen Walzenabstand h_0 ab [GRUB89, S.32]. Bei geringer Materialdicke ($h_1/h_0 \approx 1$) wird das Polymer leicht aufgestaut, es bilden sich jedoch keine Wirbel und Rückströmungen im Knet. Bei steigender Materialdicke ($h_1/h_0 > 1$) hingegen kommt es zu einer Überlagerung von Schlepp- und Druckströmungen. Das Polymer mit Kontakt zur Walzenoberfläche nimmt durch Reibkräfte deren Geschwindigkeit an. Kurz vor dem engsten Walzenspalt bildet sich das Druckmaximum p_{max}. Aufgrund des sich in Förderrichtung einstellenden Druckgradienten kommt es nahe der Symmetrieebene des Kalanders, welche die größte räumliche Distanz zu den Walzenoberflächen besitzt, zu einer Rückströmung. Diese führt mit sich überlagernden Verwirbelungen zur Ausbildung des Knets.

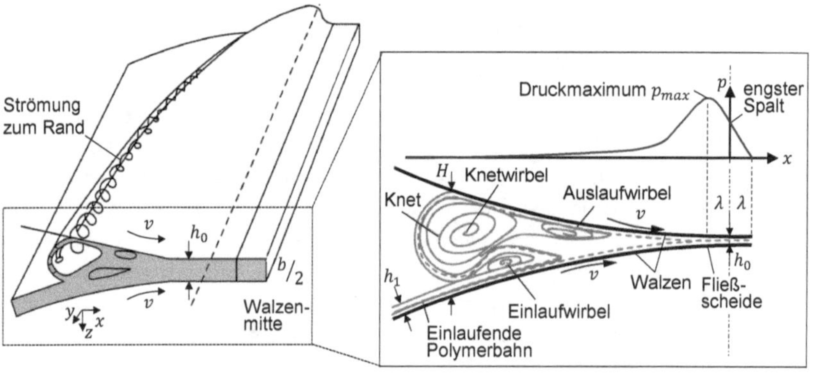

Bild 4-23: Schematische Darstellung von Stromlinien und Druckverlauf im Kalanderspalt in Anlehnung an [UNKR72]

Schematic view of streamlines and pressure distribution in calender nip

In Untersuchungen zum Strömungsverhalten über der Walzenbreite b konnte UNKRÜER empirisch Fließgeschwindigkeiten im Knet senkrecht zum Materialvorschub in Richtung der Walzenränder nachweisen [UNKR72, S.41]. Durch den Abfall des hydrodynamischen Druckes im Randbereich auf Umgebungsdruck kommt es zu ei-

ner zum Rand abnehmenden Knethöhe sowie spiralförmigen Strömungsbewegungen im Knet in y-Richtung zur Bahnkante hin, Bild 4-23 links.
Bei der Imprägnierung von TP-FVK steht, anders als bei vielen Kalandrierprozessen, kein unbegrenztes Polymerreservoir, sondern eine Polymerschicht endlicher Dicke zur Verfügung. Weiterhin wird der Walzendruck p anstatt der Spalthöhe h_0 vorgegeben. Es wird davon ausgegangen, dass sich durch den hydrodynamischen Druckgradienten im Walzenspalt ein Gleichgewicht zwischen transversalem Fließen des Polymers in die Faserstruktur und einer Rückströmung entgegen der Förderrichtung bildet, vergleiche Bild 4-22. Steigt die Menge an rückströmendem bzw. aufgestautem Polymer aufgrund eines hohen Walzendrucks oder eines großen Polymervolumenstroms, so kommt es zu einer vermehrten Knetbildung. Dies wird beispielsweise begünstigt durch eine hohe Prozessgeschwindigkeit oder große Foliendicke.
Als Folge können planare Strömungen wie in Abschnitt 2.5.3 beschrieben zu einer Beschleunigung des Imprägnierungsprozesses führen. Nach CHRISTMANN durch angestellte Druckplatten im Intervallheißpressprozess um bis zu 33 % [CHRI14, S.79]. Jedoch verursachen sie auch ungewollte, zumeist entsprechend der Kontur des Knets parabelförmig ausgeformte Verschiebungen der Verstärkungsfasern. Dieses im Folgenden als *Fiber-Washing-Effekt* bezeichnete Phänomen wird näher bei den Versuchsergebnissen zur Imprägnierung in Kapitel 6.3.3 untersucht und erläutert, vergleiche Bild 6-11.

4.6 Die Temperaturdauerbeständigkeit der elastischen Walzen

The long-term temperature stability of the elastic rollers

Thermische Belastungen stellen eine der Hauptursachen für die Alterung von Elastomeren dar. Bei hohen Belastungsfrequenzen resultieren diese häufig aus der dissipierten Energie der Verformungshysterese und sind damit proportional zum verformten Materialvolumen. Da die gewünschten Prozessgeschwindigkeiten bei der Herstellung von TP-FVK Laminaten zu Drehzahlen der Walzen von unter 10 min^{-1} führen (vergleiche Bild 4-3), spielt die aus der zyklischen Belastung resultierende Erwärmung jedoch eine untergeordnete Rolle [ANSO88, S.55] [ZEPP90, S.131]. Die hohen Verarbeitungstemperaturen technisch relevanter Thermoplaste hingegen sind eine Herausforderung für elastische Werkstoffe. Während die Prozesstemperatur von Polypropylen von etwa 180 – 220°C, vergleiche Bild 2-16, noch relativ problemlos mit der maximalen Einsatztemperatur vulkanisierter Kautschuke abbildbar ist, stellen notwendige Temperaturen für die Verarbeitung von Polymeren wie Polyamid 66 oder Polycarbonat von 300°C und höher kritische Anforderungen an das Material.
Die maximale Einsatztemperatur elastomerer Werkstoffe ist physikalisch begrenzt, lässt sich jedoch durch den Einsatz von hitzestabilisierenden Füllstoffen, in der Regel anorganische Pigmente wie Fe_2O_3, TiO oder ZnO, auf bis über 300°C erhöhen [RÖTH13, S.219]. Bei Überschreitung der Maximaltemperatur kommt es zu einer Zersetzung des Werkstoffs unter Abnahme der mechanischen Eigenschaften. Eine ausreichende Temperaturstabilität der Elastomere für einen industriellen Einsatz ist

daher sicherzustellen. Alternativ können anderweitige Maßnahmen für die Erreichung einer erhöhten Temperaturstabilität wie die thermische Isolation der elastischen Komponenten (Abschnitt 4.6.2) ergriffen werden. Ebenfalls denkbar ist die Substitution stofflicher durch strukturelle Elastizität, um beispielsweise die Biege- oder Torsionsverformbarkeit der Werkstoffe auszunutzen. Ein Beispiel hierfür ist aus dem Patent EP 1879755 bekannt, welches die Verbindung von Nabe und Felge bei Schwerlasträdern für den Tagebau durch metallische oder GFK-Federn vorsieht [LOUD06]. Aufgrund der primären Forderung nach wirtschaftlichen, günstigen Lösungen bleibt dieser Ansatz an dieser Stelle jedoch dem Ausblick vorbehalten.

4.6.1 Untersuchungen zur Temperaturbeständigkeit elastomerer Werkstoffe

Analysis of temperature stability of elastomeric materials

Bei den in dieser Arbeit untersuchten Walzen tritt eine durchmesser- und geschwindigkeitsabhängige zyklische Erwärmung des Elastomers auf, hervorgerufen durch den periodischen Kontakt mit dem Stahlband, vergleiche Bild 4-3. Für einen Walzenkerndurchmesser von 120 mm mit einer Beschichtungsstärke von 10 mm und eine Prozessgeschwindigkeit von 500 mm/min beträgt die Drehzahl der Walzen 1,137 min^{-1}. Bei einer Linienlast von 70,9 N/mm ergibt sich die Kontaktzeit je Zyklus zu etwa 4,8 s, während die Nichtkontaktzeit 48,0 s beträgt. Die Walzenoberfläche steht also etwa 9,1 % der Zeit in Berührung mit dem heißen Stahlband, die übrige Zeit in Kontakt mit der Umgebungsluft. Da die Walzenkerne zusätzlich innengekühlt ausgeführt sind, stellt sich im Dauerbetrieb der Walzen eine Gleichgewichtstemperatur des Elastomers unterhalb der Grenztemperatur ein.

Um das temperaturinduzierte Alterungsveralten empirisch zu untersuchen, wird eine Langzeitbelastung des Materials durch eine zeitlich konstante Temperaturbelastung simuliert. Als Anhaltspunkte des Zersetzungsprozesses dienen dabei die relativen Veränderungen der Probenhärte, Zugfestigkeit und Reißfestigkeit. Neben dem in Kapitel 4.2 verwendeten Eurosil wird zusätzlich ein Fluorkautschuk (FKM) vom Typ M115.60 der Firma Mitex GmbH (Erkrath, Deutschland) untersucht. Dieses ebenfalls 60 Shore A harte Material eignet sich laut Hersteller für Dauergebrauchstemperaturen von 250°C und Temperaturspitzen bis 300°C. Das Materialdatenblatt ist in Bild 9-2 im Anhang zu finden. Die tatsächliche Härte wurde zu 58,52 Shore A (Standardabweichung 0,57) bestimmt.

Die Probekörper werden für 96 Stunden bei 250°C temperiert, wobei alle 24 Stunden je drei Zugstäbe für Reiß- und Zugfestigkeitsversuche und eine Scheibe für Härtemessungen des Silikons und des FKMs entnommen werden. Nach Ablauf der 96 Stunden werden die verbleibenden Proben bei 300°C für weitere 72 Stunden temperiert, sodass sie in Summe für eine Dauer von 168 Stunden bei ≥ 250°C temperiert werden. Die Messergebnisse sind in Bild 4-24 graphisch dargestellt.

Das Eurosil erfährt in den ersten 96 h bei 250°C eine gewisse Versprödung, wodurch die Härte um etwa 7 % zu- und die Reißdehnung um ca. 34 % abnimmt. Nach der

Temperierung bei 300°C über 68 h ist aufgrund einer starken Versprödung des Materials eine Vermessung der Zugstäbe nicht mehr möglich.
Das FKM erfährt über den gesamten Testzeitraum keine nennenswerte Veränderung der Härte und Reißdehnung. Die Zugfestigkeit nimmt als Folge temperaturbedingter Nachvernetzungen um den Faktor 2,4 zu. Die Schwankung der Zugfestigkeitswerte nach 72 h ist vermutlich auf fertigungsbedingte Schwankungen der Probeneigenschaften zurückzuführen.

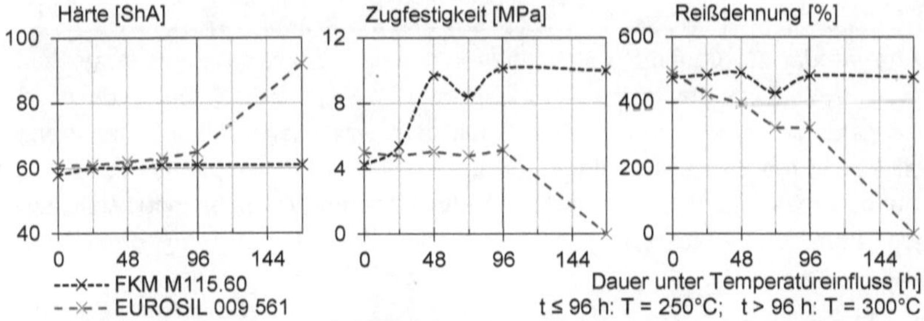

Bild 4-24: Ergebnisse der Langzeittemperaturmessungen für Härte, Zugfestigkeit und Reißdehnung des Eurosil 009 561 sowie des FKM M115.60

Results of long-term temperature measurements for hardness, tensile strength and elongation at break of the Eurosil 009 561 and FKM M115.60

Die Versuchsergebnisse legen nahe, dass das FKM für die Verarbeitung hochschmelzender Polymere aufgrund der deutlich geringeren thermischen Alterung besser geeignet ist als das Eurosil. Weitere Tests zur Absicherung der Ergebnisse sowie ergänzende Lebensdaueruntersuchungen sowohl unter thermischer als auch mechanischer Last müssen für eine präzise Analyse des wirtschaftlichen Einsatzes elastischer Walzen als Druckmedium in Hochtemperaturanwendungen folgen. Eine systematische Untersuchung zu diesem Thema ist dem Autor nicht bekannt.

In Tabelle 4-3 sind neben dem beschriebenen Eurosil (Silikonkautschuk = VMQ) und M115.60 (Fluorkautschuk = FKM) ein weiterer hochgefüllter VMQ-Typ sowie ein Perfluorkautschuk (= FFKM) mit ihren maximalen Temperaturbereichen gegenübergestellt. FFKM besitzen eine sehr hohe Temperaturbeständigkeit bei einer gleichzeitig sehr guten chemischen Beständigkeit. Daher werden sie häufig als Dichtungswerkstoff in hochbelasteten Anwendungen eingesetzt. Aufgrund ihres hohen Preises sind sie für den Einsatz in Druckwalzen jedoch nur sehr eingeschränkt geeignet. Das betrachtete FKM bietet gegenüber dem Eurosil eine deutlich gesteigerte Temperaturdauerfestigkeit bei moderaten Mehrkosten. Das hochgefüllte Silikon VMQ c erlaubt eine weitere Prozesstemperatursteigerung bei gegenüber Eurosil und FKM weiter erhöhten Kosten je Walze.

Tabelle 4-3: Eigenschaften möglicher elastomerer Beschichtungswerkstoffe
Properties of selected elastomeric cover materials

Material	**VMQ** Eurosil	**FKM** M115.60	**VMQ** c	**FFKM** d
Dauergebrauchstemperatur	180°C	250°C	290°C	327°C
Temperaturspitzen	220°C	300°C	350°C	380°C
Härte	30 – 90 Sh-A	50 – 75 Sh-A	50 – 75 Sh-A	75 – 90 Sh-A
Relative Kosten je Walze	1	2 – 4	3 – 6	60 – 100

Die Analyse der zur Verfügung stehenden Elastomere zeigt, dass die Verarbeitung von Hochleistungsthermoplasten wie PEEK oder PEKK aufgrund deren hohen Verarbeitungstemperaturen von über 350°C mit dem entwickelten Druckkonzept ohne weiteres nicht realisierbar ist. Die in Bild 2-16 definierte Zieltemperatur von 300°C, welche die Prozesstemperaturen vieler in nennenswerten Volumina industriell eingesetzten Thermoplasten abdeckt, kann jedoch mit vertretbarem Aufwand erreicht werden.

4.6.2 Thermische Isolation des elastischen Materials

Thermal insulation of the elastic material

Bei Verwendung eines elastischen Materials mit begrenzter thermischer Beständigkeit kann eine thermische Trennung von heißem Stahlband und Elastomeroberfläche durch eine Wärmeisolationsschicht die Lebensdauer verlängern. In Bild 4-25 sind drei mögliche geometrische Anordnungen einer solchen Wärmeisolationsschicht dargestellt: Sie kann die Walze fest umschlingen bzw. ein fester Bestandteil von ihr sein, Bild 4-25 a), oder durch ein gesondertes, um einen Teilumfang der Rolle geführtes Material gebildet sein, Bild 4-25 b), c). Dies hat den Vorteil, dass die wärmeisolierende Schicht leicht auswechselbar ist und während des Umlaufs durch eine von der Pressrolle beabstandete Kühlzone geführt werden kann. Anordnungen b) und c) unterscheiden sich dabei durch den Umschlingungswinkel und somit die Kontaktzeit zwischen Isolationsschicht und Elastomer.

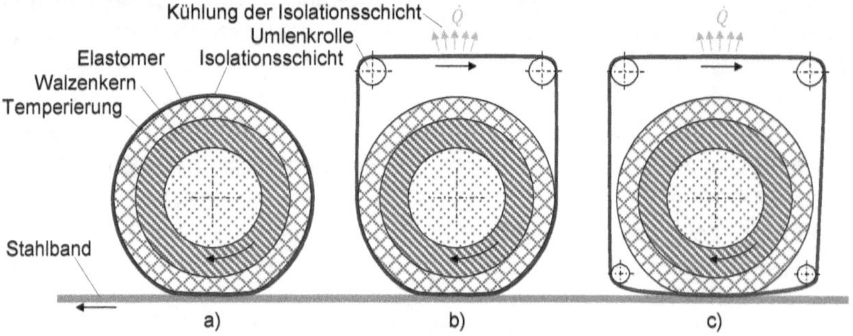

Bild 4-25: Mögliche Anordnungen von Wärmeisolationsschichten der elastischen Walzen [WEND18b]

Possible arrangements of heat insulation layers for the elastic rollers

Anforderungen an die Wärmeisolationsschicht sind neben einer niedrigen Wärmeleitfähigkeit sowie großer spezifischer Wärmekapazität und Dichte eine gute Temperaturbeständigkeit entsprechend der Prozesstemperatur bis etwa 400°C, Druck- und Abriebfestigkeit sowie eine gewisse Elastizität in Umfangsrichtung. Letztere Forderung resultiert aus der Inkompressibilität des Elastomers, welche gleichbedeutend mit einer Volumenkonstanz ist. Eine Verformung im Walzenkontakt hat durch Abweichung von der idealen Kreisform zwangsläufig eine Vergrößerung des Beschichtungsumfangs zur Folge. Die Isolationsschicht sollte daher in der Lage sein, dieser in gewissem Maße zu folgen. Andernfalls ist der Umschlingungswinkel minimal zu wählen, beispielsweise durch Anordnung c).
Aus den Anforderungen ergeben sich als mögliche Werkstoffe textile Strukturen, z.B. aus Glas, Carbon, Aramid oder Basalt, Hochleistungselastomere oder beschichtete Metallbänder. Auf der der Kontaktzone abgewandten Seite des Isolationsmaterials kann zusätzlich eine aktive Kühlung erfolgen.

4.7 Zwischenfazit

Intermediate conclusions

Gegenstand des Kapitels war die modellbasierte Untersuchung zum Verformungsverhalten elastischer Walzenpaare sowie die Analyse der aus einem pulsierenden Druckfeld serieller Walzenpaare resultierenden Effekte. Es konnte gezeigt werden, dass Walzen kleineren Durchmessers mit dicker Beschichtung hinsichtlich Spannungsbelastung, Druckzonenanteil und k-Wert die günstigste Konfiguration darstellen. Anwendungsspezifisch ist sicherzustellen, dass die zulässige Linienlast und Walzendurchbiegung nicht überschritten werden. Die erarbeitete und in Kapitel 4.3 vorgestellte Methodik zur Auswahl einer optimierten Walzenkonfiguration für Elastomere mit bekanntem Spannungs-Dehnungsverlauf ermöglicht eine einfache prozessspezifische Auslegung des Systems ohne großen Simulationsaufwand.

Ein großer Vorteil des entwickelten Konzepts zur Druckapplikation in Doppelbandpressen besteht im druckgeregelten Betrieb der elastischen Walzen, welcher zu einem definierten, individuell anpassbaren Prozessdruck der einzelnen Walzenpaare über der Anlagenlänge führt.
ISHIDA berichtet bei einem auf Stahlkalandern basierten, isochoren Doppelbandpressensystem von einem starken Druckabfall an hinteren Walzenpaaren. Die durch die fortschreitende Imprägnierung abnehmende Materialdicke führt zu einem niedrigeren Druck in den isochoren Walzenspalten, wodurch materialabhängig ein Druckabfall von über 30 % gegenüber den vorderen Walzenpaaren beobachtet werden kann. [ISHI19] Für isochore Systeme müssen die Spaltabstände entsprechend dem Imprägnierungsfortschritt sehr präzise eingestellt werden, um einen konstanten Imprägnierungsdruck zu gewährleisten. Analog dazu berichtet CHRISTMANN von einem ungleichmäßigen Prozessdruck der starren Werkzeugplatten in Intervallheißpresssystemen, in denen ebenfalls die abnehmende Materialstärke zu inhomogenen Druckverteilungen führt [CHRI14, S.23].

Durch die zyklischen Druckgradienten induziert das pulsierende Druckfeld der seriell angeordneten Walzenpaare neben den transversalen Matrixflüssen in Materialdickenrichtung zusätzlich planare Strömungen entgegen der Prozessrichtung. Diese können zwar einerseits eine Beschleunigung des Imprägnierungsprozesses bewirken, andererseits jedoch auch zu einer Verschiebung der Verstärkungsfasern in der Ebene zur Folge haben. Nähere Untersuchungen hierzu erfolgen in Kapitel 6.3.

Erste Untersuchungen zur Temperaturbeständigkeit der elastomeren Werkstoffe wurden erfolgreich durchgeführt. Darauf aufbauende Langzeitstudien müssen nun die temperatur- und prozessdruckabhängige Dauerfestigkeit im Prozess und daraus resultierende Erneuerungszyklen der Beschichtungen ermitteln. Hinsichtlich der maximalen Prozesstemperatur sind durch die Temperaturbeständigkeit gängiger Elastomere physikalische Grenzen gesetzt. Eine thermische Isolation der Beschichtung kann wie gezeigt den maximalen Temperaturbereich erhöhen.

5 Untersuchungen zum Einsatz elektromagnetischer Induktion

On the use of electromagnetic induction

Für die Bereitstellung der Prozesswärme in einer Doppelbandpresse wird in diesem Kapitel der Einsatz elektromagnetischer Induktion untersucht. Wie in Kapitel 2.5 beschrieben, erfolgt die Temperierung in Doppelband- und Intervallheißpressen nach dem Stand der Technik üblicherweise durch Ölkreisläufe bzw. Heißluft oder elektrische Heizkartuschen. Dazu muss die Prozesswärme durch konduktiven bzw. konvektiven Übergang vom Wärmeträgermedium über multiple Systemgrenzen durch Werkzeuge und Transportbänder auf Polymer und Faserhalbzeug übertragen werden. Dies erzeugt in der Regel lange Auf- und Vorheizzeiten sowie träge Reaktionen auf Temperaturänderungen.

Im Folgenden wird nach der Erläuterung einiger theoretischer Grundlagen der elektromagnetischen Induktion das verwendete Heizsystem bestehend aus Hauptheizzone und Haltezonen vorgestellt und für den Prozess relevante Einflüsse beschrieben. Anschließend erfolgt eine Charakterisierung des Temperaturverlaufs über der Stahlbandbreite sowie in Prozessrichtung. Für letzteren wird daraufhin ein thermodynamisches Modell für die Ermittlung des Temperaturverlaufs über der Gesamtanlage hergeleitet, um darauf aufbauend Optimierungen in der Prozessführung ableiten zu können.

5.1 Einleitende Grundlagen

Introduction of fundamentals

5.1.1 Physikalische Grundlagen der elektromagnetischen Induktion

Physical basics of electromagnetic induction heating

Bei der elektromagnetischen Induktion handelt es sich um ein berührungsloses, unmittelbares elektrothermisches Heizverfahren. Ein mit einem Wechselstrom durchflossener Leiter, der sogenannte Induktor, erzeugt ein elektromagnetisches Wechselfeld, welches in einem sich in diesem Wechselfeld befindlichen leitfähigen Werkstück eine elektrische Spannung induziert. Diese Spannung führt, aufgrund des ohmschen Widerstands des Werkstücks, zu einem Wechselstromfluss, welcher durch joulesche Verluste in einer Erwärmung resultiert. Einige prozesstechnische Vorteile des Verfahrens sind:

- eine hohe erreichbare Leistungsdichte und energetische Effizienz,
- eine exakte Temperaturführung durch verzögerungsfreie Leistungsanpassung,
- die hohe Automatisierbarkeit und Flexibilität und
- der geringe Platzbedarf und der Entfall direkter Schadstoffemissionen.

Die physikalischen Grundlagen der elektromagnetischen Induktion bilden die maxwellschen Gleichungen, welche die Ausbildung eines Wechselfeldes um einen wechselstromdurchflossenen Leiter sowie die aus dem Wechselfeld resultierende Induktion in einem zweiten Leiter beschreiben [MAXW65]. Ausführliche Herleitungen finden sich beispielsweise in [LEHN10] [HENK11].

Die grundlegenden Zusammenhänge zwischen dem elektrischen Feld $\vec{E}$, der magnetischen Feldstärke $\vec{H}$, der elektrischen sowie der magnetischen Flussdichte $\vec{D}$ bzw. $\vec{B}$ und der Stromdichte $\vec{J}$ lauten wie folgt:

$$rot\,\vec{E} = -\frac{\partial \vec{B}}{\partial t} \qquad \textit{Induktionsgesetz nach Faraday} \qquad (5.1)$$

$$rot\,\vec{H} = \vec{J} - \frac{\partial \vec{D}}{\partial t}, \quad \frac{\partial \vec{D}}{\partial t} \approx 0 \qquad \textit{Durchflutungsgesetz nach Ampère} \qquad (5.2)$$

$$div\,\vec{B} = 0 \qquad \textit{Quellenfreiheit des magn. Feldes} \qquad (5.3)$$

Für eine anschauliche physikalische Interpretation des Zusammenhangs zwischen Stromdichte $\vec{J}$ und magnetischer Feldstärke $\vec{H}$ durch das Durchflutungsgesetz nach AMPÈRE aus Gleichung 5.2 sind in Gleichung 5.4 die einzelnen Komponenten des Vektors notiert:

$$J_x = \frac{\partial H_z}{\partial y} - \frac{\partial H_y}{\partial z}, \qquad J_y = \frac{\partial H_x}{\partial z} - \frac{\partial H_z}{\partial x}, \qquad J_z = \frac{\partial H_y}{\partial x} - \frac{\partial H_x}{\partial y} \qquad (5.4)$$

Es ist ersichtlich, dass die Richtungskomponenten von $\vec{J}$ mit den senkrecht dazu stehenden, veränderlichen Feldkomponenten von $\vec{H}$ verknüpft sind. Dies bedeutet zum einen, dass auch ein eindimensionales $\vec{H}$-Feld zwei Stromdichterichtungen induziert. Zum anderen, dass zur Ermöglichung eines Stromflusses eine Änderung des senkrecht dazu stehenden magnetischen Feldes erforderlich ist. [WOHL06]

Zwischen den Feldgrößen bestehen in isotropen Werkstoffen folgende Beziehungen:

$$\vec{J} = \kappa \cdot \vec{E} \qquad \textit{Ohmsches Gesetz} \qquad (5.5)$$

$$\vec{B} = \mu_0 \cdot \mu_r \cdot \vec{H} \qquad (5.6)$$

Mit der elektrischen Leitfähigkeit κ, der magnetischen Permeabilität im Vakuum $\mu_0 = 4\pi \cdot 10^{-7} H/m$ und der relativen magnetische Materialpermeabilität μ_r.

Mit Gleichung 5.3 und der geltenden Divergenzfreiheit eines Rotationsfeldes lässt sich das magnetische Vektorpotential $\vec{A}$ einführen:

$$div\,(rot\,\vec{A}) = 0, \qquad (5.7)$$

womit sich

$$\vec{B} = rot\,\vec{A} \qquad (5.8)$$

ergibt. Mit Gleichung 5.8 lässt sich das Induktionsgesetz 5.1 umformulieren:

$$\vec{E} = -\frac{\partial \vec{A}}{\partial t} - grad\,(U_{err}) \tag{5.9}$$

mit dem skalaren elektrischen Spannungspotential U_{err} an der Induktionsspule. Unter Annahme zeitharmonischer Felder durch $\frac{\partial}{\partial t} = j\omega$ und Erhalt der Induktor-Erregerstromdichte $\overrightarrow{J_{err}}$ durch Multiplikation des Potentials mit der Leitfähigkeit κ lässt sich mit den Gleichungen 5.9 und 5.6 das Durchflutungsgesetz 5.2 wie folgt umschreiben:

$$rot\left(\frac{1}{\mu_0 \mu_r} \cdot rot\,\vec{A}\right) = -\kappa j\omega\vec{A} + \overrightarrow{J_{err}} \tag{5.10}$$

Durch Vorgabe der felderregenden Induktor-Stromdichte $\overrightarrow{J_{err}}$ lassen sich mit Gleichung 5.10 das Vektorpotential $\vec{A}$ und damit mit den Gleichungen 5.9, 5.8, 5.6 und 5.5 schließlich die relevanten Feldgrößen bestimmen.

Die im Werkstück induzierten Wirbelströme erzeugen durch Selbstinduktion ein sekundäres magnetisches Wechselfeld, welches zu einer Dämpfung des vom Induktor erzeugten Primärfeldes führt. Aufgrund dieses als Skin-Effekt bezeichneten Phänomens nimmt die Stromdichteverteilung von der Oberfläche in Tiefenrichtung des Werkstücks exponentiell ab. Die resultierende Stromdichte $J(y)$ im Abstand y von der Oberfläche in Abhängigkeit von der Oberflächenstromdichte J_0 lässt sich durch folgenden Zusammenhang beschreiben:

$$J(y) = J_0 \cdot e^{-y/\delta} \tag{5.11}$$

Abhängig von der elektrischen Leitfähigkeit κ und der relativen magnetischen Permeabilität μ_r als Materialkenngrößen des Werkstücks sowie der Permeabilität im Vakuum μ_0 und der Frequenz f ergibt sich für das in Gleichung 5.11 eingeführte Eindringmaß δ, auch Stromeindringtiefe genannt, folgender Zusammenhang:

$$\delta = \sqrt{\frac{1}{\pi \cdot f \cdot \mu_0 \cdot \mu_r \cdot \kappa}} \tag{5.12}$$

Die durch joulesche Erwärmung im Werkstück umgesetzte Leistung P_{ind} ist nach Gleichung 5.13 proportional dem Quadrat des induzierten Stromflusses I_{ind} und dem elektrischen Widerstand R:

$$P_{ind} = |I_{ind}|^2 \cdot R \tag{5.13}$$

Die mathematische Interpretation der Stromdichteverteilung aus Gleichung 5.11 besagt, dass sich von der Werkstückoberfläche bis zur nach Gleichung 5.12 bestimmten Stromeindringtiefe δ etwa 63,2 % $(= 1 - e^{-1})$ der Stromdichte konzentrieren. Nach Gleichung 5.13 resultiert dies in der Umwandlung von etwa 86,5 % $(= 1 - e^{-2})$ der Energie in Wärme innerhalb dieser Zone. In Bild 5-1 links sind die entsprechenden relativen Stromdichte- und Leistungsverläufe über dem normierten Abstand von der Oberfläche dargestellt. Rechts ist qualitativ der Einfluss der Frequenz auf die

Eindringtiefe eines beispielhaften Werkstücks gezeigt. Es ist ersichtlich, dass sich bei hohen Frequenzen die Leistungseinkopplung zunehmend zur Oberfläche des Werkstücks verschiebt. Über die Induktorfrequenz als Prozessparameter kann somit direkt die primär zu erwärmende Werkstückdicke eingestellt werden.

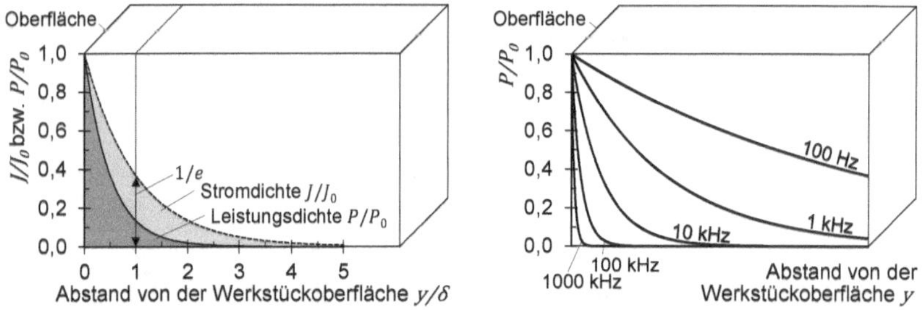

Bild 5-1: Relative Strom- und Leistungsdichteverteilung aufgrund des Skin-Effekts (links) und Einfluss der Frequenz auf die Leistungsdichteverteilung (rechts)

Relative current and power density distribution due to skin effect (left) and influence of frequency on power density (right)

Bei ferromagnetischen Werkstücken addieren sich zur Widerstandserwärmung durch Wirbelstromverluste die sogenannten Hystereseverluste, welche linear mit der Frequenz der Ummagnetisierung des Werkstücks im Wechselfeld zunehmen. Bei der Erwärmung von austenitischen oder martensitischen Edelstahlbändern spielen die Hystereseverluste jedoch eine untergeordnete Rolle und können vernachlässigt werden [BENK90, S.12] [RUDN03, S.153].

Weitere Beeinflussungen der Eindringtiefe δ nach Gleichung 5.12 und damit der Prozessführung ergeben sich aus mit steigender Werkstofftemperatur abnehmenden Werten von κ und μ_r, wodurch es zum einen bei höheren Temperaturen zu einer größeren Eindringtiefe, zum anderen durch lokale Temperaturgradienten zu einer lokal veränderten Eindringtiefe und Wärmeumsetzung im Werkstück kommt. Verstärkt wird dieser Effekt durch die mit niedrigeren Feldstärken $\vec{H}$ steigende Permeabilität μ_r. Der nicht konstante Verlauf der magnetischen Feldstärke über der Materialtiefe resultiert damit ebenfalls in einer veränderlichen Permeabilität. [RUDN03, S.112] [VIBR16, S.24] Weiterhin erzeugen die im Werkstück induzierten Wirbelströme ihrerseits ein Magnetfeld, welches zu einer Beeinflussung der Stromverteilung in der Erregerspule führt. Dies wird als Proximity-Effekt bezeichnet [RUDN03, S.117].

Bei der Verarbeitung ferromagnetischer Werkstoffe ist zu beachten, dass diese bei Überschreiten der Curie-Temperatur T_C ihre magnetischen Eigenschaften verlieren. Bei Eisen liegt die Curie-Temperatur bei etwa $T_C = 768°C$. Die Oberhalb dieses reversiblen Übergangs vorliegenden paramagnetischen Eigenschaften bedeuten einen Abfall der magnetischen Permeabilität auf einen Wert von $\mu_r \approx 1$, was einen starken Anstieg der Eindringtiefe während des Erwärmungsprozesses bedeutet.

Bei der elektromagnetischen Erwärmung von flachen Werkstücken wird je nach Orientierung des vom Induktor erzeugten magnetischen Hauptflusses zwischen der

Längs- und der Querfelderwärmung unterschieden. Diese sollen im Folgenden näher erläutert werden. Aufgrund der geringen Banddicke und der guten Wärmeleitfähigkeit des metallischen Materials kann von einer homogenen Bandtemperatur in Dickenrichtung ausgegangen werden [RUDN03, S.591]. Die Herausforderung liegt in der homogenen Erwärmung über der Bandbreite, insbesondere im Randbereich.

5.1.2 Die induktive Längsfelderwärmung

Longitudinal flux induction heating

Bei der induktiven Längsfelderwärmung umschließen die Induktorwicklungen das Werkstück vollständig, sodass der resultierende magnetische Hauptfluss parallel zur Vorschubrichtung des Werkstücks gerichtet ist, Bild 5-2. Die induzierten Ströme fließen senkrecht zum magnetischen Feld und schließen sich so über dem Werkstückquerschnitt, wobei die höchste Stromdichteverteilung bedingt durch den Skin-Effekt an den Werkstückoberflächen vorliegt. Durch die entmagnetisierende Wirkung der Wirbelströme ist der magnetische Fluss B in der Mitte des Blechquerschnitts am abgeschwächtesten. Da die Ströme an Ober- und Unterseite in entgegengesetzten Richtungen fließen, sollte die Stromeindringtiefe einen Wert von $d/\delta = 2{,}5$ nicht unterschreiten, da andernfalls die gegenseitige Auslöschung der Ströme den Wirkungsgrad zunehmend beeinträchtigen, vergleiche Bild 5-1 [RUDN03, S.592]. Als optimales Verhältnis von d/δ gibt RUDNEVS 2,8 – 3,2 für magnetische und 3,0 – 3,5 für unmagnetische Werkstücke an, NACKE empfiehlt ein Verhältnis von 3,5 [NACK13, S.271]. Die homogene Verteilung der Strom- und damit der Wärmequellendichte an der Werkstückoberfläche über die Blechbreite ermöglicht eine homogene Erwärmung in der induktiven Längsfeldanordnung [NAUV01, S.10].

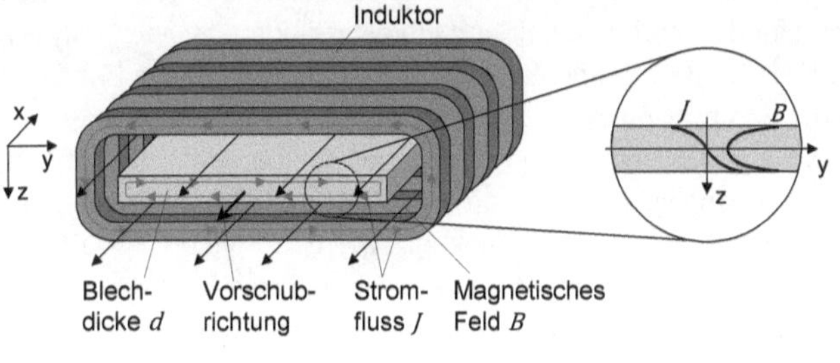

Bild 5-2: Prinzip der induktiven Längsfelderwärmung, in Anlehnung an [RUHN99, S.7]
Principle of longitudinal flux induction heating

Die Längsfelderwärmung empfiehlt sich insbesondere bei Banderwärmungsprozessen unterhalb der Curie-Temperatur mit einem Dicken-Eindringtiefenverhältnis von $d/\delta > 2{,}5$, bei denen eine geometrische Umschlingung des Werkstücks bzw. das Einführen des Werkstücks in die geschlossene Spule anlagentechnisch möglich ist.

5.1.3 Die induktive Querfelderwärmung

Transverse flux induction heating

Bei der in Bild 5-3 dargestellten induktiven Querfelderwärmung sind die Induktoren ein- oder beidseitig des Werkstücks angeordnet, ohne dieses zu umschließen. Der resultierende magnetische Hauptfluss ist dadurch senkrecht zur Werkstückoberfläche gerichtet, die induzierten Ströme stellen in Näherung eine Projektion des Induktorstroms auf die Werkstückoberfläche mit negiertem Vorzeichen dar. Auf der jeweils werkstückabgewandten Seite des Induktors werden häufig feldführende ferritische Blech- oder Leiterpakete angebracht, welche durch ihre gute magnetische Leitfähigkeit den Widerstand des magnetischen Kreises erheblich reduzieren und so zu einer Verstärkung des elektrischen Wirkungsgrads führen [BENK90, S.68]. Entsprechende Elemente sind in Bild 5-3 der Übersichtlichkeit halber nicht dargestellt.
Während bei der Längsfelderwärmung die Werkstückquerschnittsfläche die Größe der vom elektromagnetischen Feld durchströmten Fläche beschränkt, ist die feldführende Fläche bei der Querfeldanordnung nur durch die Dimensionen des Induktors begrenzt, da die induzierten Wirbelströme in der Blechebene anstatt über dem Blechquerschnitt fließen. Dadurch können bei dünnen Blechen in der Querfeldanordnung deutlich höhere Leistungsdichten erreicht werden. Die Pfade der induzierten Wirbelströme werden direkt durch die Geometrie der Induktionsspule beeinflusst, woraus sich Herausforderungen bei der Erzielung einer homogenen Temperatur über der Bandbreite ergeben, insbesondere an den Bandkanten. Jedoch kann durch eine angepasste geometrische Gestalt der Induktoren eine gezielte Erzeugung lokaler Temperaturgradienten erreicht werden, was bei der Längsfeldanordnung nicht realisierbar ist. Grundsätzlich ist der industrielle Einsatz von Querfeldern durch diese Eigenschaft erst seit der Verfügbarkeit umfangreicher numerischer Analysewerkzeuge möglich [NACK13, S.284]. Bei richtiger Auslegung führen bei der Banderwärmung in Querfeldanordnung um etwa zwei Größenordnungen niedrigere Frequenzen zu einer vergleichbaren Stromdichteverteilung gegenüber der Längsfelderwärmung, wodurch der elektrische Wirkungsgrad gesteigert wird und aufgrund eines niedrigeren Blindstroms kostengünstigere Umrichter eingesetzt werden können [NAUV01, S.21]. Ein weiterer Vorteil bei Werkstücken mit großem Breite-Dicke-Verhältnis ist die seitliche Zugänglichkeit der Induktoren, durch die Lang- oder Endlosmaterial problemlos in die Prozesszone eingeführt werden kann.

Bei der Querfelderwärmung können hinsichtlich des Verhältnisses von Blechdicke d und Stromeindringtiefe δ (welche nach Gleichung 5.12 insbesondere eine Funktion der Frequenz darstellt) zwei Fälle unterschieden werden, vergleiche Bild 5-3.
Bei Fall 1 ist das Blech mit einem Verhältnis von $d/\delta < 1$ für das Magnetfeld nahezu transparent, wodurch eine homogene Verteilung von magnetischer Induktion und Stromdichte über dem Blechquerschnitt vorliegen. Dies gewährleistet eine gute Leistungseinkopplung und ermöglicht so auch bei dünnen Blechen aufgrund der niedrigeren Frequenzen wirtschaftliche Erwärmungsprozesse [RUHN99, S.10].

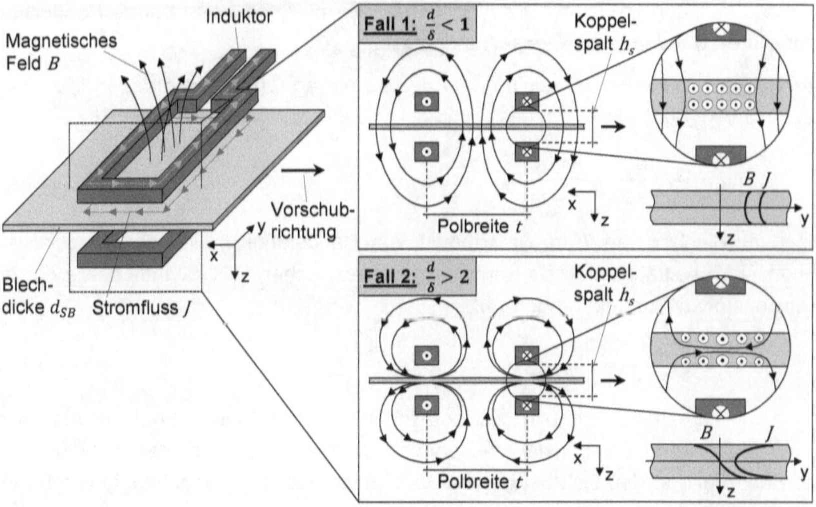

Bild 5-3: Prinzip der induktiven Querfelderwärmung, in Anlehnung an [RUHN99, S.10] [WOHL06]

Principle of transverse flux induction heating

Der erzielbare Induktorwirkungsgrad bei der Erwärmung von Stahl liegt hier mit Blechpaketen bei etwa 85 % [RUDN03, S.603] bis über 95 % [NAUV01, S.21], ohne Blechpakete bei etwa 40 – 80 % [BENK90, S.59].

Mit steigender Frequenz f verringert sich die Stromeindringtiefe δ, wodurch das Verhältnis von d/δ zunimmt und Fall 2 in Bild 5-3 entspricht. Das Blech wird für die Feldlinien zunehmend intransparent, sodass diese sich aufgrund der steigenden Feldabsorption tangential über der Blechoberfläche schließen, ohne es zu durchtreten. Dadurch kommt es zu einer Konzentration der Wirbelströme an den Blechoberflächen, eine homogene Verteilung über dem Querschnitt ist nicht mehr gegeben. Ab $d/\delta > 5$ ist der Skin-Effekt derart ausgeprägt, dass praktisch keine gegenseitige Beeinflussung der beiden Felder mehr vorliegt und beide Zonen theoretisch als unendliche Halbebenen betrachtet werden können [RUHN99, S.12]. Der Induktorwirkungsgrad erreicht noch etwa 40 – 80 % [BENK90, S.59]. Bei einseitig angeordneten Flächeninduktoren gibt BENKOWSKY den erwartbaren Induktorwirkungsgrad mit etwa 30 – 60 % an. Im Fall einer Doppelbandpresse mit beidseitiger Erwärmung zweier Bänder mit einer Zwischenschicht liegt der erwartbare Wirkungsgrad zwischen diesen beiden Fällen.

Die induktive Querfelderwärmung eignet sich zusammenfassend insbesondere bei dünnen, unmagnetischen sowie elektrisch hochleitfähigen Materialien zur Erwärmung über Curie-Temperatur [RUDN03, S.592]. Weiterhin kann sie gut in Anwendungen zum Einsatz kommen, in denen eine räumliche Umschließung des Werkstücks durch den Induktor nicht möglich ist, wie beispielsweise bei den endlosgeschweißten Bändern einer Doppelbandpresse.

Die im Blech umgesetzte Leistung P_{Bl} der induktiven Querfeldanordnung lässt sich nach RUHNKE qualitativ durch Gleichung 5.14 beschreiben [RUHN99, S.57]:

$$P_{Bl} \sim |I_{ind}|^2 \cdot \frac{1}{\kappa \cdot d} \cdot \frac{4\,\omega_Q{}^2}{1 + 4\,\omega_Q{}^2} \tag{5.14}$$

mit dem Blechleitwert $\kappa \cdot d$ als Produkt von Bandstärke d und der spezifischen elektrischen Leitfähigkeit κ als Kehrwert des spezifischen Widerstands sowie der dimensionslosen Querfeldfrequenz ω_Q:

$$\omega_Q = \frac{\mu_0 \cdot f \cdot \kappa \cdot d \cdot t}{2} \tag{5.15}$$

Die hierin enthaltene Polbreite des Induktors t beeinflusst die Stromdichteverteilung in der Blechebene. Bei konstanten Randbedingungen hinsichtlich des Induktors und der Bandbreite stellen sich bei gleicher Querfeldfrequenz ω_Q unabhängig von Bandmaterial und -dicke vergleichbare elektromagnetische Verhältnisse ein.
Die von RUHNKE ermittelte, hinsichtlich des Wirkungsgrades optimierte Arbeitsfrequenz wird lediglich durch den Blechleitwert und die Polbreite des Induktors determiniert. Im Falle eines fehlenden magnetischen Rückschlusses bspw. durch Blechpakete lässt sie sich durch Gleichung 5.16 ermitteln [RUHN99, S.66]:

$$f_{opt} \approx \frac{0{,}76}{\mu_0} \cdot \frac{2}{\kappa \cdot d \cdot t} \tag{5.16}$$

5.1.4 Physikalische Nebeneffekte

Physical side effects

Bei der Erwärmung im elektromagnetischen Querfeld treten eine Reihe von physikalischen Nebeneffekten auf, sogenannte parasitäre Effekte. Die beiden wichtigsten Effekte für die System- und Prozessauslegung, welche sich zum Teil gegenseitig beeinflussen, sollen im Folgenden kurz erläutert werden.

Abstandssensitivität

Aufgrund der geringen magnetischen Leitfähigkeit von Luft ($\mu_r = 1$) steigt mit zunehmendem Abstand zwischen Blech und Induktor der Widerstand des magnetischen Kreises an, was zu einem verringerten Quer- bzw. Nutzfluss und damit einhergehend einer quadratisch reduzierten Leistungsankopplung im Band führt [BENK90, S.16]. Der Koppelspalt h_S ist daher technologisch sinnvoll zu minimieren. Durch die im nächsten Abschnitt beschriebene thermische Bandbeulung ist eine sichere und präzise vertikale Führung der Bänder im Spalt jedoch nicht immer möglich. Der Koppelspalt h_S sollte entsprechend groß genug gewählt werden, um die Gefahr einer Beschädigung, beispielsweise durch mit einer Kontaktierung zwischen Induktor und Band einhergehenden lokalen Verschweißung, zu verhindern.

Eine außermittige Führung der beiden Bänder einer Doppelbandpresse im Koppelspalt (z-Koordinate in Bild 5-3) resultiert bei gleichen Induktorströmen in einer inhomogenen Erwärmung von oberem und unterem Band. Im verwendeten Prüfstand können die Induktoren in ihrer vertikalen Lage entlang der z-Achse durch Hubtische an die Position der Bandebene angepasst werden und sind dann während des laufenden Prozesses statisch fixiert. RUDNEVS schlägt höhenverstellbare Induktoren mit einer automatischen Abstandsregelung vor, weist jedoch auf die hohen erwartbaren Kosten hierfür hin [RUDN03, S.603].

Bandbeulung

Bei der Banderwärmung treten in Vorschubrichtung aufgrund der hohen Leistungsdichte starke Temperaturgradienten auf, welche durch lokale Temperaturinhomogenitäten über der Bandbreite verstärkt werden können. Die aus den unterschiedlichen lokalen Wärmedehnungen resultierenden mechanischen Druckspannungsbereiche in der Ebene des dünnen Bandmaterials führen zur Beulenbildung, siehe Bild 5-4. Die durch die Beulen entstehenden örtlich begrenzten Abstandsänderungen relativ zum Induktor in z-Richtung resultieren wiederum in der Bildung lokaler Temperaturüberhöhungen, sodass ein selbstverstärkender Effekt eintreten kann. Schlimmstenfalls kommt es zu Kurzschlüssen und Beschädigungen durch eine mechanische Kontaktierung von Stahlband und Induktor.

Zur Beulenbildung in Dickenrichtung z kommt es, wenn die durch die thermische Ausdehnung induzierten Druckkräfte in der Blechebene (x-y-Ebene) die Biegesteifigkeit des Blechs überschreiten. Dies lässt sich durch das in Gleichung 5.17 wiedergegebene Beulungskriterium überprüfen. Das Kriterium analog zur Beschreibung der Knickung eines Biegebalkens setzt vereinfachend bekannte geometrische Systemgrößen sowie die Wärmeausdehnung α_{SB} in Abhängigkeit zur Temperaturdifferenz $T_a - T_e$ über der Heizzonenlänge l_H in Beziehung [RUHN99, S.84–93] [LACK14]:

$$T_a - T_e > \frac{32\pi^2}{3 \cdot \alpha_{SB}} \cdot \frac{{d_{SB}}^2}{{b_{SB}}^2} \cdot \frac{l_H}{l_B} \qquad \textit{Beulungskriterium} \qquad (5.17)$$

Die maximale Beulenhöhe $u_{z,max}$ ist bei Bändern mit einem Breiten-Dicken-Verhältnis $b_{SB}/d_{SB} > 300$ annähernd unabhängig von der Banddicke und ergibt sich stark vereinfacht durch eine lineare Näherung der Biegelinie:

$$|u_{z,max}| = \frac{b_{SB}}{4} \cdot \sqrt{\frac{l_B}{l_H} \cdot \alpha_{SB} \cdot (T_a - T_e)} \qquad \begin{array}{l} mit\ l_B \approx l_H\ für\ b_{SB} > l_H \\ und\ l_B \approx \mathrm{b}_{SB}\ für\ b_{SB} < l_H \end{array} \qquad (5.18)$$

Hierzu getroffene vereinfachende Annahmen sind eine über der Bandbreite b_{SB} homogene Einlauftemperatur T_e sowie eine nach durchlaufen der Heizzonenlänge l_H linear angestiegene Auslauftemperatur T_a. Durch den linearen Temperaturanstieg und die dazu proportionale Wärmeausdehnung mit dem konstanten Koeffizienten α_{SB} kommt es zur in Bild 5-4 dargestellten nahezu ringabschnittförmigen Ausbildung des freigeschnittenen Blechabschnitts in der Heizzone l_H. Nach Gleichung 5.18 nimmt die maximale Verschiebung aus der Bandebene linear mit der Bandbreite zu, während sie mit einer verlängerten Heizzone bzw. einem reduzierten Temperaturgradienten abnimmt.

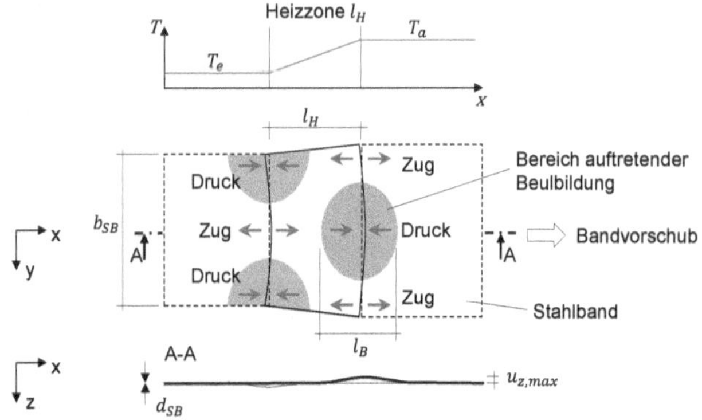

Bild 5-4: Zug- und beulbildende Druckspannungsbereiche bei der Banderwärmung, Darstellung nicht maßstabsgerecht, in Anlehnung an [RUHN99, S.88]

Tensile and compressive stresses leading to bulges in belt heating processes, not true to scale

Im Falle des für die Versuche vorliegenden Systems ist das Beulungskriterium aus Gleichung 5.17 bereits für Temperaturdifferenzen $T_a - T_e > 48°C$ erfüllt. Bei einer Erwärmung um 200°C ist mit einer Beulenhöhe von etwa $u_{z,max} = 4{,}2\,mm$, bei einer Temperaturdifferenz von 300°C von $u_{z,max} = 5{,}2\,mm$ zu rechnen, was sich in Versuchen bestätigte.

RUHNKE resümiert, dass ein Entgegenwirken der Bandbeulung durch eine erhöhte Bandvorspannkraft nicht zielführend ist, da die Wärmedehnungsspannungen die üblichen Bandspannungen um mehr als eine Größenordnung überschreiten. Lediglich eine Verlängerung der Heizzone bzw. Reduzierung der Flächenleistung und damit des Temperaturgradienten ist zielführend [RUHN99, S.105].

Schlussfolgernd ist die maximale geometrie- und materialspezifische Heizrate unbedingt bei der Auslegung des Induktors für den Einsatz in Doppelbandpressen zu berücksichtigen, um die Beulbildung, welche durch die beschriebene Abstandssensitivität des Heizverfahrens einen selbstverstärkenden Charakter besitzt, zu minimieren oder zu unterbinden. Andernfalls führt die Beulbildung zu Inhomogenitäten der Erwärmung und schlimmstenfalls zu einer Beschädigung der Bänder und Induktoren. Eine nachträgliche Unterdrückung der Beulung durch die Bandspannung oder Bandführung ist nicht möglich.

5.2 Beschreibung des induktiven Heizsystems

Specification of the heating system

5.2.1 Die Induktoren

The inductors

Das verwendete Heizsystem besteht aus einer vor dem Druckmodul angeordneten Hauptheizzone und drei intermittierend zwischen den Druckwalzen angeordneten Haltezonen, siehe Bild 5-5 oben. Aus Gründen der Übersichtlichkeit sind die oberen Druckwalzen nicht dargestellt. Die Hauptheizzone ermöglicht eine schnelle Erwärmung des zugeführten Materials auf Verarbeitungstemperatur, bevor in der Druckzone der Prozessdruck appliziert und damit die Permeabilität der Faserstruktur beeinflusst wird. In den Haltezonen wird die an die Druckwalzen und die Umgebung abgeführte Energie in Stahlbänder und Material nachgeführt.

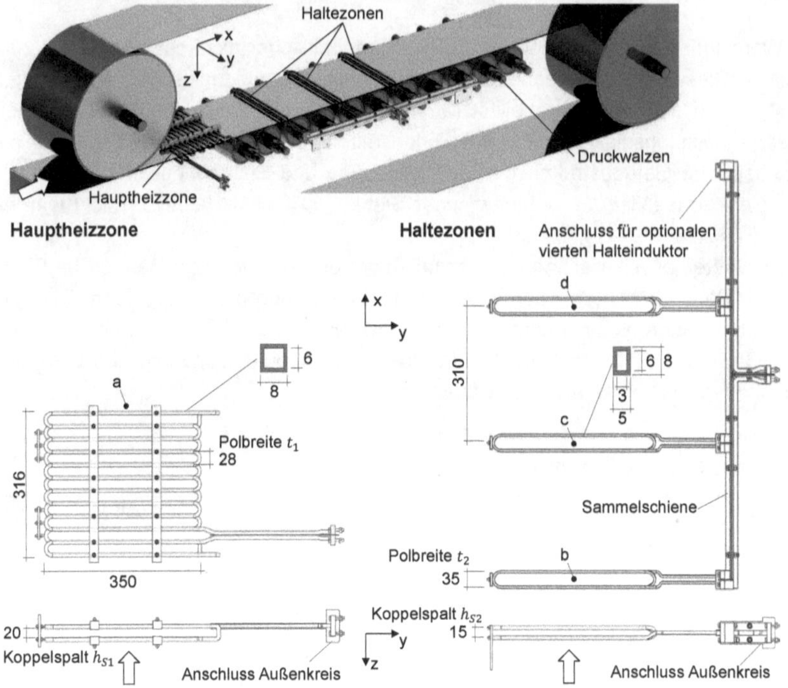

Bild 5-5: Induktoren der Hauptheizzone und der Haltezonen
Inductors of main and intermediate heating zones

Die in Bild 5-5 abgebildeten Induktoren wurden in Zusammenarbeit mit der Firma TRUMPF-Hüttinger (Freiburg, Deutschland) ausgelegt und gefertigt. Der Hauptinduktor besteht aus je sechs Mäandern (Polbreite $t_1 = 28\,mm$, Koppelspalt $h_{S1} = 20\,mm$), welche ober- und unterhalb der Bänder angeordnet sind. Die einmäandrigen Haltein-

duktoren (Polbreite $t_2 = 35\,mm$, Koppelstaplt $h_{S2} = 15\,mm$) sind jeweils nach den ersten drei Walzengruppen installiert und über eine Sammelschiene in Reihe geschaltet. Die Induktoren sind innenwassergekühlt ausgeführt, um die während des Prozesses im Kupfer entstehende joulsche Verlustwärme abzuführen.
Die Teilung des Heizsystems in Haupt- und Haltezonen ermöglicht separate Heizleistungen in den verschiedenen Bereichen des Systems. Der eingesetzte Induktionsgenerator der Hauptheizzone (Typ *BIG 50*) kann im Frequenzbereich von 10 – 100 kHz bei einer maximalen Ausgangsleistung von 50 kW betrieben werden, während die Induktoren der Haltezonen über die Sammelschiene mit einem gemeinsamen Generator (Typ *TrueHeat HF 5010*, beide Generatoren von TRUMPF-Hüttinger (Freiburg, Deutschland)) mit einem Frequenzbereich von 50 – 450 kHz bei einer maximalen Leistung von 10 kW betrieben werden.

5.2.2 Die Stahlbänder

The steel belts

Als Werkstoff der Stahlbänder kommt ein martensitischer nichtrostender Stahl zum Einsatz. Dieser bietet gegenüber paramagnetischen austenitischen Werkstoffen ($\mu_r \approx 1$) eine erhöhte Permeabilität ($\mu_r \approx 10 - 500$) und ermöglicht damit eine verbesserte Leistungseinkopplung. Verglichen mit ferritischen Gefügen behindert die martensitische Gefügestruktur die Magnetisierung und Entmagnetisierung, weshalb nicht die Permeabilität ferromagnetischer Stähle ($\mu_r \approx 100 - 3000$) erreicht werden kann. [FOFA13, S.9–12]
Die relevanten physikalischen Eigenschaften der eingesetzten Stahlbänder der Firma Berndorf Band GmbH (Berndorf, Österreich) sind in Tabelle 5-1 aufgeführt. Die optimale Induktionsfrequenz ergibt sich nach RUHNKE zu 60,5 kHz (Gleichung 5.16). Nach Gleichung 5.12 resultiert dies in einer Stromstromeindringtiefe von 0,26 mm, was einem Verhältnis d/δ von 3,1 entspricht.

Tabelle 5-1: Eigenschaften der verwendeten Stahlbänder [BERN18b]
Characteristics of employed steel belts

Werkstoff	*NICRO 52.6* (martensitischer Stahl)
Sorte	CrNiCuTi 15 7
Banddicke d_{SB}	0,8 mm
Bandbreite b_{SB}	350 mm
Zugfestigkeit (20°C)	1550 N/mm²
Elastizitätsmodul (20°C)	200.000 N/mm²
Spez. Dichte (20°C) ϱ_{SB}	7,74 g/cm³
Spez. Wärmekapazität (20°C) $c_{p,SB}$	0,50 kJ/(kgK)
Mittl. Wärmeausdehnungskoeffizient (20 – 300°C) α_{SB}	11,7 x10^{-6} m/(mK)
Mittlere Wärmeleitfähigkeit (20 – 200°C) λ_{SB}	17 W/(mK)
Spez. elektrische Leitfähigkeit (20°C) κ	1,25 Sm/mm²
Relative magnetische Permeabilität (20°C, 0,1 T) μ_r	50
Blechleitwert $\kappa \cdot d_{SB}$	1000 S

5.3 Charakterisierung des Temperaturprofils quer zur Vorschubrichtung

Characterization of the temperature profile perpendicular to process direction

Eine gleichmäßige Prozesstemperatur über der Bandbreite stellt eine wichtige Zielgröße dar, um eine homogene Imprägnierung und damit Produktqualität gewährleisten zu können. Zur Erfassung des Temperaturprofils quer zur Vorschubrichtung werden über der Breite der Stahlbänder an zehn Messpunkten, je fünf am oberen und unteren Band (siehe Bild 5-6 links), mit einem Pyrometer vom Typ *Metis H318* mit fokussierbarem Lichtleiterobjektiv der Firma Sensortherm (Sulzbach, Deutschland) Temperaturmessungen durchgeführt. Das Teilstrahlungspyrometer arbeitet im kurzwelligen Spektralbereich von 1,65 – 2,1 µm und eignet sich insbesondere für Messungen an blanken Metalloberflächen. Der Emissionsgrad der Stahlbänder wurde entsprechend den Herstellerempfehlungen zu $\varepsilon_e = 0{,}5$ gewählt und durch vergleichende taktile Temperaturmessungen bestätigt. Der Zylinderdruck der ersten Walzengruppe wurde für eine einheitliche Mittentemperatur von oberem und unterem Band (Messpunkt 3 in Bild 5-6) auf 4 bar eingestellt; die Begründung hierfür erfolgt in Abschnitt 6.1.2.

Die gemessenen, in Bild 5-6 dargestellten Temperaturen einer exemplarischen Prozesseinstellung von 5,5 kW Generatorleistung bei einer Bandgeschwindigkeit von 500 mm/min zeigt eine einheitliche Temperatur an Messpunkt 3 von 194°C an oberem (in Bild 5-6 schwarz markiert) und unterem Band (in Bild 5-6 grau markiert).

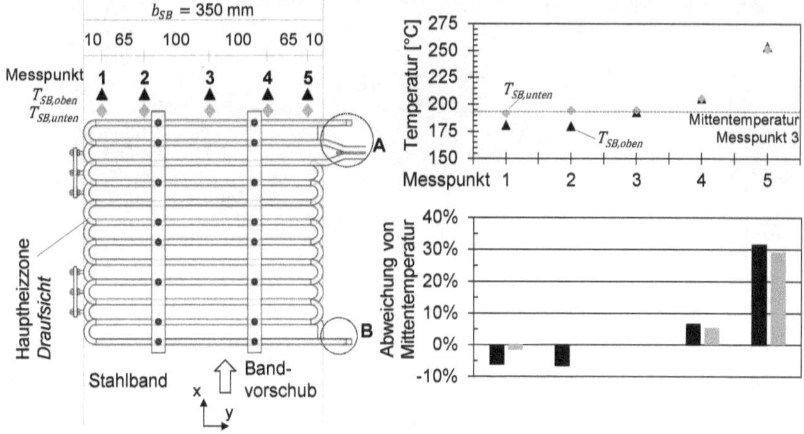

Bild 5-6: Temperaturverteilung von oberem und unterem Band quer zur Vorschubrichtung nach Durchlauf der Hauptheizzone bei einer Heizleistung von 5,5 kW und einer Geschwindigkeit von 500 mm/min

Temperature distribution of upper and lower belt across the process direction after passing the main heating zone at 5.5 kW heating power at 500 mm/min

Es zeigt sich eine deutliche Temperaturüberhöhung an der rechten Bandkanten um etwa 59°C entsprechend 30 % gegenüber der Bandmitte. Zusätzlich weist das obere Band auf der linken Seite einen Temperaturabfall um etwa 13°C bzw. 6 % gegenüber der Bandmitte auf.

Die Ursache für die Temperaturüberhöhung am rechten Rand liegt in einer deutlich überhöhten Stromdichte im seitlichen Bereich, hervorgerufen durch die in Bild 5-6 mit A und B markierten Verbindungen von oberem und unterem Induktor. Verstärkt wird die überhöhte Stromdichte durch die im Bereich A liegende Anbindung des Induktors an den Generator. Da diese Verbindungen asymmetrisch nur auf der rechten Seite des Induktors angeordnet sind, kommt es zu der beobachteten inhomogenen Erwärmung. Die graphische Darstellung der numerisch ermittelten Stromdichteverteilung ist in Bild 12-2 im Anhang 12 zu finden. Durch eine weitere numerische Optimierung des Induktordesigns durch den Hersteller konnte die Bandtemperatur auf ±10°C über der Breite eingestellt werden – es zeigt sich die in 5.1.3 beschriebene starke Sensitivität der induktiven Querfelderwärmung hinsichtlich der Induktorgeometrie. Die im Rahmen dieser Arbeit durchgeführten, in den Kapiteln 5 und 6 beschriebenen Versuche erfolgten mit dem in Bild 5-6 gezeigten Heizsystem mit inhomogenem Temperaturverlauf. Die Temperaturmessungen wurden jeweils an Messposition 3 (siehe Bild 5-6) in der Bandmitte durchgeführt.

In Bild 5-7 sind die gemessenen Zusammenhänge zwischen Heizleistung, Prozessgeschwindigkeit und resultierender Temperatur für einige Arbeitspunkte des Systems dargestellt. Deutlich zeigt sich der zu erwartende lineare Charakter der Abhängigkeiten zwischen den Parametern.

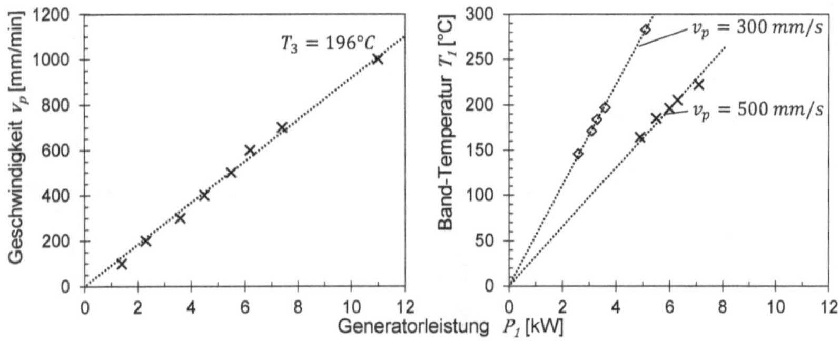

Bild 5-7: Zusammenhang der Messwerte von Heizleistung P_1 und Bandgeschwindigkeit v_p zur Erzielung einer Bandtemperatur von 196°C (links); resultierende Bandtemperatur in Abhängigkeit von der Leistung für die Geschwindigkeiten 300 mm/min und 500 mm/min (rechts)

Induction power and belt speed for belt temperature of 196°C (left); belt temperature as a function of power for belt speeds 300 mm/min and 500 mm/min (right)

5.4 Charakterisierung des Temperaturprofils in Vorschubrichtung

Characterization of the temperature profile along process direction

5.4.1 Versuchsaufbau und Durchführung

Experimental setup and procedure

Zur Analyse des zeitlichen Temperaturverlaufs eines zwischen den Stahlbändern durch das System bewegten Punktes wurden Draht-Thermoelemente mit einer temperaturbeständigen PFA-Isolierung eingesetzt, vergleiche Bild 5-8 rechts. Die Thermoelemente wurden mit Polyimid-Klebeband zwischen zwei Glasfasergeweben fixiert und in die thermisch eingefahrene Versuchsanlage eingeführt. Aufgrund mangelnder seitlicher Zugänglichkeit für Kabeldurchführungen wurde das System nach einem vollständigen Durchlauf gestoppt und zurückgefahren. Die Anordnung sowie die Daten der verwendeten Thermoelemente sind in Bild 5-8 wiedergegeben.

Die aufgezeichneten Messreihen weisen zum Teil ein gewisses Rauschen auf, welches nachträglich bereinigt wurde. Als Ursache für das Rauschen wird eine lokale thermische Beschädigung der Einzeldrahtisolation der Thermoelemente durch Temperaturspitzen vermutet, an welchen es durch den applizierten Druck zu Kurzschlüssen der Drähte untereinander oder zu einer Kontaktierung der Stahlbänder kommt.

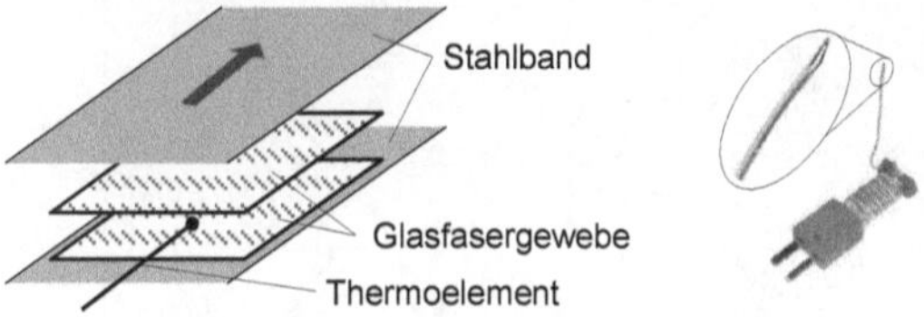

<u>Thermoelemente</u>
Omega Engineering
(Deckenpfronn, Deutschland)
Typ K
PFA Isolierung
Maximale Einsatztemperatur: 260°C
Drahtdurchmesser: 0,13 mm

Bild 5-8: Versuchsaufbau zur Temperaturmessung und eingesetzte Sensoren
Test setup for temperature measurements and sensors

Zusätzlich zu den taktilen Messungen wurden mit dem in Abschnitt 5.3 vorgestellten Teilstrahlungspyrometer an den in Bild 5-5 mit a – d markierten diskreten Punkten nach der Hauptheizzone sowie innerhalb der Mäander der Haltezonen die Bandtemperaturen erfasst. Die Abweichung von optisch und taktil erfasster Temperatur fiel dabei stets kleiner als 2 % aus, sodass eine gute Übereinstimmung der Messverfahren vorlag.

5.4.2 Einfluss der Prozessführung auf die Prozesstemperatur

Influence of process control on the process temperature

In Bild 5-9 ist ein exemplarisch bei einer Geschwindigkeit von $v_p = 300\,mm/min$ gemessener Temperaturverlauf über der Anlagenlänge bzw. der Durchlaufzeit dargestellt. Die Generatorleistungen der Hauptheizzone betrug $P_1 = 4{,}0\,kW$ sowie der Haltezonen $P_2 = 5{,}3\,kW$, der Walzenzylinderdruck $p_{zyl} = 4\,bar$ entsprechend einem maximalen Prozessdruck von $p_{max} = 1{,}37\ MPa$ (vergleiche Bild 4-8), die Vorlauftemperatur der Walzen $T_{W,vor} = 20°C$ und des Kühlmoduls von $T_{K,vor} = 60°C$.

In der Hauptheizzone werden die Bänder von 25°C Raumtemperatur auf 196°C erwärmt. Dabei wird eine Heizrate von etwa 140 K/min bzw. 2,3 K/s erreicht. In den drei Haltezonen beträgt die Heizrate etwa 308 K/min bzw. 5,1 K/s. Auffällig ist der merkliche Temperaturabfall in den Walzenkontaktzonen. Dieser liegt im betrachteten Fall für die Walzengruppen zwischen den einzelnen Haltezonen zwischen 72°C und 82°C. Zur Reduzierung der thermischen Belastung der Elastomerbeschichtungen werden die Walzenkerne intern mit einer Walzenvorlauftemperatur von $T_{W,vor} = 20°C$ gekühlt. Aufgrund des einheitlichen Prozessdrucks der Walzen wird von annähernd gleichen Kontaktlängen $l_p = 29{,}1\ mm$ und Wärmeübergangskoeffizienten h_{kond} zwischen Elastomer und Stahlbändern über der Anlagenlänge ausgegangen. Durch die konstante Prozessgeschwindigkeit v_p ist damit auch die Kontaktzeit aller Walzenpaare t_p gleich.

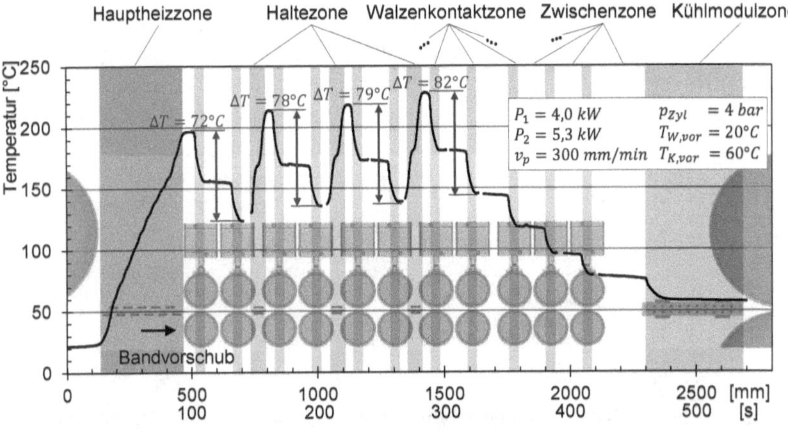

Bild 5-9: Gemessener Temperaturverlauf über der Anlagenlänge

Measured temperature profile along the belt movement

Der Wärmestrom verändert sich nach Gleichung 5.19 somit nur proportional zur Temperaturdifferenz der in Kontakt stehenden Flächen und fällt bei höheren Bandtemperaturen entsprechend größer aus. Dies resultiert in einem größeren Wärmestrom und damit einhergehend einem größeren Temperaturabfall am wärmeren Band an den hinteren Walzengruppen.

$$\dot{Q} = h_{kond} \cdot (l_p \cdot b) \cdot \Delta T \tag{5.19}$$

Im Kühlmodul werden die Bänder abschließend abgekühlt, um ein Anhaften des Polymers an den Bändern zu verhindern und das Produkt formstabil entnehmen zu können. Nach dem Rücklauf im Leertrum haben sich die Bänder bei Erreichen des Presseneinlaufs wieder auf Umgebungstemperatur abgekühlt.

Dem Temperaturabfall an den Walzenkontakten muss besondere Aufmerksamkeit gewidmet werden, da die resultierenden Temperaturschwankungen zu einer Erhöhung der Schmelzviskosität des Polymers und schlimmstenfalls zum Erstarren der Schmelze führen können. Der Imprägnierprozess wird damit verlangsamt oder sogar vollständig unterbunden.

Den in Bild 5-10 dargestellten Temperaturverläufen liegen Versuche zugrunde, bei denen durch Variation der Geschwindigkeit die dem Wärmestrom $\dot{Q}$ zur Verfügung stehende Kontaktzeit je Walze t_p verändert wurde. Der Walzenkontaktdruck und damit der Wärmeübergangskoeffizient h_{kond} und die Kontaktlänge l_p sowie die Kühlwasservorlauftemperaturen von Walzen $T_{W,vor}$ und Kühlmodul $T_{K,vor}$ wurden konstant gehalten. Die Geschwindigkeit v_p wurde in vier Stufen von 100 mm/min auf 1000 mm/min erhöht, was zu einer Reduzierung der Kontaktzeit t_p je Walzenpaar von 17,5 s auf 1,75 s resultiert. Bei jeder Geschwindigkeitsänderung wurde die Heizleistung in der Heiz- und den Haltezonen so angepasst, dass an den für optische Messungen zugänglichen Messpunkten a – d (vergleiche Bild 5-5) bei jeder Geschwindigkeit einheitliche Temperaturen vorlagen. Das in der Darstellung bereinigte Rauschen der Messreihen, insbesondere gegen Maschinenauslauf, ist erneut in der Kombination von hoher thermischer und mechanischer Belastung der Thermoelemente begründet.

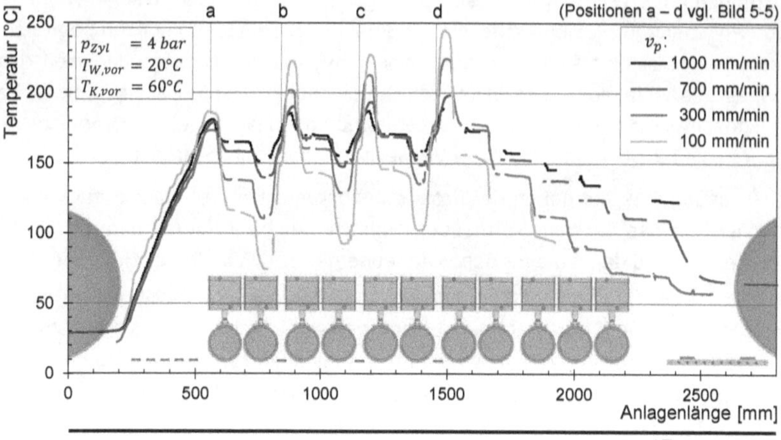

v_p	t_p [s]	T_{mittel} [°C]	T_{max} [°C]	T_{min} [°C]	ΔT [°C]	$\Delta T/(2 \cdot T_{mittel})$
100 mm/min	17,5	150,5	245,2	74,9	170,3	0,57
300 mm/min	5,8	164,8	224,3	110,4	113,9	0,35
700 mm/min	2,5	167,4	198,4	139,7	58,7	0,18
1000 mm/min	1,8	170,1	188,9	151,1	37,8	0,11

Bild 5-10: Einfluss der Prozessgeschwindigkeit auf den Temperaturverlauf
Influence of process speed on the temperature progression

Es zeigt sich mit abnehmender Prozessgeschwindigkeit eine deutlich stärker ausgeprägte Temperaturabnahme je Walzenpaar, was zu einem teilweise stark ausgeprägten Schwanken der Prozesstemperatur führt. Die in Bild 5-10 angegebenen maximalen, minimalen und mittleren Temperaturen T_{max}, T_{min} und T_{mittel} beziehen sich auf den Zeitraum zwischen Erreichen der maximalen Temperatur in der Hauptheizzone bis zum Verlassen der vierten Walzengruppe, entsprechend dem Koordinatenbereich der Anlage etwa von 520 – 1700 mm. Bei der höchsten Geschwindigkeit von 1000 mm/min liegt in diesem Bereich eine zeitlich gemittelte Prozesstemperatur von 170°C vor, wobei die Temperatur in einem Bereich von etwa 38°C um diese Temperatur schwankt. Dies entspricht einer Abweichung von ±11 %. Bei einer Geschwindigkeit von lediglich 100 mm/min liegt die zeitlich gemittelte Temperatur bei 151°C, welche jedoch in einem Bereich von 170°C um die mittlere Temperatur schwankt, einer Abweichung von ±57 % entsprechend.

Mit beiden Geschwindigkeitseinstellungen ist eine porenfreie Imprägnierung nur schwer erzielbar. Die hohe Geschwindigkeit führt zu einer summierten Zeit unter Druckapplikation in den acht betrachten Walzenpaaren von lediglich 10,4 s, sodass ohne eine Längenskalierung der Anlage die für die Imprägnierung zur Verfügung stehende Zeit nicht ausreichend ist. Bei der langsamen Geschwindigkeit führt der starke Temperaturabfall zu einem regelmäßigen Erstarren der Polymerschmelze. Eine Erhöhung des Temperaturniveaus ist möglich, aber durch thermische Degradation von Polymer und Elastomerbeschichtung durch die Temperaturspitzen begrenzt. Es kann geschlussfolgert werden, dass eine gewisse Mindestgeschwindigkeit des Prozesses aus technologischer Sicht nicht unterschritten werden sollte. Eine hohe Prozessgeschwindigkeit ist für die Temperaturhomogenität hingegen förderlich, jedoch durch die resultierende verkürzte Verweildauer ebenfalls begrenzt.

Nach Gleichung 5.19 hat neben der Prozessgeschwindigkeit der Walzendruck einen mehrfachen Einfluss auf den Wärmeübergang: Zum einen steigt mit dem Druck die Kontaktlänge l_p und damit die für den Wärmeübergang zur Verfügung stehende Kontaktzeit t_p, zum anderen nimmt mit dem Druck der Wärmeübergangskoeffizient h_{kond} zu. In Bild 5-11 sind Temperaturverläufe dargestellt, welche bei einer konstanten Prozessgeschwindigkeit $v_p = 500\,mm/min$ und konstanten Generatorleistungen $P_1 = 6{,}3\,kW$ und $P_2 = 6{,}1\,kW$ aufgezeichnet wurden. Lediglich der über der Anlagenlänge einheitliche Zylinderdruck p_{Zyl} wurde in vier Stufen von 0,5 bar bis 9 bar gesteigert, sodass die Kontaktlänge l_p zwischen 9,9 mm und 37,1 mm und der resultierende mittlere Kontaktdruck p_{mittel} zwischen 0,36 MPa und 1,69 MPa variiert.

Es ist gut erkennbar, dass mit zunehmendem Druck die Temperatur an den einzelnen Walzenpaaren stärker abfällt. So beträgt die Temperaturdifferenz nach der vierten Walzengruppe bei einem Zylinderdruck von 0,5 bar verglichen mit 9,0 bar etwa 36°C, trotz identischer Temperaturen nach der Hauptheizzone und gleichen Heizleistungen. Die Walzenkontaktzeit t_p fällt bei 9,0 bar dabei um den Faktor 3,7 länger aus als bei 0,5 bar.

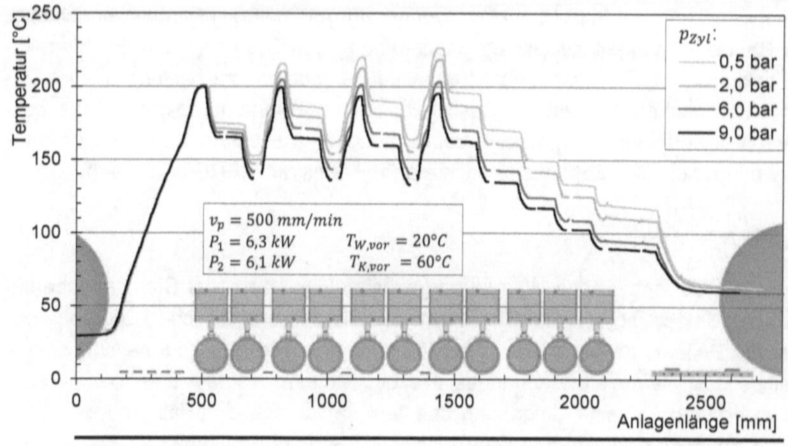

p_{Zyl}	p_{max} [MPa]	p_{mittel} [MPa]	l_p [mm]	t_p [s]	T_{mittel} [°C]	T_{max} [°C]	T_{min} [°C]	ΔT [°C]	$\Delta T/2 \cdot T_{mittel}$
0,5 bar	0,47	0,36	9,9	1,19	187,3	227,1	152,8	74,3	0,20
2,0 bar	0,83	0,61	23,1	2,78	181,4	219,0	147,4	71,6	0,20
6,0 bar	1,86	1,27	32,9	3,95	179,7	204,6	146,8	57,8	0,16
9,0 bar	2,52	1,69	37,1	4,45	164,9	199,8	133,0	66,8	0,20

Bild 5-11: Einfluss des Prozessdrucks auf den Temperaturverlauf
Influence of process pressure on temperature

Für den Zylinderdruck von 6 bar liegt hinsichtlich der Temperaturhomogenität ein optimaler Betriebspunkt vor, da die Maxima und Minima gleichbleibende Werte von etwa 205°C bzw. 147°C besitzen.

Es zeigt sich, dass eine Anpassung des Prozessdruckes nicht entkoppelt von der Temperaturführung des Systems erfolgen kann. Daher soll im Folgenden ein thermodynamisches Modell zur Beschreibung des Systems gebildet werden, um Vorhersagen der resultierenden Temperaturverläufe treffen und den Prozess so optimieren zu können.

5.4.3 Thermodynamische Modellbildung

Thermodynamic modeling

Der zeitliche Temperaturverlauf des entwickelten Doppelbandpressensystems soll durch ein einfaches thermodynamisches Modell beschrieben werden, welches sich aus Symmetriegründen auf das obere Stahlband beschränkt. Weiterhin wird eine über der Anlagenbreite homogene Temperatur angenommen und das System so auf den zweidimensionalen Anlagenquerschnitt reduziert. Wärmeflüsse in und entgegen der Prozessrichtung werden vernachlässigt, aufgrund der geringen Banddicke und ihrer hohen Wärmeleitfähigkeit ebenso Temperaturgradienten in Banddickenrichtung. Diese Randbedingungen lassen die Beschreibung des Systems nach der Methode ihrer hohen Wärmeleitfähigkeit ebenso Temperaturgradienten in Banddickenrichtung. Diese Randbedingungen lassen die Beschreibung des Systems nach der Methode der Blockkapazitäten *(engl.: lumped capacitance method)* zu, welche die fourierschen Differentialgleichungen zur Beschreibung des Temperaturfeldes auf die Zeitdomäne reduziert. Der durch diese Vereinfachungen zu erwartende Fehler ist akzeptabel, wenn für die Biot-Zahl des betrachteten Systems gilt [BERG11, S.284]:

$$Bi = \frac{h \cdot d_{SB}}{\lambda_{SB}} < 0{,}1 \tag{5.20}$$

Darin sind h der spezifische Wärmeübergangskoeffizient von der Stahlbandoberfläche an die Umgebung, d_{SB} die Stahlbanddicke als charakteristische Länge des betrachteten Systems sowie λ_{SB} die Wärmeleitfähigkeit. Die Biot-Zahl beschreibt das Verhältnis des Wärmeleitwiderstandes des betrachteten Körpers zum Wärmeübergangswiderstand an seine Umgebung und liegt im vorliegenden Fall um mehr als 2 Größenordnungen unter dem in Gleichung 5.20 geforderten Grenzwert. Die Wärme wird also im Stahlband wesentlich schneller übertragen als an die Umgebung abgegeben.

Das zu beschreibende System ist in Bild 5-12 dargestellt. Es setzt sich aus den fünf Zonen Hauptheizzone, Haltezone, Zwischenzone, Walzenkontaktzone und Kühlmodulzone zusammen. Aufgrund der Mehrfachanordnung der einzelnen Zonen besteht das System in Summe aus k = 31 Abschnitten.

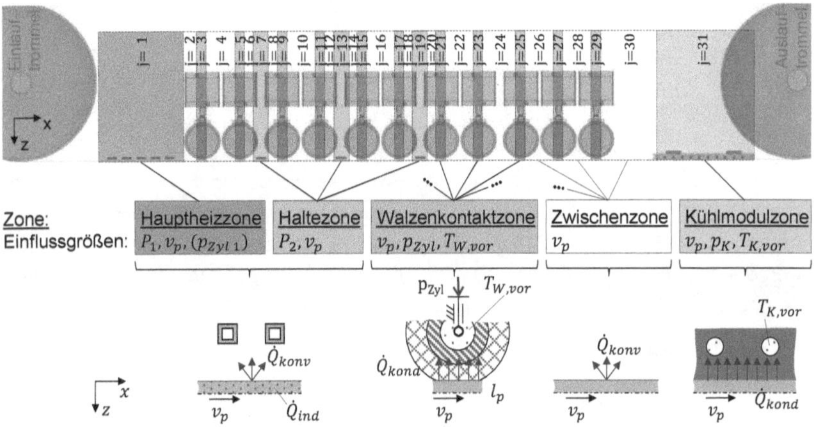

Bild 5-12: Temperaturzonen der modellierten Doppelbandpresse

Temperature zones of the modelled double-belt press

Für die einzelnen Zonen des Systems lässt sich jeweils die Energiebilanz in der Form

$$\varrho V c_p \frac{dT}{dt} = -(q''_{konv,j} + q''_{kond,j})A_{S,j} + E_{ind,j} \tag{5.21}$$

aufstellen. Darin sind $q''_{konv,j}$ und $q''_{kond,j}$ die in Abschnitt j über die Oberfläche $A_{S,j}$ an die Umgebung abgeführten Wärmeströme und $E_{ind,j}$ die durch die elektromagnetische Induktion volumetrisch zugeführte Energie. Wärmeverluste über die Bandkanten können vernachlässigt werden. Die Wärmestrahlung an die Umgebung fällt bei Temperaturen bis 350°C deutlich geringer aus als Konvektionsverluste [RUDN03, S.140] und können in erster Näherung durch Berücksichtigung in den konvektiven Wärmeverlusten abgebildet werden [LU14, S.2] [FULF02].

Gleichung 5.21 ist eine inhomogene Differentialgleichung (DGL) 1. Ordnung, für die sich durch Integration eine geschlossene Lösung finden lässt, sofern alle Variablen abgesehen von der Temperatur T zeitlich konstant sind.

Hauptheizzone und Haltezone

In der Hauptheiz- und den Haltezonen sind die Generatorleistungen P_1 und P_2 bzw. die Induktorströme $I_{ind,1}$ und $I_{ind,2}$ entscheidende Prozessgrößen für die im Band induzierte Energie E_{ind}. Aufgrund der starren Installation der Induktoren im System hat der Zylinderdruck der ersten Walzengruppe einen Einfluss auf die Bandposition und damit ebenfalls auf die Erwärmung des oberen und unteren Bandes in der Hauptheizzone, vergleiche Abschnitt 6.1.2. Dieser Effekt soll im Folgenden jedoch nicht berücksichtigt werden. Weiterhin kommt es zu einem Wärmeverlust des Bandes an der Oberfläche durch freie Konvektion, sodass sich Gleichung 5.21 wie folgt schreiben lässt:

$$\varrho V c_{p,SB} \frac{dT}{dt} = -h \cdot A_S (T - T_0) + E_{ind} \tag{5.22}$$

Durch Einführung der Temperaturdifferenz $\Theta = T - T_0$ kann Gleichung 5.22 als eine Differentialgleichung der allgemeinen Form

$$\frac{d\Theta}{dt} + a\Theta - b = 0, \qquad mit\ a = \frac{h \cdot A_S}{\varrho V c_{p,SB}}, b = \frac{E_{ind}}{\varrho V c_{p,SB}} \tag{5.23}$$

geschrieben werden, mit der sich durch Integration der Temperaturverlauf des Stahlbands in Abhängigkeit von der Zeit bestimmen lässt:

$$T(t) = T_0 + (T_e - T_0)\, e^{-a \cdot t} + \frac{b}{a}(1 - e^{-a \cdot t}) \tag{5.24}$$

Die induzierte Energie der Querfeldanordnung lässt sich in erster Näherung durch die Flächenleistungsdichte nach Gleichung 5.14 bestimmen [RUHN99, S.15]:

$$E_{ind} = \frac{2 \cdot |I_{ind}|^2}{\kappa \cdot d_{SB} \cdot t^2} \cdot \frac{4\, {\omega_Q}^2}{1 + 4\, {\omega_Q}^2} \tag{5.25}$$

Zwischenzone

In den Zwischenzonen kommt es zu einer Abkühlung des Bandes in der Umgebungsluft mit Temperatur T_0:

$$-hA_S(T - T_0) = \varrho V c_{p,SB} \frac{dT}{dt} \tag{5.26}$$

Der Wärmeübergangskoeffizient h wurde zu 5 W/(m²K) bestimmt [TREN99, S.937]. Durch Integration unter Berücksichtigung der Randbedingungen ergibt sich Gleichung 5.27 für die Ermittlung des Temperaturverlaufs über der Zeit:

$$\frac{T(t) - T_0}{T_e - T_0} = exp\left[-\left(\frac{hA_S}{\varrho V c_{p,SB}}\right)t\right] \tag{5.27}$$

Walzenkontaktzone

In der Walzenkontaktzone kommt es zu einem Wärmefluss von den heißen Stahlbändern in die Silikonwalzen, deren Kerne fluidisch temperiert sind. Es kann in erster Näherung angenommen werden, dass der Walzenkern im stationären Zustand die Vorlauftemperatur des Kühlmediums annimmt, während sich im Silikonmantel ein Temperaturgradient zwischen Oberfläche und Walzenkern einstellt. Umfangreiche analytische Untersuchungen zum Temperaturverlauf über dem Walzenumfang sind in [DESR70] [HAUB75] [PATU81] [GECI86] zu finden. Durch die periodische, thermische Belastung der Walzen stellt sich im stationären Zustand eine mittlere Kontakttemperatur $T_{W,mittel}$ des Silikons ein, welche im Folgenden als gemittelte Temperatur des Stahlbands bei Erreichen der Walze und der Walzenvorlauftemperatur angenommen wird. Die Energiebilanz der Walzenkontaktzone ist in Gleichung 5.28 wiedergegeben:

$$-h_{SB-W}A_S(T - T_{W,mittel}) = \varrho V c_{p,SB}\frac{dT}{dt} \tag{5.28}$$

Die Kontaktzonenfläche A_S bzw. die Kontaktlänge l_p und der Wärmeübergangskoeffizient h_{SB-W} zwischen Stahlband und Elastomer sind dabei abhängig vom Prozessdruck. Bei einem Zylinderdruck von $p_{Zyl} = 4\,bar$ stellt sich nach Bild 4-8 eine Kontaktlänge der Druckwalzen von 29,1 mm ein. Der aus empirischen Werten zurückgerechnete Wärmeübergangskoeffizient h_{SB-W} wird in guter Näherung zu Angaben in der Literatur zu 300 W/(m²K) bestimmt [PARI97, S.1091]. Die von PARIHAR nachgewiesene Temperaturabhängigkeit des Wärmeübergangswiderstandes an Stahl-Elastomergrenzflächen wird zunächst vernachlässigt. Gleiches gilt für Erwärmung des Silikons durch verformungsinduzierte Hystereseverluste, welche, wie in Kapitel 4.1.2 erläutert, aufgrund der langsamen Geschwindigkeit nicht ins Gewicht fallen.

Kühlmodulzone

Aufgrund der großen Masse der Kühlplatten gegenüber den Stahlbändern kann in guter Näherung eine konstante Plattentemperatur entsprechend der Vorlauftemperatur des Kühlmediums $T_{K,vor}$ angenommen werden [OSTG97, S.87]. Die Kühlung erfolgt durch einen konduktiven Wärmeübergang über die Grenzfläche Stahlband-Kühlplatte mit dem Wärmeübergangskoeffizienten $h_{SB-K} = 400\,W/(m^2K)$ [MARO94, S.7]:

$$-h_{SB-K}A_S(T - T_{K,vor}) = \varrho V c_{p,SB}\frac{dT}{dt} \tag{5.29}$$

5.4.4 Verifizierung des thermodynamischen Models

Verification of the thermodynamic model

Zur Verifizierung des thermodynamischen Modells zur Beschreibung des Doppelbandpressenprozesses wird es im Folgenden mit realen Messreihen verglichen. Hierzu werden je zwei der bereits in Bild 5-10 und Bild 5-11 vorgestellten Messreihen herangezogen. In Bild 5-13 sind die analytischen und realen Messreihen mit variierten Prozessgeschwindigkeiten, in Bild 5-14 Temperaturprofile mit veränderten Prozessdrücken dargestellt. Die graphische Gegenüberstellung weist eine gute Übereinstimmung der modellierten und gemessenen Datensätze auf, insbesondere unter Berücksichtigung der hohen Komplexität des zu beschreibenden Systems und der getroffenen Vereinfachungen bei der physikalischen Beschreibung des selbigen.

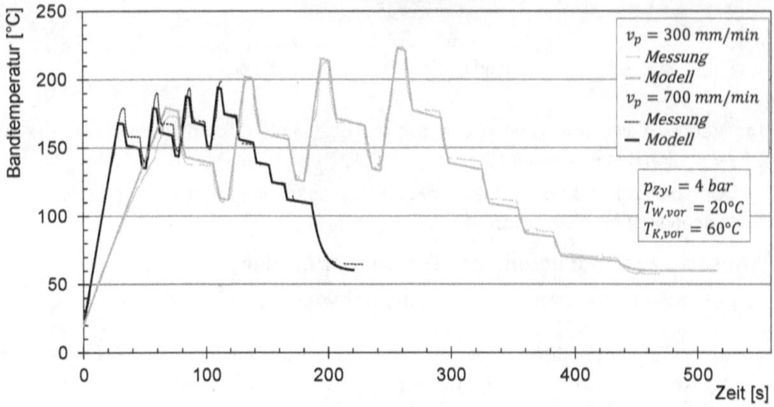

Bild 5-13: Vergleich von empirisch und analytisch bestimmten Temperaturverläufen unter Variation der Prozessgeschwindigkeit

Comparison of empirically and analytically determined temperature profiles with variation of process speed

Die nach der Hauptheizzone erreichte Bandtemperatur fällt bei den modellierten Verläufen durchgehend etwas niedriger aus als in den Gemessenen. Dies wird Ungenauigkeiten bei der mathematischen Beschreibung des komplexen induktiven Erwärmungsprozesses zugeschrieben. Weiterhin kann ein etwas zu hoch angesetzter Wärmeübergangskoeffizient der freien Konvektion in der Umgebungsluft h einen Einflussfaktor darstellen, da auch in den Zwischenzonen der Temperaturabfall durch das Modell verglichen mit den realen Messwerten etwas zu stark abgeschätzt wird.

Auffällig in Bild 5-14 ist, dass bei konstantem, also druckunabhängigem Wärmeübergangskoeffizienten zwischen Stahlband und Walzen beim niedrigeren Druck das Modell einen geringeren Wärmeübergang beschreibt als in der Realität gemessen, während beim höheren Druck ein zu starker Temperaturabfall prognostiziert wird. Ein proportional mit dem Druck zunehmender Koeffizient würde diesen Effekt noch verstärken, sodass sich hier eine Ungenauigkeit der einfachen Modellierung des Walzenkontakts zeigt.

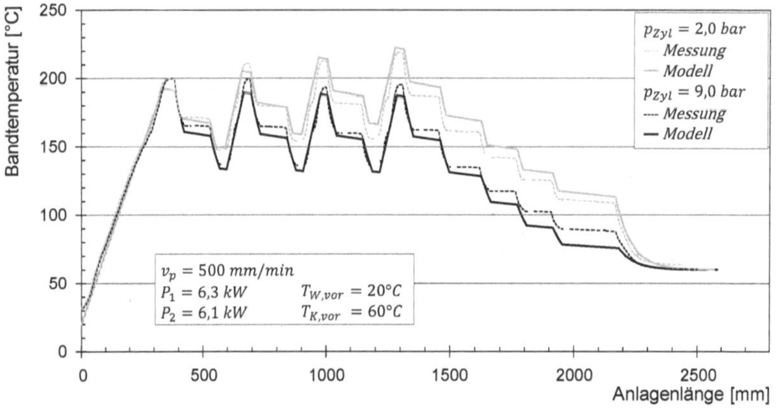

Bild 5-14: Vergleich von empirisch und analytisch bestimmten Temperaturverläufen unter Variation des Prozessdrucks

Comparison of empirically and analytically determined temperature profiles with variation of process pressure

5.4.5 Ansätze zur Optimierung der Temperaturführung

Approaches for improved process temperature profile

Die polymeren Matrixwerkstoffe verfügen in der Regel über einen Temperaturbereich einiger Deka-Kelvin, in dem sie schmelzflüssig und damit verarbeitbar vorliegen. Dabei sollte die Prozesstemperatur wie in Kapitel 2.3.3 erläutert im Sinne einer reduzierten Schmelzviskosität am oberen Grenzwert liegen. Die Temperaturschwankungen, welche durch den Kontakt der Walzen mit den Stahlbändern hervorgerufen werden, sollten so abgemildert werden, dass sie innerhalb der Verarbeitungstemperaturbereiche bleiben. Nach Gleichung 5.19 stellen eine Reduzierung der Temperaturdifferenz zwischen Stahlband und Elastomerwalze, eine Verringerung des Wärmeübergangskoeffizienten in der Kontaktzone sowie eine Verkürzung der Kontaktzeit mögliche Ansätze hierzu dar.

Um den Einfluss einer reduzierten Temperaturdifferenz zu untersuchen, sind in Bild 5-15 links für eine Prozessgeschwindigkeit von $v_p = 300\ mm/min$, einen Zylinderdruck $p_{Zyl} = 4\ bar$ und eine mittlere Zieltemperatur der Heizzonen von 200°C die modellierten Temperaturverläufe bei Walzenkerntemperaturen $T_{W,vor}$ von 20°C, 90°C und 140°C dargestellt. Während die Schwankung bei einer Kühlung der Walzen auf $T_{W,vor} = 20°C$ zum Schutz vor thermischer Alterung des Elastomers im Bereich von ±40°C bis ±50°C liegt, kann sie bei einer Erwärmung der Walzen auf $T_{W,vor} = 140°C$ auf ±18°C mehr als halbiert werden, Bild 5-15 links.

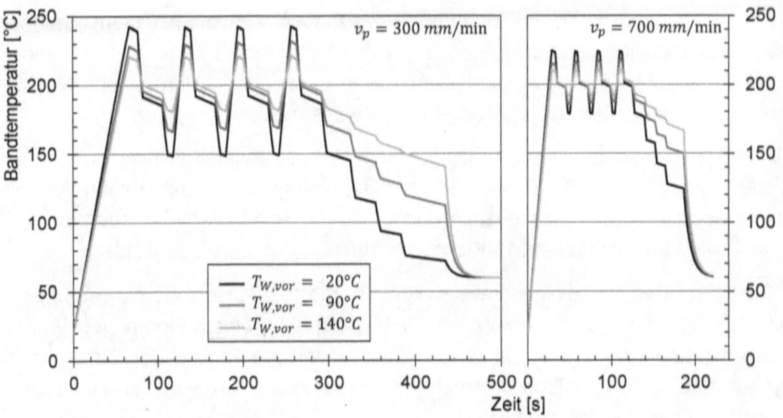

Bild 5-15: Einfluss der Walzenkerntemperatur $T_{W,vor}$ auf den Verlauf der Prozesstemperatur

Influence of the core temperature $T_{W,vor}$ on the process temperature profile

Durch eine Erhöhung der Prozessgeschwindigkeit auf $v_p = 700\,mm/min$ können die Temperaturschwankungen weiter reduziert werden, vergleiche Bild 5-15 rechts: hier resultiert eine Kühlung der Walzen auf $T_{W,vor} = 20°C$ in einem Temperaturbereich von etwa ±21°C, während auf $T_{W,vor} = 140°C$ temperierte Walzen eine Temperaturamplitude von lediglich ±9°C verursachen.

Um bei einem gegebenen zulässigen Temperaturbereich eines Polymers die notwendige Prozessgeschwindigkeit bestimmen zu können, sind in Bild 5-16 die resultierenden Temperaturschwankungen ΔT um die mittlere Zieltemperatur von 200°C in Abhängigkeit von der Prozessgeschwindigkeit v_p und der Walzenvorlauftemperatur $T_{W,vor}$ dargestellt.

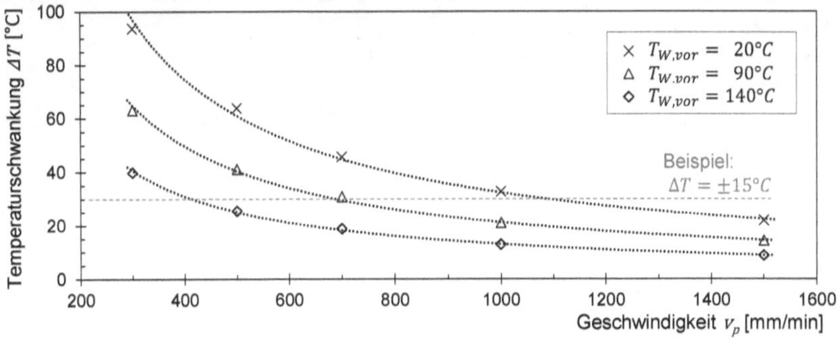

Bild 5-16: Einfluss der Prozessgeschwindigkeit auf die Temperaturschwankungen um die mittlere Zieltemperatur von 200°C (vergleiche Bild 5-15)

Influence of process speed on temperature oscillation around the target temperature of 200°C

Es zeigen sich deutlich die mit höheren Prozessgeschwindigkeiten abnehmenden Amplituden der Temperaturschwankungen, womit homogenere Prozesstemperaturen über der Anlagenlänge einhergehen. Durch eine gesteigerte Vorlauftemperatur der Walzenkörper können die Schwankungen noch weiter reduziert werden.

Das in Bild 5-16 eingezeichnete Beispiel limitiert die zulässigen Schwankungen um die Zieltemperatur auf 30°C (±15°C). Mit der Doppelbandpresse ist je nach Walzenvorlauftemperatur eine Prozessgeschwindigkeit von mindestens 420 mm/min (für $T_{W,vor} = 140°C$) bis mindestens 1100 mm/min (für $T_{W,vor} = 20°C$) zu wählen.

Eine Erhöhung der Prozessgeschwindigkeit erfordert durch die damit verbundene Verkürzung der mit Druck applizierten Zeit je Walzenpaar jedoch eine höhere Anzahl an Walzen (vergleiche Bild 4-20). Durch das skalierbare Prinzip der Doppelbandpresse ist dies jedoch einfach umsetzbar, sodass auch Prozessgeschwindigkeiten von über 1000 mm/min realisierbar sind.

Für das gegebene System mit fester Länge mit 11 Walzenpaaren (vergleiche Bild 4-21) zeigt der in Bild 5-17 dargestellte Verlauf einen Prozess bei $v_p = 500\,mm/min$ mit einer Walzentemperatur von $T_{W,vor} = 90°C$. Diese ist mit Wasser als Wärmeträgermedium erreichbar, was die resultierenden Aufwände hinsichtlich Anlage und Peripherie für den Einsatz von Dampf oder Ölen verhindert [MENN08, S.214].

Zusätzlich wurde in Bild 5-17 der Wärmeübergangskoeffizient $h_{SB-W,Isolation}$ um 80 % gegenüber dem vorherigen Wert h_{SB-W} reduziert. Dies kann beispielsweise durch die in Kapitel 4.6.2 vorgeschlagene Isolation des Elastomers realisiert werden, bei der durch eine zusätzliche Grenzschicht sowie das Isolationsmaterial mit geringer Wärmeleitfähigkeit ein hoher Wärmeübergangswiderstand erzeugt wird. Die in den Heizmodulen zu beobachtenden Temperaturschwankungen liegen in diesem Fall bei etwa ±6°C, was einen ausreichend engen Bereich für die Verarbeitung vieler Polymere darstellt. Durch eine Skalierung der Anlagelänge ließe sich die Prozesszeit noch nahezu beliebig erweitern.

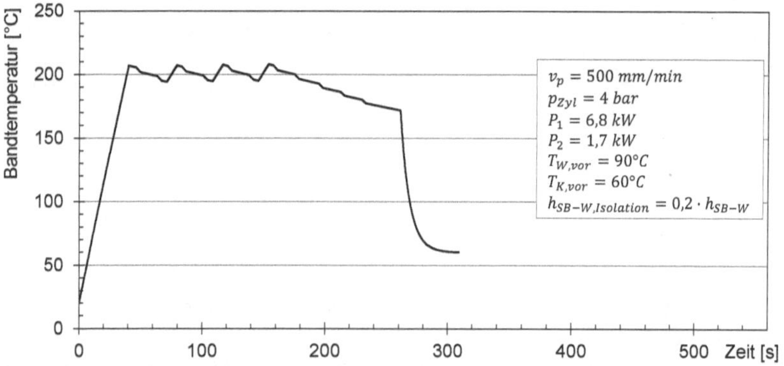

Bild 5-17: Hinsichtlich der Homogenität optimierter Prozesstemperaturverlauf

Optimized process with regards to temperature homogeneity

5.5 Zwischenfazit

Intermediate conclusions

Mit der elektromagnetischen Induktion ist es möglich, die Stahlbänder einer Doppelbandpresse schnell und effizient zu erwärmen. Die durch Wärmeströme in die intermittierend angeordneten Walzen hervorgerufenen Temperaturschwankungen lassen sich durch eine angepasste Walzenkerntemperatur $T_{W,vor}$ sowie hohe Prozessgeschwindigkeiten reduzieren. Vollständig homogenisieren lässt sich die Temperaturführung jedoch nur bei annähernd gleichen Temperaturen von Stahlband und Walzenoberfläche. Da für die geforderten Einsatztemperaturen geeignete elastische Materialien nur bedingt verfügbar sind, stellt die in Kapitel 4.6.2 vorgestellte thermische Isolation der Elastomeroberfläche einen interessanten Ansatz dar.

Eine charakteristische Eigenschaft der elektromagnetischen Induktion stellt die Abstandssensitivität der induzierten Heizleistung dar. In Kombination mit den durch die elastische Verformung der Silikonwalzen implizierten Abstandsänderungen der Laminatebene führt dies zwangsläufig zu Herausforderungen bei einer stabilen und reproduzierbaren Prozessführung. Dabei spielen neben dem Prozessdruck auch die Temperatur sowie Dickensprünge im Material eine nicht zu vernachlässigende Rolle. Eine automatische Abstandskontrolle zwischen Induktoren und Stahlbändern als geschlossener Regelkreis wird daher als sinnvoll erachtet.

Das erstellte thermodynamische Modell stellt in erster Näherung ein gutes Abbild der im realen Prozess entstehenden Temperaturverläufe dar. Festzuhalten ist, dass sich das Modell zunächst auf die Beschreibung des entwickelten Maschinensystems fokussiert. Die zu verarbeitenden Materialien werden dabei nicht berücksichtigt. Zukünftig sollte das Modell um Polymer und Faserhalbzeug im Pressenspalt erweitert werden, um deren Einfluss auf den Prozesstemperaturverlauf korrekt wiedergeben zu können.

6 Validierung der entwickelten Mechanismen

Validation of the developed mechanisms

Nachdem in den vorangegangenen Kapiteln die Einzeltechnologien von Druck- und Heizmodul untersucht wurden, sollen die erlangten Erkenntnisse in diesem Kapitel in Imprägnierungs- und Konsolidierungsversuchen erprobt werden. Dazu wird zunächst das entwickelte Doppelbandpressensystem kurz vorgestellt und Wechselwirkungen zwischen den Modulen aufgezeigt und charakterisiert. Anschließend werden Versuche zur Konsolidierung von vorimprägnierten Lagen durchgeführt. Es werden Prüfkörper aus thermoplastischen Tapes unter Variation der Prozessparameter konsolidiert und die interlaminare Fügefestigkeit im Überlapp-Scherversuch getestet. Die Konsolidierung stellt wie im Stand der Technik erläutert geringere Anforderungen an das System hinsichtlich der Druckapplikation als die Imprägnierung. Anschließend erfolgen dann Versuche zur Imprägnierung mit Glasfasergeweben und PP sowie PA66 im Film-Stacking-Verfahren. Studien zu den Prozessparametern Druck, Temperatur und Zeit sollen die Fähigkeiten und Grenzen der entwickelten Mechanismen der Doppelbandpresse aufzeigen.

6.1 Beschreibung der entwickelten Versuchsanlage

Presentation of the developed prototype system

6.1.1 Aufbau und technische Spezifikationen

Structure and technical specifications

Die am AZL entwickelte Versuchsanlage zur Validierung von Heiz- und Druckmodul ist in Bild 6-1 vorgestellt. Sie verfügt über zwei polierte, martensitische Stahlbänder mit einer Dicke von $d_{SB} = 0{,}8\,mm$ und einer Breite von $b_{SB} = 350\,mm$. Das untere Band ist im Einlaufbereich der Presse verlängert ausgeführt, um die Materialzufuhr zu erleichtern. Bandspannung und Bandlaufregelung erfolgen am Presseneinlauf, der Bandantrieb am Leertrum auf der Seite des Pressenauslaufs. Die Druckapplikation ist durch 11 Walzenpaare realisiert. Die Walzenkerne mit Durchmesser $D_W = 120\,mm$ sind mit einer 10 mm starken Silikonschicht h_S des in Kapitel 4.2 vorgestellten Eurosil 009 561 einer Härte von 60 Shore A überzogen. Sie können von innen durch Wasser temperiert werden. Die Druckwalzenpaare sind in fünf Gruppen zu je 2 bzw. 3 Paaren zusammengefasst pneumatisch betrieben. Der Prozessdruck kann für jede Gruppe individuell eingestellt werden, wodurch sich verschiedene Druckprofile über der Anlagenlänge realisieren lassen. Weiterhin sind in Bild 6-1 unten die maximalen und über der Kontaktlänge gemittelten Kontaktdrücke über dem applizierten Zylinderdruck nach den Ergebnissen aus Bild 4-8 dargestellt. Die sich aus der Summe der Einzelkontakte ergebende, aufgrund der nichtlinearen elastischen Verformung ebenfalls druckabhängige Druckzonenlänge DZL sowie deren Anteil an der Druckmodullänge DZA sind ebenfalls über dem Zylinderdruck aufgetragen, wobei die Druckmodullänge l_{Module} 1670 mm beträgt.

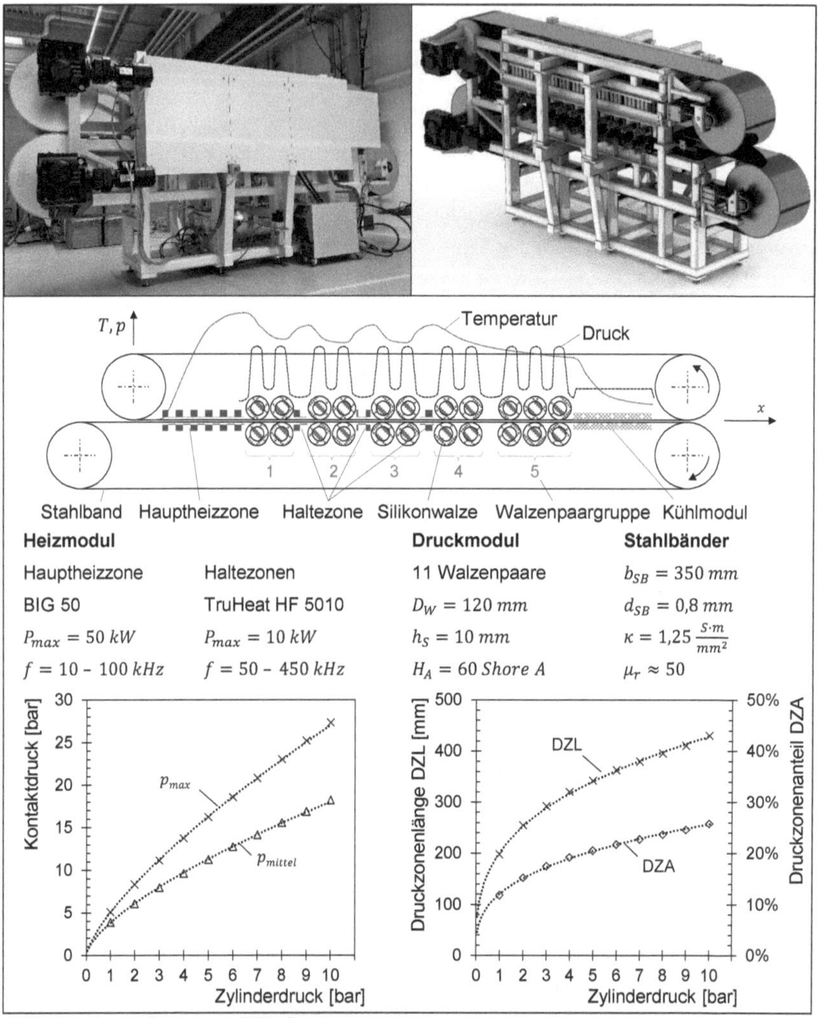

DZL: Druckzonenlänge DZA: Druckzonenanteil

Bild 6-1: Prototyp der Doppelbandpresse am AZL mit qualitativem Druck- und Temperaturverlauf (oben) sowie numerisch ermittelter Kontaktdruck und Kontaktlänge in Abhängigkeit vom Zylinderdruck

DBP prototype at AZL with qualitative profiles of pressure and temperature (top) as well as numerically characterized contact pressure and area as a function of cylinder pressure

Das Heizmodul gliedert sich in zwei Bereiche: Die Hauptheizzone ist vor dem ersten Walzenpaar angeordnet und dient der drucklosen Erwärmung der Stahlbänder und damit des Materials auf Verarbeitungstemperatur. Zwischen den Walzenpaargruppen sind drei Haltezonen angeordnet, welche für die Aufrechterhaltung der Prozesstemperatur im Druckmodul sorgen. Eine vierte Haltezone kann ergänzt werden. Haupt- und Haltezonen werden mit je einem Induktionsgenerator Typ *BIG 50* und *TruHeat HF 5010* von Trumpf-Hüttinger (Freiburg, Deutschland) betrieben. Zur Solidifikation werden kühlwasserdurchflossene, eloxierte und mit PTFE beschichtete Aluminiumplatten verwendet, welche im Anschluss an das Druckmodul durch Druckfedern auf die Innenseiten der Stahlbänder gepresst werden.

6.1.2 Wechselwirkungen von Druck- und Heizmodul sowie Material

Interactions of pressure and heating module and material

Druckabhängige Erwärmung von oberem und unterem Band

Bei der elektromagnetischen Induktion handelt es sich wie in Kapitel 5.1.4 beschrieben um ein elektrothermisches Verfahren mit einer abstandssensitiven Leistungseinkopplung. Durch die Deformation der elastischen Walzen unter Druck kommt es während des Prozesses jedoch prinzipbedingt zu einer vertikalen Verschiebung der Laminatebene. In Bild 6-2 ist die mit einem Pyrometer ermittelte Temperatur des oberen und unteren Stahlbands in der Bandmitte in Abhängigkeit vom eingestellten Druck der ersten Druckwalzengruppe für eine statische Induktorposition aufgetragen. Zusätzlich ist die vertikale Verschiebung der Laminatebene im ersten Walzenpaar aufgrund der druckabhängigen elastischen Verformung der Walzen gezeigt. In der fixierten Induktorposition stellt sich bei einem Zylinderdruck von 4 bar am oberen und unteren Band die gleiche Temperatur bei Verlassen des Induktors ein, was auf eine mittige Position der Stahlbänder im Koppelspalt schließen lässt. Für abweichende Drücke kommt es zu einer ungleichmäßigen Erwärmung der Bänder und damit der Laminatober- und -unterseite.

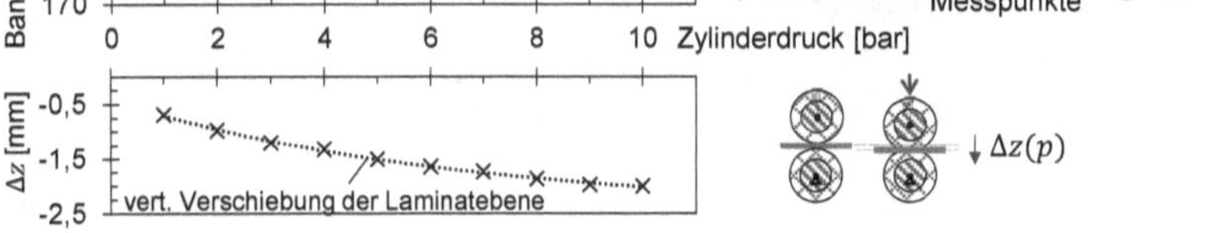

Bild 6-2: Einfluss der druckabhängigen Verschiebung der Laminatebene auf die obere und untere Bandmittentemperatur

Influence of the pressure dependent displacement of laminate plane on upper and lower belt temperature

Einen möglichen Lösungsansatz stellt eine mechanische Induktornachführung dar, siehe Kapitel 5.1.4. Weiterhin können die oberen und unteren Walzen synchron aufeinander zu bewegt werden, sodass die vertikale Lage der Laminatebene konstant bleibt. Dies erfordert jedoch einen erhöhten mechanischen Aufwand.

Temperaturschwankung durch Dickensprung des Materials

Die Abstandssensitivität des Heizverfahrens führt zu einer parasitären Temperaturschwankung bei einer Dickenänderung des zugeführten Materials. In Bild 6-3 ist dies am Beispiel eines 700 mm langen, 0,6 mm dicken Halbzeugs dargestellt, welches dem System bei einer Geschwindigkeit von 500 mm/min und konstantem Prozessdruck zugeführt wurde. Die Graphen zeigen die am Ende der Hauptheizzone, an den in Bild 6-3 markierten Messpunkten, optisch bestimmten Temperaturverläufe des oberen und unteren Bandes. Weiterhin sind in Bild 6-3 unten schematisch die geometrischen Gegebenheiten zu den in den Graphen markierten Zeitpunkten 1 – 4 dargestellt.

Da die unteren Walzen durch die statische Montage keine translatorische Bewegung ausführen, erfährt das untere Band durch das zugeführte Material keine vertikale relative Lagenänderung zum Induktor. Daher kommt es lediglich zu einer leichten Temperaturabnahme des Bandes an Zeitpunkt 1, bedingt durch den Wärmeabfluss in das Halbzeug. Nach Verlassen des Halbzeugs aus der Hauptheizzone erreicht die Bandtemperatur wieder ihren Ausgangswert (Zeitpunkt 3).

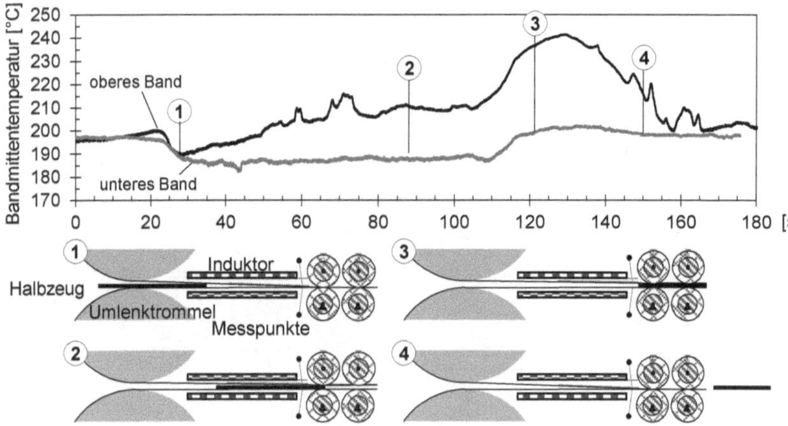

Bild 6-3: Einfluss einer Materialdickenänderung von 0 mm auf 0,6 mm auf die Temperaturen des oberen und unteren Bandes nach Durchlaufen der Hauptheizzone

Influence of material thickness variation from 0 mm to 0.6 mm on temperature of upper and lower belt after main heating zone

Zum Zeitpunkt 1 kommt es im oberen Band durch den Wärmefluss in das Halbzeug ebenfalls zu einer Temperaturabnahme des Bandes. Mit fortschreitender Bewegung des Halbzeugs durch die Hauptheizzone nähert sich das obere Band bedingt durch

die Materialdicke zunehmend dem Induktor, sodass eine höhere Leistungseinkopplung zu einem Anstieg der Temperatur führt.
Zum Zeitpunkt 2 erreicht das Halbzeug das erste Walzenpaar, sodass das Band dem Induktor maximal angenähert ist und seine Temperatur ein Plateau erreicht.
Zum Zeitpunkt 3 befindet sich das Halbzeug noch zwischen dem ersten Walzenpaar, jedoch nicht mehr auf Höhe des Induktors. Damit entfällt es als Wärmesenke, weshalb es zu einer Temperaturspitze im Band kommt. Diese beträgt im vorliegenden Fall etwa 45°C entsprechend 23 % gegenüber der Ausgangstemperatur bzw. 30°C respektive 14 % gegenüber der stationären Verarbeitungstemperatur zu Zeitpunkt 2.
Verlässt das Halbzeug die erste Druckzone (Zeitpunkt 4), nimmt das obere Band wieder seine ursprüngliche vertikale Lage im Koppelspalt und somit die Ausgangstemperatur ein.

Bei der Verarbeitung von Endlosmaterial spielt dieser reproduzierbare Effekt keine nennenswerte Rolle, da Zustand 2 den quasi-stationären Prozesszustand darstellt. Bei der Konsolidierung von kurzen, insbesondere dicken Segmenten sollte er jedoch Beachtung finden. Die sich wiederholenden Temperaturspitzen können einen schädigenden Einfluss auf die Elastomerbeschichtungen der Walzen ausüben und deren Lebensdauer so verringern.

6.2 Versuche zur Konsolidierung von FVK-Laminaten

Experiments on the consolidation of composite sheets

Die Fähigkeit der im Rahmen dieser Arbeit entwickelten Druck- und Heizmechanismen zur Konsolidierung von thermoplastischen FVK-Laminaten soll durch das Fügen vorimprägnierter thermoplastischer Tapes verifiziert werden. Die Versuche erfolgen mit dem in Kapitel 6.1.1 beschriebene Doppelbandpressensystem. Anders als beim Tapelegeprozess wird das Material zur Verbindung nicht nur lokal in der Fügezone erwärmt, sondern vollständig auf Verarbeitungstemperatur gebracht.

6.2.1 Material und Versuchsaufbau

Material and experimental setup

Als Material für die Versuche werden PC-CF Tapes mit einem Faservolumengehalt von 44 %, einer Dicke von 0,17 mm und einer Breite von 25 mm verwendet. Die Glasübergangstemperatur T_g des amorphen Polycarbonats liegt bei 145°C, seine Schmelztemperatur wird mit 290°C angegeben. [COVE18]

Um den Einfluss der Prozessparameter auf die Fügefestigkeit zu untersuchen, wird die Prozesstemperatur in zwei Schritten und der Prozessdruck in vier Stufen variiert. Durch die druckabhängige Kontaktlänge kommt es dabei zeitgleich zu einer Prozesszeitvariation. Zusätzlich wird die Prozessgeschwindigkeit in zwei Stufen variiert. Die untersuchten Parameterkombinationen sind in Tabelle 6-1 aufgelistet. Bei allen Versuchen ist die Temperierung der Druckwalzen mit 20°C und des Kühlmoduls mit 60°C konstant gewählt.

Die Prüfung der interlaminaren Fügefestigkeit soll durch Analyse der Zugscherfestigkeit nach ASTM D5868 [ASTM14b] erfolgen. Diese hat sich zur Festigkeitsanalyse im Bereich des in-situ Tapelegens etabliert [YANG02] [STOK16] [WEIL19]. Die Probekörper sind in Bild 13-2 im Anhang dargestellt. Zur Erzeugung einer definierten Fügelänge wird zwischen die zu fügenden Tapes silikonisiertes Backpapier als Trennschicht gegeben. In diese Trennschicht wird ein Ausschnitt entsprechend der Fügelänge eingebracht, sodass sich die Tapes auf der gewünschten Länge kontaktieren. Das Backpapier hat im kompressierten Zustand eine Dicke von etwa 50 µm, sodass von einer Beeinflussung der Fügefestigkeit im Randbereich auszugehen ist. WEILER konnte jedoch nachweisen, dass der Einfluss einer 60 µm starken Polyimid-Trennschicht bei langsamen Prozessgeschwindigkeiten im Tapelegeprozess gering ausfällt [WEIL19, S.121]. Aufgrund der verglichen mit dem Versuchsaufbau von WEILER geringeren Trennschichtdicke und Prozessgeschwindigkeit ist der zu erwartende Festigkeitsabfall im Randbereich daher als vernachlässigbar anzusehen.

Tabelle 6-1: Prozessparameter zur Herstellung der Zugscherprüfkörper
Process parameters for manufacturing of lap shear test specimen

Nr.	Mittl. Prozessdruck	Druckzonenlänge	Prozessgeschwindigkeit	Druckzeit	Induktorleistungen		Temperatur nach Hauptinduktor
	p_{mittel}	DZL	v_p	t_p	P_1	P_2	T_1
R	Tapelegeprozess						
1			1 m/min	9,6 s	10,1 kW	6,8 kW	201°C
2	0,24 MPa	159,4 mm			11,1 kW	7,0 kW	212°C
3			0,5 m/min	19,2 s	5,6 kW	5,7 kW	
4			1 m/min	11,9 s	10,1 kW	6,8 kW	201°C
5	0,39 MPa	197,6 mm			11,1 kW	7,0 kW	212°C
6			0,5 m/min	23,7 s	5,6 kW	5,7 kW	
7			1 m/min	17,5 s	10,1 kW	6,8 kW	201°C
8	0,80 MPa	291,5 mm			11,1 kW	7,0 kW	212°C
9			0,5 m/min	35,0 s	5,6 kW	5,7 kW	
10	1,27 MPa	362,5 mm	1 m/min	21,7 s	10,1 kW	6,8 kW	201°C

Als Referenz werden Probekörper im laserunterstützten in-situ Tapelegeprozess hergestellt, vergleiche [KUNS19]. Prozessparameter hierbei waren eine Ablegegeschwindigkeit von 300 mm/s bei einer Laserleistung von 1750 W, was zu einer Temperatur im Zwickelpunkt von etwa 270°C resultiert.

6.2.2 Zugscherfestigkeiten der Konsolidierungsproben

Lap shear strength analysis of consolidated specimen

Die zerstörenden Zugprüfungen werden auf einer Universalprüfmaschine der Firma ZwickRoell (Ulm, Deutschland) am Fraunhofer IPT (Aachen, Deutschland) durchgeführt. Der Versuchsaufbau ist in Bild 13-1, die Probekörper und ihre Vorbereitung in Bild 13-2 im Anhang dargestellt. Die Krafteinleitung wird durch Klemmbacken realisiert. Um ein Durchrutschen der Proben zu verhindern, werden diese zusätzlich mit doppelseitigem Klebeband an der Innenseite der Klemmbacken fixiert.

Die interlaminare Zugscherfestigkeit $\tau_{Füge}$ ergibt sich nach Gleichung 6.1 als Quotient aus maximal ermittelter Zugkraft F_{Zug} und der Fügefläche $A_{Füge}$, welche das Produkt aus Probenbreite b_{Probe} und Fügelänge $l_{Füge}$ ist:

$$\tau_{Füge} = \frac{F_{Zug}}{A_{Füge}} = \frac{F_{Zug}}{b_{Probe} \cdot l_{Füge}} \tag{6.1}$$

Die für die Prüfung von Klebstoffen konzipierte ASTM D5868 empfiehlt eine Fügelänge von $l_{Füge} = 25{,}4\,mm$ bei einer Probenbreite von $b_{Probe} = 25{,}4\,mm$. Die hierbei zu erwartende interlaminare Festigkeit des Thermoplasts fällt jedoch höher aus als die Zugfestigkeit der Tapes selbst sowie die Klemmkraft der Klemmbacken, sodass der gewählte Überlapp in Anlehnung an das Vorgehen von STOKES-GRIFFIN auf $l_{Füge} = 5\,mm$ verkürzt wird [STOK16, S.20]. Die Proben werden weiterhin auf eine Breite von 12,5 mm zugeschnitten. Die Prüfgeschwindigkeit wird nach ASTM D5868 zu 13 mm/min gewählt. Zur statistischen Absicherung werden 7 Proben je Parameterkombination ausgewertet.

Die ermittelten Zugscherfestigkeiten für die in Tabelle 6-1 aufgeführten Prozessparameterkombinationen sind in Bild 6-4 als Mittelwerte gezeigt.
Die im Tapelegeprozess hergestellten Probekörper weisen eine Zugscherfestigkeit von etwa 12,5 N/mm² auf, während die mit der Doppelbandpresse hergestellten Proben eine Festigkeit zwischen etwa 15 und 30 N/mm² besitzen. Obwohl bei den Referenzproben eine höhere Oberflächentemperatur vorlag, fällt die erzielte Festigkeit nur etwa halb so hoch aus. Dies liegt vermutlich an der deutlich kürzeren Druckzeit von etwa 20 ms.

Betrachtet man die mit der Doppelbandpresse hergestellten Proben 1 – 10, so fällt die Festigkeitssteigerung auf, welche durch die höhere Prozesstemperatur von 212°C verglichen mit der niedrigeren Temperatur von 201°C erzielt wird. So beträgt die Festigkeitszunahme bei einem Konsolidierungsdruck von 2,4 bar über 45 %, bei 8,0 bar 32 %. Durch weitere Steigerung der Prozesstemperatur auf 234°C konnte die Fügefestigkeit nicht weiter erhöht werden (nicht in Bild 6-4 dargestellt).
Der Prozessdruck hat nur bei der niedrigeren Temperatur von 201°C eine nennenswert festigkeitssteigernde Wirkung. So resultiert bei 201°C Fügetemperatur eine Erhöhung des Prozessdrucks von 2,4 bar auf 12,7 bar in einer Festigkeitssteigerung von 4,9 N/mm² entsprechend 25,3 %. Bei 212°C nach der Hauptheizzone hingegen ist keine nennenswerte druckinduzierte Änderung der Festigkeit erkennbar.

Obwohl eine Halbierung der Prozessgeschwindigkeit gleichbedeutend mit einer Verdopplung der Druck applizierten Zeit t_p ist, führt dies zu einer abnehmenden Zugscherfestigkeit der Proben. Dies ist vermutlich der größeren thermischen Schwankung von Bändern und Material zwischen den Heizzonen zuzuschreiben, vergleiche Kapitel 5.4.

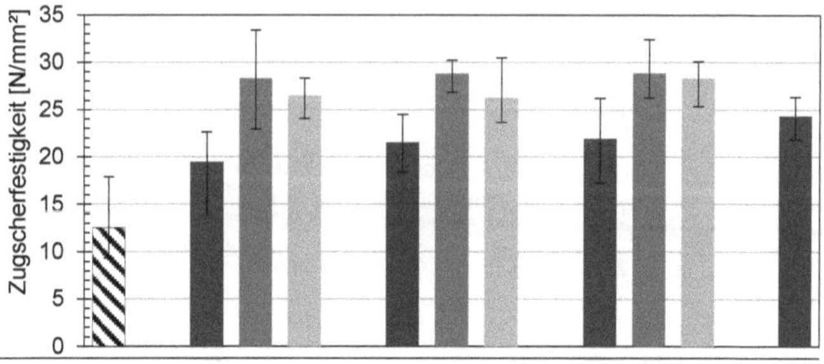

Nr.		R	1	2	3	4	5	6	7	8	9	10
Druck p_{mittel}	*[bar]*	Tapelegeprozess	2,4	2,4	2,4	3,9	3,9	3,9	8,0	8,0	8,0	12,7
Temperatur T_1	*[°C]*		201	212	212	201	212	212	201	212	212	201
Geschwindigkeit v_p	*[m/min]*		1,0	1,0	0,5	1,0	1,0	0,5	1,0	1,0	0,5	1,0
Druckzeit t_p	*[s]*		9,6	9,6	19,2	11,9	11,9	23,7	17,5	17,5	35,0	21,7
Laminatdicke	*[µm]*		361	370	363	356	351	357	348	333	356	333

Bild 6-4: Ermittelte Zugscherfestigkeiten der Proben mit Konsolidierungsprozessparametern wie in Tabelle 6-1 beschrieben

Lap shear strength of specimen that were consolidated at process parameters described in Table 6-1

Die Streuung der ermittelten Festigkeiten innerhalb der einzelnen Reihen sind einerseits auf herstellungsbedingte Schwankungen bei der Fügelänge $l_{Füge}$ zurückzuführen. Da die Fügelänge verglichen zur Norm auf ein Fünftel reduziert wurde, fallen Ungenauigkeiten entsprechend stärker ins Gewicht. So stellt eine Abweichung der Länge um 0,5 mm eine Festigkeitsschwankung von 10 % dar. Andererseits kann die inhomogene Temperaturverteilung über der Anlagenbreite (vergleiche Bild 5-6) die Konsolidierungsergebnisse der Proben beeinflusst haben: Wie in Bild 13-2 gezeigt wurden je Parameterkombination 5 Proben parallel im Doppelbandpressenprototypen konsolidiert, sodass je nach Position der Probe in der Anlage die erzielten Werte voneinander abweichen können.

In Bild 6-5 sind Aufnahmen der Bruchflächen exemplarischer Prüfkörper der Parameterkombinationen 1 bis 3 und 7 bis 9 abgebildet. Es ist ersichtlich, dass zwischen den konsolidierten Tapes ein einheitlicher intimer Kontakt vorlag – eine Beeinflussung der Fügezone durch die Trennschicht, wie beispielsweise polymerarme Bereiche im Randbereich, ist nicht erkennbar. Weiterhin zeigen sich bei den Proben 1 und 7 mit niedriger Prozesstemperatur und im Vergleich niedriger resultierender Zugscherfestigkeit nur wenige Faserausbrüche aus der Fügezone. Bei den Proben, welche mit höherer Temperatur gefügt wurden, wurden hingegen deutlich Fasern aus der Bruchfläche gerissen, sodass hier in gewissem Umfang ein Mischbruch vorliegt.

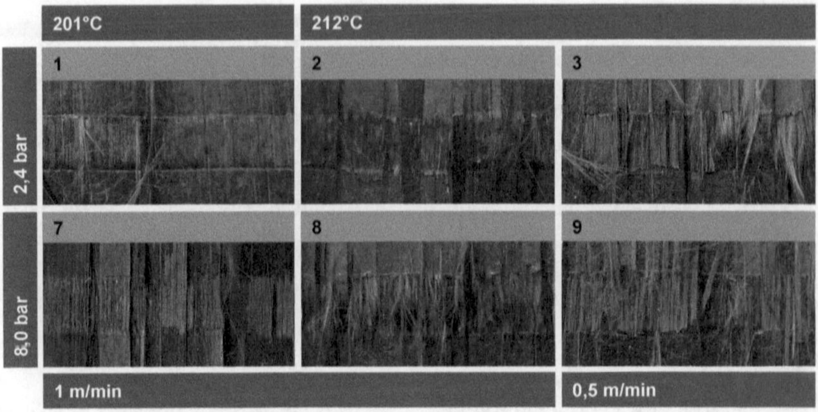

Bild 6-5: Bruchflächen von Zugscherprüfkörpern verschiedener Konsolidierungsparameter (Fügelänge $l_{Füge} = 5\,mm$)

Fractured surfaces of the lap shear specimen of different parameter sets (weld length $l_{Füge} = 5\,mm$)

Als weiteren Referenzwert kann die nach DIN 527-5 ermittelte Zugfestigkeit quer zur Faserrichtung herangezogen werden, welche vom Hersteller mit 25 N/mm² spezifiziert wird [DIN10] [COVE18]. Die Fügezonen der mit einer Prozesstemperatur von 212°C hergestellten Proben erreichen somit die Materialfestigkeit.

Als Schlussfolgerung der Untersuchungen kann festgehalten werden, dass die entwickelten Druck- und Heizmechanismen zur Konsolidierung vorimprägnierter thermoplastischer Lagen zu Laminaten geeignet sind. Die Prozesstemperatur hat sich dabei als maßgebendste Größe für die erzielbaren Festigkeitswerte herausgestellt, während der applizierte Druck bei optimaler Prozesstemperatur eine untergeordnete Rolle spielt. In Übereinstimmung mit den Erkenntnissen aus Kapitel 2.4 laufen die Vorgänge der intimen Kontaktbildung und der Autohäsion dabei so schnell ab, dass auch die Spanne der untersuchten Geschwindigkeiten und resultierenden Druckzeiten mit 9,6 – 35 s stets um mehrere Größenordnungen über der tatsächlich benötigten Zeit liegen, vergleiche Bild 2-12. Im Gegenteil führt eine zu niedrige Geschwindigkeit durch die resultierenden Temperaturschwankungen zwischen den Heizzonen zu einem Abfall der Festigkeitswerte. Es ist daher eine Mindestgeschwindigkeit bei der Konsolidierung einzuhalten, um eine zu starke Abkühlung der Materialien zwischen den Heizzonen zu verhindern.

6.3 Versuche zur Imprägnierung von FVK-Laminaten

Experiments on the impregnation of composite sheets

Nachdem die Befähigung der entwickelten Druck- und Heizmechanismen zur Konsolidierung vorimprägnierter Lagen nachgewiesen wurde, soll in diesem Kapitel ihre Validierung hinsichtlich der Imprägnierung textiler Lagen mit Polymerschmelze erfolgen. Dazu wird zunächst der Imprägnierungsfortschritt für PA66-GF Laminate nach den Druckwalzenpaaren qualitativ anhand von Schliffbildern für zwei Prozessgeschwindigkeiten analysiert. Anschließend erfolgt die Imprägnierung von PP-GF Proben, welche ebenfalls mit Hilfe von Schliffbildern analysiert werden. Anhand dieser Proben werden beobachtete Einflüsse der Parameter auf den Prozess analysiert und erläutert.

6.3.1 Material und Versuchsaufbau

Material and experimental setup

Es werden Versuche mit Folien aus Polypropylen (Borealis, Typ *BJ100HP*) und Polyamid 66 (DuPont, Typ des *Vizilon* Portfolios, als Folie nicht kommerziell verfügbar) durchgeführt. Als Verstärkungsstrukturen werden symmetrische und balancierte Glasgewebe verwendet. Die Daten der Materialien und die Lagenaufbauten sind in Tabelle 6-2 aufgelistet. Um einem Anhaften der Polymere an den Stahlbändern vorzubeugen, werden diese mit dem Trennmittel *Frecote 55NC* (Henkel, Deutschland) eingetrennt.

Tabelle 6-2: Materialien und Lagenaufbau für die Imprägnierversuche

Materials and layers structure for the impregnation trials

	Polymer	Faserstruktur	Lagenaufbau
A	**PP, Borealis BJ100HP** Folie, 150 µm T_m = 164°C ρ = 0,904 g/cm³ MFR (230°C/2,16 kg) = 90 g/10min	E-Glas, 1200 tex Leinwandbindung 600 g/m² 330 mm Breite	p – t – p 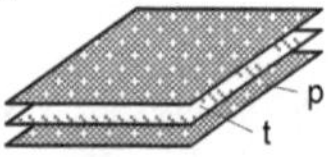
B	**PA66, DuPont Vizilon** Folie, 145 µm T_m = 260°C ρ = 1,14 g/cm³	E-Glas 2-2 Köperbindung 600 g/m² 325 mm Breite	p – t – p – p – t – p 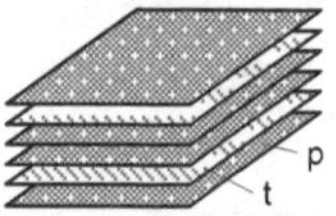

p: Polymer, t: Textil

Der von CHRISTMANN mit einem Platte-Platte-Rheometer ermittelte Viskositätsverlauf des verwendeten PP ist in Bild 6-6 dargestellt [CHRI14, S.31]. Über dem Verarbeitungsbereich von 170°C bis 210°C kommt es zu einer Halbierung der Viskosität.

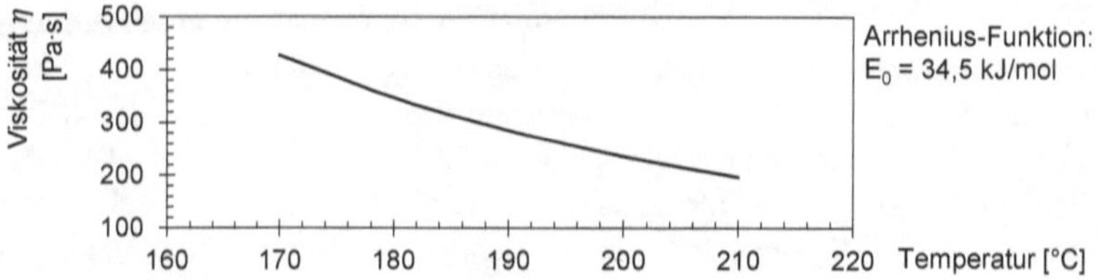

Bild 6-6: Temperatur-Viskositätsverlauf des Polypropylens nach [CHRI14, S.31]
Viscosity as function of temperature for the used polypropylene

Die Proben werden entsprechend der in Tabelle 6-2 beschriebenen Lagenaufbauten vorbereitet und der Anlage zugeführt. Die Prozessgeschwindigkeit wird zwischen 100 und 700 mm/min variiert. Da für die geschwindigkeitsabhängige Temperatur- oder Leistungsregelung kein Regelkreis implementiert ist, wird bei jedem Geschwindigkeitswechsel die Heizleistung der Induktionsgeneratoren manuell angepasst, sodass an den optischen Messstellen nach der Heizzone eine nahezu gleiche Bandtemperatur vorliegt. Wie in Abschnitt 5.4 gezeigt, kommt es zwischen den Messpunkten jedoch zu geschwindigkeits- und druckabhängigen Temperaturverläufen. Vollständig übereinstimmende Wärmehistorien der Versuche mit gleichbleibenden Prozesstemperaturen können mit dem vorgestellten Prototypensystem nicht realisiert werden.

6.3.2 Untersuchung des zeitlichen Imprägnierungsverlaufs

Investigation of the impregnation progression

Zur Untersuchung der Imprägnierungsstadien zwischen den einzelnen Walzengruppen werden in der Anlage Materialbahnen von Material B in Tabelle 6-2 verarbeitet, Bild 6-7. Nachdem der Materialanfang das Ende der Anlage erreicht hat, wird der Prozess gestoppt und die sich in der Doppelbandpresse befindliche Materialbahn drucklos und ohne weitere Wärmezufuhr aus dem System gefahren. Anschließend werden an den Positionen des Materials zwischen den Walzengruppen Schliffbilder zur Analyse des Imprägnierungsfortschritts angefertigt, vergleiche Bild 6-8.

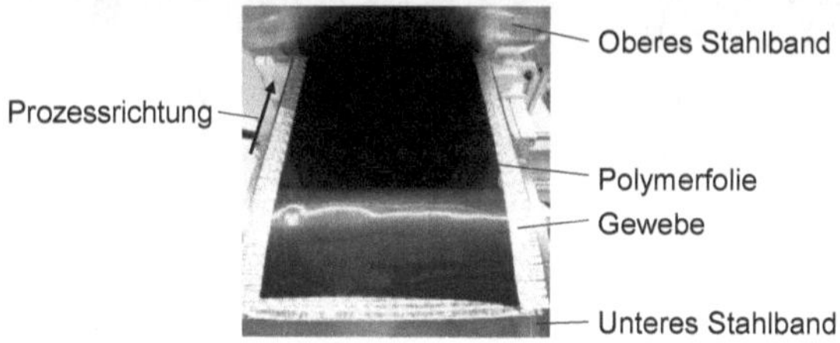

Bild 6-7: Materialbahn am Presseneinlauf
Material feed in the press inlet

Die Proben werden in den Walzengruppen 1 und 2 mit einem mittleren bzw. maximalen Prozessdruck von 6,1 bar bzw. 8,3 bar und in den Walzengruppen 3, 4 und 5 mit einem mittleren bzw. maximalen Druck von 15,6 bar bzw. 23,0 bar beaufschlagt.

Die Prozessgeschwindigkeit wird bei Probe B1 zu 300 mm/min und bei Probe B2 zu 200 mm/min gewählt. Die in Bild 6-8 angegebene, summierte theoretische Druckzeit ergibt sich aus den druckbedingten jeweiligen Walzenkontaktlängen nach Bild 6-1 und der jeweiligen Prozessgeschwindigkeit.

Als Temperatur wird an der Messposition nach der Hauptheizzone bei beiden Geschwindigkeiten 295°C eingestellt. Die mit dem thermodynamischen Modell der Anlage bestimmten zeitlichen Temperaturverläufe sind in Bild 6-9 dargestellt. Den Untersuchungen in Kapitel 5 folgend unterlaufen die Proben mit langsamerer Prozessgeschwindigkeit größeren Temperaturschwankungen während des Prozesses. Die Vorlauftemperatur der Walzenkreisläufe beträgt 25°C, die des Kühlmoduls 60°C.

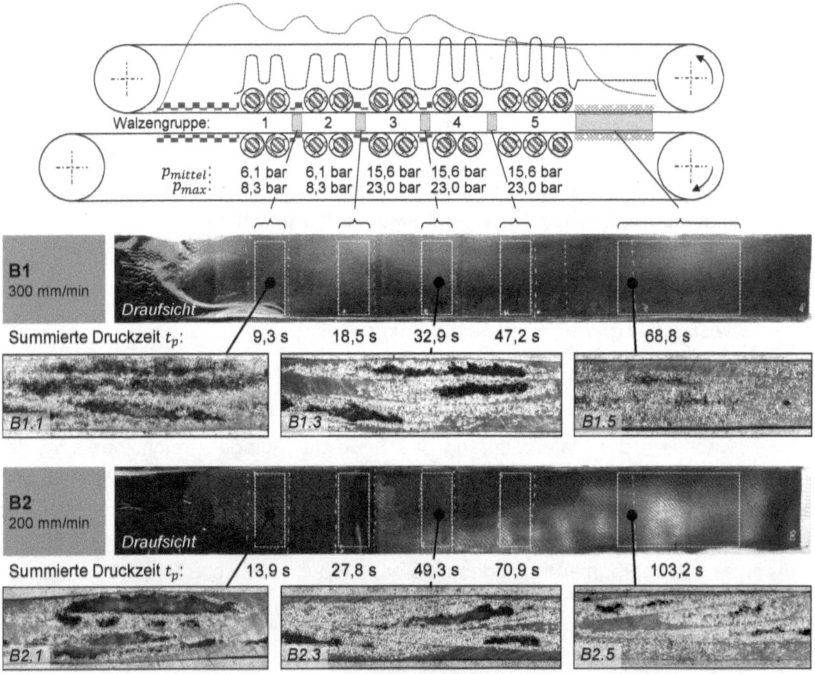

Bild 6-8: Imprägnierverlauf über der Anlagenlänge am Beispiel zweier PA66-GF-Proben
Impregnation progression along the machine system for two PA66-GF specimen

Die Schliffbilder der Proben aus der Prozesszone nach der ersten Walzengruppe (B1.1 und B2.1 in Bild 6-8) zeigen bereits eine fortgeschrittene Umströmung der einzelnen Rovings mit Polymer. Aufgrund des niedrigen Drucks und der resultierenden kurzen Druckzeit ist eine Perkolation der Schmelze in die Rovings jedoch nur in deren Randbereich zu erkennen.

Nach der dritten Walzengruppe (B1.3 und B2.3 in Bild 6-8) ist den Schliffbilder zufolge die Makroimprägnierung weitestgehend abgeschlossen und eine Imprägnierung auf Mikroebene hat erkennbar eingesetzt. Nach Durchlaufen der gesamten Anlage (B1.5 und B2.5 in Bild 6-8) ist die Mikroimprägnierung weit fortgeschritten, insbesondere bei der langsameren Prozessgeschwindigkeit (B2). Eine vollständig porenfreie Imprägnierung konnte jedoch bei beiden Versuchen noch nicht erreicht werden.

Der niedrige Druck in den ersten beiden Walzengruppen wurde für die Versuche gewählt, da in Vorversuchen so effektiv die Verschiebung der Schussrovings, also der Rovings des Gewebes senkrecht zur Prozessvorschubrichtung, reduziert werden konnte. Dies wird der Füllung der die Rovings umgebenen Makroporen mit Schmelze bereits unter geringem Druck zugeschrieben, vergleiche Kapitel 6.3.3.

Der Restporengehalt spiegelt sich auch in den Resultaten der durchgeführten 3-Punkt-Biegeversuche wider. Hier erreichen die hergestellten Laminate nur etwa die Hälfte der Biegefestigkeit kommerziell erhältlicher Laminate der eingesetzten Materialien. Das Versagen der Proben erfolgt dabei durch den Restporengehalt über einen weiten Verformungsbereich, während vollständig imprägnierte Organobleche einen instantanen, spröden Bruch aufweisen.

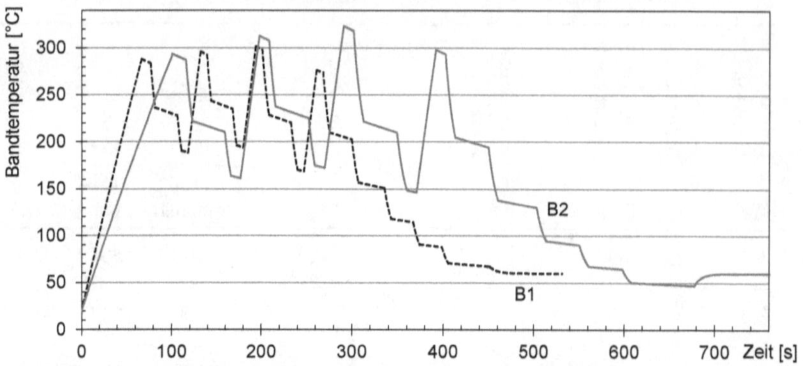

Bild 6-9: Analytische zeitliche Stahlbandtemperaturverläufe der Versuchsreihen B1 und B2
Analytical belt temperature curves over time for trials B1 and B2

Als Hauptursache für die nicht vollständig abgeschlossene Imprägnierung wird eine zu kurze Prozesszeit vermutet. Die in Bild 6-8 angegebene summierte Druckzeit t_p ist nicht äquivalent mit der für die Imprägnierung zur Verfügung stehenden Prozesszeit. Der in Bild 6-9 erkennbare Temperaturabfall zwischen der Hauptheiz- und den einzelnen Haltezonen führt zu einer erhöhten Viskosität, bei Unterschreitung der Kristallitschmelztemperatur zur zwischenzeitlichen Solidifikation der Schmelze. Der Imprägnierungsprozess wird so verlangsamt oder unterbrochen.

Mögliche Abhilfen stellen nach Abschnitt 5.4.5 eine Temperierung oder Isolation der Druckwalzen dar, um den Wärmeentzug je Walzenpaar zu reduzieren. Alternativ kann die Prozessgeschwindigkeit gesteigert werden, um die Walzenkontaktzeit und damit die Wärmeverluste zwischen den Haltezonen zu verringern. Dies setzt jedoch eine Skalierung der Anlagenlänge hinsichtlich der Anzahl an Haltezonen und Walzenpaaren voraus.

6.3.3 Analyse der Imprägnierergebnisse

Analysis of impregnation results

Zur Herstellung der PP-GF-Proben (Material A in Tabelle 6-2) werden Glasfasergewebe beidseitig mit einer Polypropylenfolie gestapelt imprägniert. Die Prozessparameter der Versuche sind in Tabelle 6-3 wiedergegeben. Die Prozessgeschwindigkeit wird von 100 mm/min auf 500 mm/min gesteigert. Durch Anpassung der Induktionsgeneratorleistungen werden dabei gleiche Stahlbandtemperaturen von etwa 200°C an der Messstelle nach der Hauptheizzone eingestellt. Die zeitlichen Verläufe der Prozesstemperatur sind analog zu den in Bild 5-10 dargestellten Messkurven der entsprechenden Prozessgeschwindigkeiten. Die angegebene Druckzeit ergibt sich für den über der Kontaktlänge gemittelten Kontaktdruck nach Bild 6-1.

Tabelle 6-3: Prozessparameter der PP-GF Imprägnierungsversuche
Process parameters of the PP-GF impregnation trials

	Leistung Induktor 1	**Leistung Induktor 2**	**Temperatur Kühlmodul**	**max. Druck** Zone 1-5	**mittl. Druck** Zone 1-5	**Geschwin-digkeit**	**Druck-zonenlänge**	**Druckzeit**
	P_1 [kW]	P_2 [kW]	$T_{K,vor}$ [°C]	p_{max} [bar]	p_{mittel} [bar]	v_p [mm/min]	DZL [mm]	t_p [s]
A1	1,4	3,2	60	8,3 - 8,3 - 8,3 - 8,3 - 8,3	6,1 - 6,1 - 6,1 - 6,1 - 6,1	100	254,4	152,6
A2	3,5	5,3	60	5,1 - 5,1 - 16,2 - 16,2 - 16,2	3,9 - 3,9 - 11,3 - 11,3 - 11,3	300	290,0	57,9
A3	5,5	6,2	60	8,3 - 8,3 - 8,3 - 8,3 - 8,3	6,1 - 6,1 - 6,1 - 6,1 - 6,1	500	254,4	30,5

Zur qualitativen Analyse der Imprägnierungsqualität wurden Mikroskopieaufnahmen von Schliffbildern der Laminate angefertigt. Diese sind in Bild 6-10 dargestellt. Die Schliffe in 0°-Richtung zeigen den Querschnitt der Rovings in Prozessrichtung (Blick auf die Kettfäden), die Schliffe in 90°-Richtung der Rovings senkrecht zur Vorschubrichtung (Blick auf die Schussfäden). Die angegebenen Probendicken stellen den Mittelwert von Messungen an je vier verschiedenen Stellen dar.

Auf den Schliffbildern in Bild 6-10 ist erkennbar, dass Probe A1 eine unvollständige Mikroimprägnierung sowohl in als auch senkrecht zur Prozessrichtung aufweist. Zusätzlich befinden sich in den matrixreichen Kreuzungspunkten große Lufteinschlüsse. Probe A2 ist in 0°-Richtung sowohl auf Makro- als auch Mikroebene vollständig imprägniert. In 90°-Richtung sind einige Lufteinschlüsse in den Rovings erkennbar. Weiterhin sind ebenfalls einige Lunker in den matrixreichen Kreuzungspunkten vorhanden. Die Dicke der Probe liegt mit 0,49 mm leicht unterhalb der nominellen Laminatdicke. Probe A3 weist, abgesehen von vereinzelten Lufteinschlüssen in den 90°-Faserbündeln, eine vollständige Imprägnierung auf Makro- und Mikroebene auf.

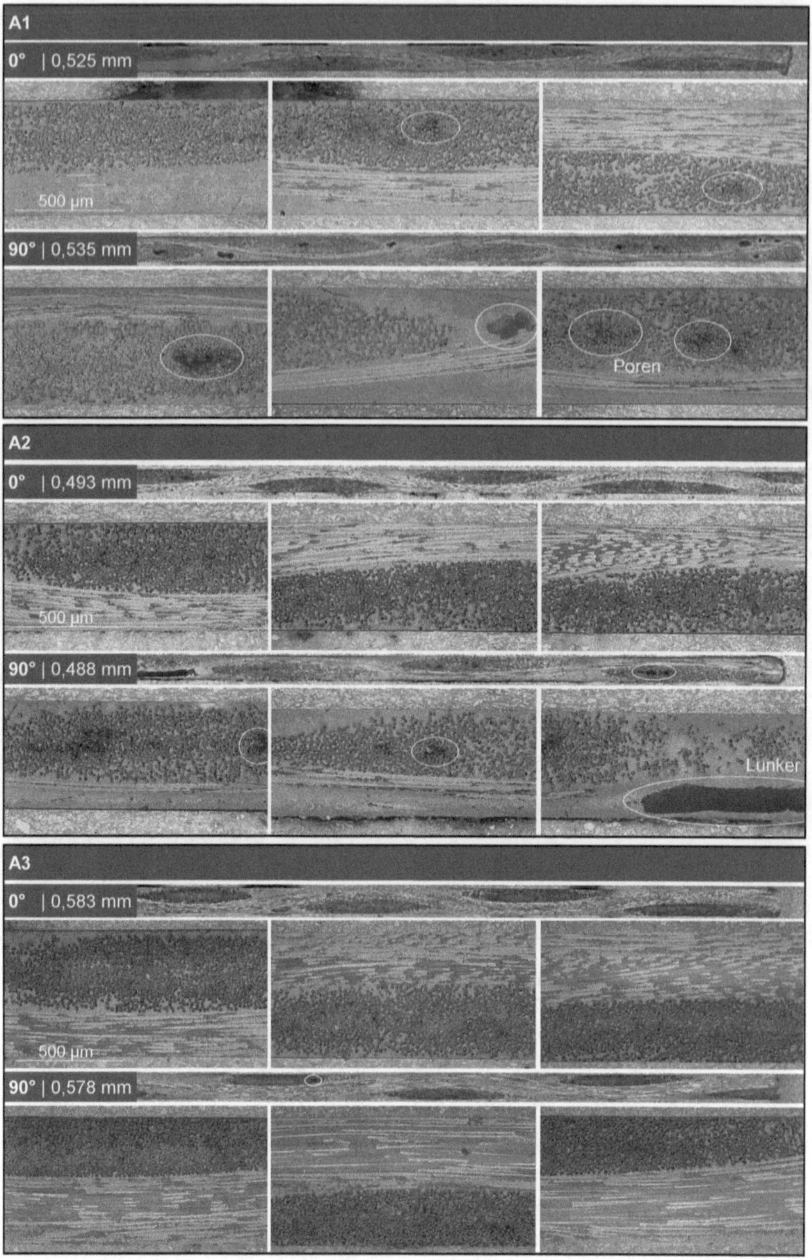

Bild 6-10: Schliffbilder der PP-GF Probekörper A1, A2 und A3 in 0° und 90°-Richtung
Micro sections of the PP-GF specimen A1, A2 and A3 in 0° and 90°

Einfluss von Prozessgeschwindigkeit und Druckzeit: Obwohl bei Probe A3 nominell nur ein Fünftel der Druckzeit verglichen mit Probe A1 vorlag, ist der Imprägnierungsgrad der Probe augenscheinlich deutlich besser. Der Grund hierfür wird in den starken Temperaturschwankungen und der resultierenden Abkühlung des Materials bei Probe A1 zwischen den Heiz- und Haltezonen durch die langsame Bewegung vermutet, vergleiche Bild 5-10. Die Abkühlung zwischen den Heiz- und Haltezonen führt im ungünstigsten Fall zu einem zwischenzeitlichen Erstarren der Schmelze (Solidifikation). Darüber hinaus ist durch die Druckabhängigkeit der Walzenkontaktlänge die effektive Druckzeit nicht nur von der Geschwindigkeit, sondern ebenso vom nominellen Druckwert abhängig, vergleiche Bild 4-20. Es ist daher spezifisch für Material, Prozesstemperatur und -druck eine Mindestgeschwindigkeit nicht zu unterschreiten. Mit steigender Prozessgeschwindigkeit steigt jedoch die Gefahr zunehmenden *Fiber-Washings*, siehe unten.

Einfluss der Faserrichtung auf den Porengehalt: In Abschnitt 2.5.3 wurde erläutert, dass die Entweichung der eingeschlossenen Luft aus den Faserbündeln in Prozessrichtung einfacher und schneller als aus den Faserbündeln quer zur Vorschubrichtung erfolgen kann. Ein Grund hierfür ist, dass ein (Groß-)Teil der Luft bereits im Presseneinlauf herausgepresst werden kann.
Dieser Effekt lässt sich in den vorliegenden Versuchsergebnissen ebenfalls beobachten. Bei den Proben A2 und A3 ist die Mikroimprägnierung der Rovings in Prozessrichtung abgeschlossen. Hier wirken sich vermutlich die walkenden Druckapplikationen der Walzen positiv auf die Entlüftung aus. Quer zur Vorschubrichtung hingegen ist eine längere Zeit unter Druck für den Transport und die Lösung der in den Poren eingeschlossenen Luft im schmelzflüssigen Polymer notwendig. Bei der schnelleren Prozessgeschwindigkeit (A3) fällt die Anzahl der Makro- und Mikroporen in den 90°-Faserbündeln geringer aus.

Einfluss des Prozessdrucks: Eine direkte Korrelation zwischen Prozessdruck und Imprägnierungsgrad kann durch die Versuche nicht identifiziert werden. Offensichtlich jedoch ist die Beeinflussung der resultierenden Materialdicke durch die gewählte Druckamplitude. Abweichungen von der nominellen Laminatdicke ergeben sich primär durch seitliches Herausquetschen von Matrixpolymer, was durch zunehmende Drücke verstärkt auftritt. Die Versuche zeigen, dass neben einem erhöhten Druck auch eine längere Prozesszeit zu einer reduzierten Laminatdicke führen kann. Weiterhin wird der makroskopische Effekt des *Fiber-Washings* durch den Prozessdruck beeinflusst. Dieser soll im Folgenden erläutert werden.

Theorie des *Fiber-Washing*-Effekts: Dieser bezeichnet eine prozessinduzierte Verschiebung der relativen Lage einzelner Rovings zueinander, wodurch es zu einer zumeist ungewollten Beeinflussung der optischen und mechanischen Materialeigenschaften kommt. Bei den durchgeführten Versuchen konnte bei gewissen Prozessparametern die Ausbildung eines parabelförmigen Profils der Schussrovings, also derer quer zur Prozessvorschubrichtung, entgegen der Prozessrichtung beobachtet werden, vergleiche Bild 6-12 oben. Diese Verschiebungen gelten als für walzenbasierte Doppelbandpressen charakteristisch.

Die primärere Ursache des Effekts wird im in Kapitel 4.5.2 beschriebenen, über der Anlagenbreite ungleichförmig ausgebildeten Polymerstaudruck vor den Walzenpaaren vermutet. Der hydrodynamische Druck und damit der ausgebildete Wulst bzw. Knet weist in der Bandmitte ein Maximum auf und fällt zu den Rändern hin ab, Bild 6-11. Dieser Druck bildet eine Gegenkraft für die Bewegung der Rovings, welche in der Bandmitte größer als am Rand ausfällt. Dadurch bildet sich vermutlich das charakteristische parabelförmige Profil der Schussfaserbündel. Ein Indiz für diese Theorie wird durch die Ausformung des Polymers am Ende von verarbeiteten Gewebebahnen geliefert, welcher stets einen parabelförmig geformten Auslauf in der Materialmitte bildet. Hier bildet sich während des Prozesses der größte Knet aus, wodurch in der Mitte das größte Polymerreservoir vorliegt.

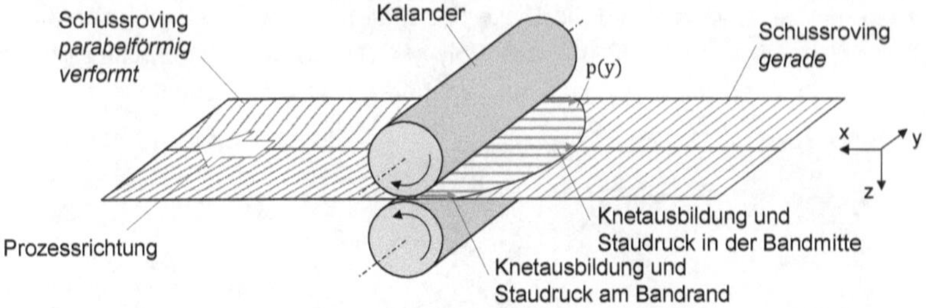

Bild 6-11: Theorie zur Entstehung des parabelförmigen *Fiber-Washing*-Effekts walzenbasierter Systeme
Theory of fiber-washing effect of roller-based machine systems

Die Ausbildung der parabelförmigen Faserverschiebungen beim verwendeten Doppelbandpressensystem ist nach der Theorie des *Fiber-Washings* prinzipbedingt den verwendeten Walzen geschuldet, da es im Spalt der Walzenpaare zu einer Knetausbildung kommt, vergleiche Kapitel 4.5.2. Es bestehen jedoch Möglichkeiten, den Effekt durch die Wahl der Prozessparameter und Ausgangsmaterialien zu eliminieren oder zumindest zu minimieren, vergleiche Bild 6-12 unten:

- Die Ausbildung des Knets und der lokalen hydrodynamischen Druckamplitude ist eine Funktion des Polymervolumenstroms, vergleiche [LUTH03, S.55]. Durch ein geringeres Schmelzevolumen kommt es im Wulst zu verringerten bzw. keinen Rückströmungen, wodurch sich ein homogenerer Staudruck über der Walzenbreite ausbilden kann. Direkt in Zusammenhang damit haben Untersuchungen gezeigt, dass sich langsame Prozessgeschwindigkeiten entsprechend positiv auf die Positionshaltigkeit der Fasern auswirken.
- Der Polymervolumenstrom wird neben der Geschwindigkeit durch die zugeführte Materialmenge definiert, welche im vorliegenden Fall direkt durch die Foliendicke beeinflusst werden kann. In Versuchen konnte durch Verwendung von Folien mit einer Stärke 150 µm anstelle von 300 µm der Fiber-Washing Effekt erheblich reduziert werden. Gleiches berichtet ISHIDA bei Verwendung einer Stahlkalanderanlage [ISHI19]. Jedoch ist die eingesetzte Foliendicke ab-

hängig von der Faserstruktur und dem beabsichtigten Faservolumengehalt des Produkts, weshalb die Foliendicke nicht beliebig reduziert werden kann.

- Mit zunehmendem Anpressdruck der Walzen kommt es zu einem stärkeren Staudruck vor den Walzen und einer entsprechend stärkeren Knetausbildung. Damit einhergehend lassen sich verstärkt Faserverschiebungen beobachten. Durch niedrige Drücke in der ersten Walzengruppegruppe (den ersten beiden Walzenpaaren in Bild 6-1) konnte bei Steigerung des Druckes in den späteren Gruppen die Faserbündelverschiebung effektiv reduziert werden. Der verhältnismäßig niedrige Druck im Presseneingang ist ausreichend, um die Imprägnierung der Makroporen zwischen den Faserbündeln bereits weitestgehend abzuschließen, wie im Imprägnierungsfortschritt nach der 1. Gruppe in Bild 6-8 zu sehen ist. Dadurch wird die Dicke des Materials bereits erheblich reduziert (vergleiche auch Bild 2-6) und das Polymer wird in der Faserstruktur gebunden, weshalb es vermutlich zu einer geringeren Knetausbildung kommt.

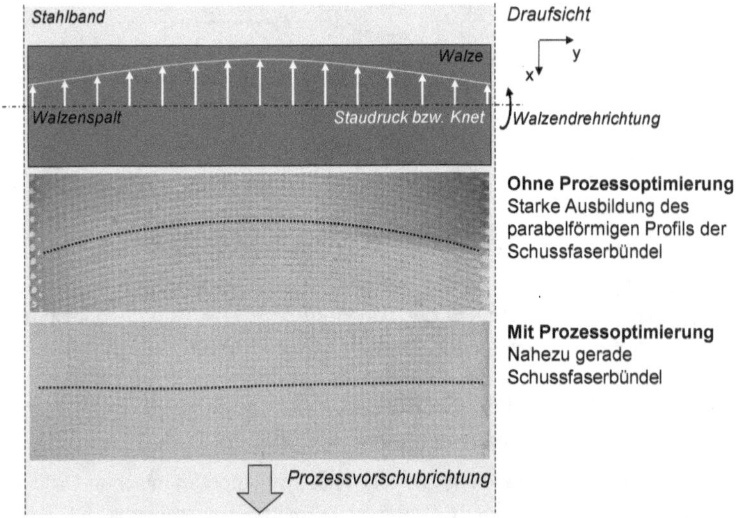

Bild 6-12: Prozessbedingtes parabelförmiges *Fiber-Washing* sowie seine Minimierung durch Prozessparameteroptimierung (Material PP-GF)

Process induced U-shaped fiber-washing effect and its minimizing by optimized process (material PP-GF)

Planarer Polymerfluss: Die Druckwalzen mit ihrem pulsierenden Druckfeld induzieren in Vorschubrichtung lokale Druckgradienten, welche zu einem planaren Matrixfließen führen. Diese planare Strömung wird begünstigt durch den parallel zu den Faserbündeln geringeren Strömungswiderstand als in transversaler Richtung (vergleiche Kapitel 2.3.1 und 2.5.3).

Zur Analyse der Fließvorgänge wird bei einer Probe die obere Polymerfolie mit einem farbigen Raster versehen, Bild 6-13 links. Der Verlauf der Linien nach der Verarbeitung zeigt ein ausgeprägtes Fließen des Polymers entgegen der Vorschubrichtung, Bild 6-13 rechts. Begünstigt durch den oben beschriebenen *Fiber-Washing*-Effekt tritt die Verwaschung in der Materialmitte etwas stärker in Erscheinung. Fließvorgänge senkrecht zur Vorschubrichtung hingegen können nicht beobachtet werden, auch nicht am Materialrand. Dies impliziert einen sehr geringen seitlichen Matrixquetschfluss.

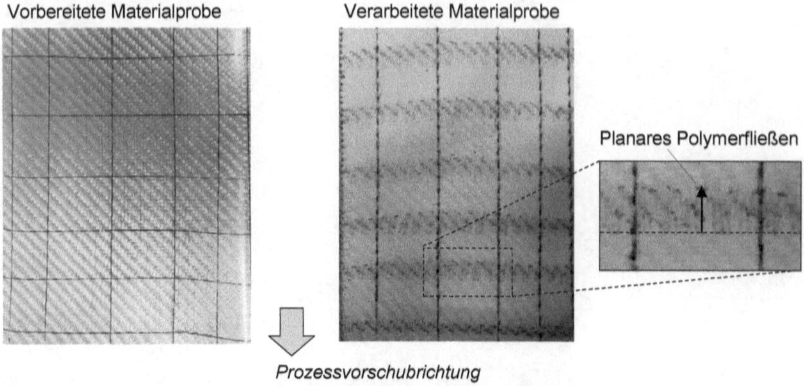

Bild 6-13: Planarer Polymerfluss entgegen der Prozessrichtung
Planar polymer flow opposite the process direction

Makroporen an den Kreuzungspunkten: Einige Probekörper zeigen deutliche Lunker in den matrixreichen Kreuzungspunkten der Gewebe, beispielsweise Probe A2 in Bild 6-10. Ursache hierfür könnten die relativ niedrigen Prozessdrücke in Kombination mit der schwankenden Prozesstemperatur sein: Der Druck wird größtenteils durch die Kompression und Stauchung des Gewebes absorbiert, vergleiche Gleichung 2.11. Es kann angenommen werden, dass kein ausreichender Druckgradient für die Verdrängung der Poren aus dem Polymer verbleibt. Dieser erfährt durch die Temperaturschwankungen eine zyklische Viskositätsänderung, welche in Phasen hoher Viskosität das Entweichen der Poren zusätzlich erschwert. Durch eine Erhöhung des Prozessdrucks kann die Bildung der Poren effektiv unterbunden werden.

7 Zusammenfassung und Ausblick

Summary and outlook

Zusammenfassung

Die vorliegende Arbeit untersucht den kombinierten Einsatz von elektromagnetischer Induktion und elastischen Walzen in einer Doppelbandpresse zur Herstellung von TP-FVK Laminaten. Es wurde gezeigt, dass mit dem entwickelten Anlagenkonzept sowohl die Konsolidierung vorimprägnierter Lagen als auch die Imprägnierung trockener Faserstrukturen mit thermoplastischem Polymer erfolgen kann.

Für die Untersuchungen elastischer Walzen wurde ein Materialmodell für das nichtlineare Spannungs-Dehnungsverhalten eines Elastomers empirischen ermittelt, in eine numerische Simulation implementiert und mit Messungen an realen Walzen verifiziert. Mit dem Modell durchgeführte Parameterstudien zeigten, dass Walzen kleineren Durchmessers mit dicker Beschichtung hinsichtlich Spannungsbelastung, Druckzonenanteil und k-Wert (der Quotient aus maximalem und über der Kontaktlänge gemitteltem Kontaktdruck) die günstigste Konfiguration darstellen. Anwendungsspezifisch ist dabei sicherzustellen, dass die zulässige Linienlast und Walzendurchbiegung nicht überschritten werden.
Die entwickelte Auswahlmethodik bietet die Möglichkeit, bei bekanntem Spannungs-Dehnungsverhalten mit geringem Simulationsaufwand anhand von vorgegebenen Prozessparametern Druck und Zeit optimierte Walzenkonfigurationen auszuwählen. Weiterhin konnte durch vergleichende Versuche zur Temperaturdauerbeständigkeit gezeigt werden, dass mit speziellen Elastomeren als Walzenbeschichtung die Verarbeitung hochschmelzender Polymere wie PA66 oder PC bei Temperaturen von 300°C realisierbar ist. Eine thermische Isolation der Walzen kann deren Lebensdauer weiter steigern.

Es wurde nachgewiesen, dass durch elektromagnetische Induktion in Querfeldanordnung die Stahlbänder einer Doppelbandpresse schnell und effizient erwärmt werden können. Dabei wurde eine vor der Druckapplikation angeordnete Hauptheizzone sowie intermittierend mit den Druckwalzen angeordnete Haltezonen eingesetzt. Aufgrund der hohen erreichbaren Heizrate des Heizverfahrens ist die mit der Heizrate zunehmend auftretende Beulbildung in den Stahlbändern zu berücksichtigen.
Geschwindigkeits- und druckabhängig wurden Temperaturschwankungen in der Prozesszone gemessen, welche durch Wärmeströme in die temperierten Walzenkerne hervorgerufen wurden. Durch eine erhöhte Walzenkerntemperatur $T_{W,vor}$ sowie gesteigerte Prozessgeschwindigkeiten konnten die Temperaturschwankungen reduziert werden (Für eine mittlere Prozesstemperatur von 200°C bspw. von ±70°C ($v_p = 100\,mm/min,\ T_{W,vor} = 20°C$) auf ±10C° ($v_p = 1000\,mm/min,\ T_{W,vor} = 90°C$)).
Das entwickelte thermodynamische Modell zur Beschreibung des zeitlichen Temperaturverlaufs der Doppelbandpresse kann bei der Prozessoptimierung unterstützen und den notwendigen Versuchsaufwand reduzieren.

Die sensitive Reaktion der induzierten Leistung auf eine Abstandsänderung zwischen Induktor und Band wurde als wichtiger Effekt identifiziert. Durch die elastische Verformung der Walzenbeschichtungen kommt es prinzipbedingt zu einer druckabhängigen vertikalen Verschiebung der Laminatebene. Um eine homogene Temperatur am oberen und unteren Band zu erreichen, ist daher eine Abstandsregelung des Induktors notwendig. Neben dem Einfluss des Drucks konnte weiterhin gezeigt werden, dass ein Materialdickensprung durch den veränderten Bandabstand zu einer kurzzeitigen höheren Leistungseinkopplung und damit Temperaturerhöhung im oberen Band führt. Beim verwendeten System beispielsweise führte ein Dickensprung von 0,6 mm zu einer Temperaturerhöhung um über 30°C.

Die Erprobung von Heiz- und Druckmechanismus in einem Doppelbandpressensystem erfolgte zunächst anhand der Konsolidierung von vorimprägnierten PC-CF Tapes. Die Fügequalität wurde durch die Zugscherfestigkeit überprüft. Hierbei lagen die erreichten Festigkeiten um etwa 50 % über denen eines konventionellen Tapelegeprozesses.
In den folgenden Versuchen waren die gewählten Prozessgeschwindigkeiten von 200 und 300 mm/min zu niedrig, um eine porenfreie Imprägnierung von PA66-GF Organoblechen zu erzielen. Durch den Temperaturabfall zwischen den Haltezonen durch Wärmeströme in die Druckwalzen wurde der Imprägnierungsprozess wahrscheinlich zu stark gebremst. Hergestellte PP-GF Proben wiesen erst bei einer Geschwindigkeit von 500 mm/min eine porenfreie Imprägnierung auf.

Der für Systeme mit Kalandern bzw. Walzenspalten charakteristische Effekt der Knetausbildung konnte als mögliche Ursache für die Ausbildung von parabelförmigen Faserverschiebungen (*Fiber-Washing*-Effekt) identifiziert werden. Durch einen niedrigeren Walzendruck oder verringerten Polymerschmelzestrom durch den Spalt, regulierbar durch Materialdicke und Prozessgeschwindigkeit, konnte die Faserverschiebung minimiert werden. Planare Matrixströmungen entgegen der Prozessvorschubrichtung über der gesamten Bandbreite wurden nachgewiesen. Diese könnten einen Beschleunigenden Effekt auf die Imprägnierung haben.

Ausblick

Die durchgeführten Versuche haben die grundsätzliche Befähigung des entwickelten Doppelbandpressensystems für die Herstellung von TP-FVK Laminaten nachgewiesen. Es besteht jedoch noch weiterführender Forschungsbedarf, ehe das System industrielle Verwendung finden kann.

Durch eine Erweiterung des Systems mit einem vierten Halteinduktor (vgl. Bild 5-5), gegebenenfalls eine Skalierung der Länge durch weitere Walzenpaare sowie eine damit einhergehende weitere Optimierung der Prozessparameter ist eine porenfreie Imprägnierung von PA66-GF Laminaten möglich. Weiterführende Versuche sollten mit textilen Strukturen aus Carbonfasern durchgeführt werden, da diese, wie in Kapitel 2.3.1 und 2.3.5 erläutert, aufgrund kleinere Fließwege eine größere prozess- und anlagentechnische Herausforderung darstellen.

Eine geregelte Positionierung der vertikalen Induktorlage relativ zu den Stahlbändern wird aufgrund der Abstandssensitivität des Heizverfahrens als wichtige Erweiterungen erachtet. Weiterhin zeigte das untersuchte Elastomer M115.60 eine bessere thermische Beständigkeit bei moderaten Mehrkosten als das im Rahmen der Arbeit verwendete Eurosil. Langzeituntersuchungen zur Lebensdauer der verwendeten Elastomere unter Druck und Temperatur sind durchzuführen. Dabei sollte auch die thermische Isolation der Walzen erprobt werden.

Die erstellten Modelle zur elastischen Verformung sowie dem Temperaturverlauf in Prozessrichtung dienen der Beschreibung der Systemtechnik. Insbesondere das thermodynamische Modell sollte jedoch um die zu verarbeitenden Materialien in der Prozesszone erweitert werden, um eine präzise Vorhersage der Temperaturverläufe zu ermöglichen. Vor dem Hintergrund der zum Teil stark ausgeprägten Temperaturschwankungen ist die Kenntnis der zeitlichen Temperaturverläufe für eine optimale Prozessführung zwingend erforderlich.
Die genauen Vorgänge zur Faserverschiebung (*Fiber-Washing*-Effekt) sowie die Einflüsse der Prozessparameter hierauf sollten weiter erforscht werden. So könnte der Prozess entsprechen angepasst und der Effekt zielgerichtet unterbunden werden. Neben den nachgewiesenen planaren Matrixströmen entgegen der Vorschubrichtung könnte eine Beschleunigung des Imprägnierungsprozesses durch die gezielte Anregung planarer Polymerströmungen quer zur Vorschubrichtung untersucht werden. Dies ließe sich beispielsweise durch eine vom Presseneinlauf zum Pressenende hin abnehmende Bombierung der Walzenbeschichtungen realisieren, um so Druckgradienten quer zum Bahnvorschub zu erzeugen.

Motivation für die Kombination der Heiz- und Druckmechanismen war die Synthese eines Gesamtsystems hoher Energieeffizienz bei moderaten Kosten und guter Skalierbarkeit. Der Fokus der Arbeit lag dabei auf den technologischen Untersuchungen. Vorsichtige Hochrechnungen für eine industrielle Anlage nach dem entwickelten Konzept deuten sowohl bei den Investitionskosten als auch dem Energieverbrauch auf eine Halbierung der Werte gegenüber konventionellen Doppelbandpressen mit fluidischem Druckkissen und vergleichbaren Prozessparametern hin. Eine umfassende wirtschaftliche und energetische Bewertung des Anlagenkonzepts steht jedoch noch aus. Dabei gilt es insbesondere zu untersuchen, wie groß der resultierende Wirkungsgrad des Gesamtsystems ausfällt, und unter welchen Randbedingungen bzw. bei welchen Produktionsszenarien der Einsatz einer solchen Doppelbandpresse wirtschaftlich und technologisch sinnvoll ist. Dazu sollte eine Bilanzierung der Einzelkomponenten sowie der Netto-Energieströme durchgeführt werden. Ein Vergleich zu Anlagen nach dem Stand der Technik mit vergleichbaren erreichbaren Prozessgrößen Druck, Temperatur, und Zeit sollte dabei als Maßstab dienen. Des Weiteren sollte die Wirtschaftlichkeitsbetrachtung des Systems in Hinblick auf die Szenarien Direktimprägnierung oder der Konsolidierung vorimprägnierter Lagen mögliche Einsatzgebiete identifizieren. Dabei spielen auch notwendige Skalierungen der Module sowie die herzustellenden Quadratmeter Laminat pro Zeit eine wichtige Rolle.

Summary and Outlook

Summary

The thesis at hand investigates the combined use of electromagnetic induction and elastic rollers in a double belt press for the production of TP-FRP laminates. It was shown that the developed system allows for the consolidation of pre-impregnated layers as well as the impregnation of dry fiber structures with thermoplastic polymer.

For the investigation of elastic rollers, a material model for the non-linear stress-strain behavior of an elastomer was developed and implemented into a numerical simulation. Empirical measurements with real rollers were in good agreement with the model. Parameter studies carried out showed that rollers of smaller diameter with thick coating represent the most favorable configuration with regard to stress load, pressure zone ratio and k-value. Depending on the application, the permissible line load and roller deflection may not be exceeded.

The developed methodology offers the possibility to identify optimized roller configurations with regard to given process parameters pressure and time. In case of known stress-strain behavior, this is possible with only little simulation effort. Furthermore, comparative tests on temperature resistance have shown that special elastomers can be used to process high-melting polymers such as PA66 or PC at temperatures of 300°C. A thermal insulation of the rollers can further increase their service life.

It has been demonstrated that the steel belts of a double belt press can be heated quickly and efficiently by means of electromagnetic induction in a transverse field arrangement. A main heating zone positioned upstream of the pressure zone as well as intermediate heating zones positioned intermittently with the pressure rollers were used. The high achievable heating rate of the heating method can lead to a buckling of the steel belts.
Depending on speed and pressure, temperature fluctuations in the process zone were measured. These are caused by heat flows into the tempered roller cores. The temperature fluctuations can be reduced by an increased roller core temperature $T_{W,vor}$ as well as increased process speed (e.g. for an average process temperature of 200°C from ±70°C ($T_{W,vor} = 20°C, v_p = 100\,mm/min,$) to ±10C° ($T_{W,vor} = 90°C,$ $v_p = 1000\,mm/min,$)). The developed thermodynamic model can support process optimization and reduce the necessary experimental effort.

The sensitive reaction of the induced power to a change in distance between inductor and belts was identified as an important parasitic effect. Due to the elastic deformation of the roller covers, a pressure-dependent vertical displacement of the laminate plane occurs. In order to achieve a homogeneous temperature in upper and lower belt, a position control of the inductor is necessary. Besides the process pressure, it could also be shown that a jump in material thickness leads to a short-term higher power input due to the altered belt distance. This results in a temperature increase in the upper belt. In the system used for a jump of material thickness of 0.6 mm, a temperature increase of over 30°C could be observed.

The developed heating and pressure application mechanisms were first tested in a double belt press system by consolidating pre-impregnated PC-CF tapes. The joining quality was measured by the lap shear strength. The strengths achieved were about 50 % higher than those of a conventional tape laying process.

In the following tests, the selected process speeds of 200 and 300 mm/min were too low to achieve a pore-free impregnation of PA66-GF organic sheets. Due to the temperature drop between the intermediate zones caused by heat flows into the pressure rollers, the impregnation process was presumably slowed down too much. PP-GF samples produced showed a pore-free impregnation at a speed of 500 mm/min.

The formation of a bead within the calender nips could be identified as a possible cause for the formation of parabolic fiber displacements (fiber washing effect). The fiber displacement could be minimized by a lower roller pressure or reduced polymer melt flow through the nip. The latter could be regulated by material thickness or process speed. Planar matrix flows opposite to the process feed direction over the entire width of the belts were detected. These could have an accelerating effect on the impregnation process.

Outlook

The tests carried out have shown the basic capability of the double belt press system developed for the production of TP-FRP laminates. However, there is still a need for further research prior to industrial application of the system.

By adding a fourth holding inductor to the system (see Bild 5-5), scaling the length with additional pairs of rollers, and further optimizing the process parameters, it is possible to impregnate PA66-GF laminates without pores. Further tests should be carried out with textile structures made of carbon fibers. As explained in chapters 2.3.1 and 2.3.5, these show smaller flow paths within the rovings and thus represent a greater challenge in terms of process and plant technology.

A controlled positioning system of the vertical inductor position relative to the steel belts is regarded as one of the most important extensions due to the distance sensitivity of the induction heating process. Furthermore, the examined elastomer M115.60 showed a better thermal resistance than the Eurosil used in the thesis at moderate additional costs. Long-term investigations on the service life of the elastomers used under pressure and temperature are to be carried out. The thermal insulation of the rollers should also be tested.

The models created for elastic deformation and temperature profile progression in process direction are intended to describe the system technology. However, particularly the thermodynamic model should be extended to include the materials to be processed in the process zone in order to enable a precise prediction of the temperature profile. Against the background of distinct temperature fluctuations, knowledge of the temperature profile over time is essential for an optimal process control.

The specific processes involved in fiber displacement and the influence of the process parameters on this should be further researched. The process could then be adopted accordingly to avoid the formation of the displacement entirely. In addition to the proven planar matrix flows against the process direction, an acceleration of the impregnation process by means of planar polymer flows transverse to the feeding direction could be investigated. This could be realized, for example, by a crowning of the roller coatings decreasingly from the press inlet to the press end to create pressure gradients transverse to the web feed.

The motivation for the combination of the selected heating and pressure application mechanisms was the synthesis of a system with high energy efficiency at moderate costs and good scalability. The focus of the thesis was on the technological investigations. Cautious forecasts for an industrial plant based on the developed concept indicate that the investment costs as well as the energy consumption are half the values as for conventional double belt presses with fluidic pressure pads and comparable process parameter ranges. However, a comprehensive economical and energetical evaluation of the system concept is pending. The investigations should clarify the resulting energy efficiency of the system as well as the boundary conditions or production scenarios, which make the use of such a double belt press economically and technically reasonable.

For this purpose, a balance of the individual components as well as the net energy flows should be carried out. A comparison with state-of-the-art presses with comparable achievable process parameters for pressure, temperature and time should serve as a benchmark. In addition, the economic analysis of the system with regard to the scenarios direct impregnation or consolidation of pre-impregnated layers should identify possible areas of application. Any necessary scaling of the modules as well as the square meters of laminate to be produced per time need to be considered.

8 Literaturverzeichnis

[AKER15] Aker, R. van den: *UD and crossply technology for making composite tailored blanks in automotive and aerospace applications. In:* Proceedings of the International SAMPE Europe Conference, 2015.

[ANSO88] Ansorge, H.; Jentzsch, J.: *Beanspruchung und Betriebsverhalten von gummierten Walzen.* Wissenschaftliche Schriftenreihe. TU Karl-Marx-Stadt, 1988.

[ARDI38] Ardichvili, G.: *Versuch der rationalen Bestimmung der Bombierung von Kalanderwalzen. In:* Kautschuk. 14. Jg., 1938, Nr. 2.

[ASTM14a] ASTM D 1894. ASTM (2014). Standard Test Method for Static and Kinetic Coefficients of Friction of Plastic Film and Sheeting.

[ASTM14b] ASTM D 5868. ASTM (2014). Standard Test Method for Lap Shear Adhesion for Fiber Reinforced Plastic (FRP) Bonding.

[AUST13a] Austrell, P.-E.: *Analytical modelling of hysteresis heating in rolling contact of rubber covered rollers. In:* Plastics, Rubber and Composites. 42. Jg., 2013, Nr. 7.

[AUST13b] Austrell, P.-E.; Olsson, A. K.: *Two-dimensional elastic contact model for rubber covered rollers. In:* Plastics, Rubber and Composites. 42. Jg., 2013, Nr. 7.

[AWAJ16] Awaja, F.: *Autohesion of Polymers. In:* Polymer. 97. Jg., 2016.

[BAAS10] Baaser, H.: *Simulationsmodelle für Elastomere. In:* ATZ-Automobiltechnische Zeitschrift. 112. Jg., 2010, Nr. 5.

[BAAS11] Baaser, H.; Schobel, A.; Michaeli, W.; Masberg, U.: *Vergleich von äquibiaxialen Prüfständen zur Kalibrierung von Werkstoffmodellen. In:* Kautschuk, Gummi, Kunststoffe. 5. Jg., 2011, Nr. 64.

[BATT82] Battermann, W.; Köhler, R.: *Elastomere Federung, elastische Lagerungen.* Grundlagen ingenieurmäßiger Berechnung und Konstruktion. Berlin: Wilhelm Ernst & Sohn, 1982.

[BAUM17] Baumgärtner, S.: *Beitrag zur Konsolidierung von thermoplastischen Hochleistungsfaserverbundwerkstoffen.* Dissertation. KIT, 2017.

[BELT14] N.N.: *Greener, Cleaner Cooking with Belt Technologies Steel Belts. In:* Food Processing, 2014, Nr. 8.

[BENK90] Benkowsky, G.: *Induktionserwärmung.* Härten, Glühen, Schmelzen, Löten, Schweißen; Grundlagen und praktische Anleitungen für Induktionserwärmungsverfahren, insbesondere auf dem Gebiet der Hochfrequenzerwärmung. 5. Aufl. Berlin: Verlag Technik GmbH, 1990.

[BERG11] Bergman, T. L.; Lavine, A. S.; Incropera, F. P.; DeWitt, D. P.: *Fundamentals of heat and mass transfer.* 7. Aufl.: Wiley, 2011.

[BERG98] Bergström, J. S.; Boyce, M. C.: *Constitutive modeling of the large strain time-dependent behavior of elastomers. In:* Journal of the Mechanics and Physics of Solids. 46. Jg., 1998, Nr. 5.

[BERN18a] N.N.: *Modulare Doppelbandpresse.* Berndorf Band Group Broschüre, 2018.

[BERN18b] Stückler, T.: *Stahlbänder für die Gummiindustrie.* Berndorf Band Group Produktbroschüre, 2018.

[BERN99] Bernet, N.; Michaud, V.; Bourban, P. E.; Manson, J. A.E.: *An Impregnation Model for the Consolidation of Thermoplastic Composites Made from Commingled Yarns. In:* Journal of Composite Materials. 33. Jg., 1999, Nr. 8.

[BERT01] Berthold, U.: *Beitrag zur Thermoformung gewebeverstärkter Thermoplaste mittels elastischer Stempel.* Dissertation. TU Chemnitz, 2001.

[BINO17] N.N.: *Solutions & Products.* BINOS Produktbroschüre, 2017.

[BINO18] N.N.: *Alles im grünen Bereich mit der Doppelbandpresse Ultra Press CPL von Binos. In:* Surface-Magazin, 2018.

[BLED95] Bledzki A. K.; Kurek K.; Gassan J.: *Mikroporen in Faserverbundwerkstoffen. In:* Kunststoffe. 85. Jg., 1995, Nr. 12.

[BOWE10] Bower, A. F.: *Applied mechanics of solids.* 1. Aufl. Boca Raton, Florida, USA: CRC Press, 2010.

[BREC14] Brecher, C.; Kermer-Meyer, A.; Emonts, M.: *Efficient processes for continuous fiber-reinforced thermoplastics. In:* Proceedings of 4th Internation Carbon Composites Conference. Acochon, France, 2014.

[BREM17] Offenlegungsschrift DE102017123922 (18.04.2019) Bremser, W.; Brüll, R.; Gries, T.; Lüking, A.: *Mehrkomponentenfaser und Verfahren zur Herstellung.*

[BROS19] N.N.: *Technik für Türen und Heckklappen.* Brose Unternehmenshomepage. URL: https://www.brose.com/de-de/produkte/ [Stand: 06.03.2019].

[BRUS92] Bruschke, M. V.: *A Predictive Model for Permeability and Non-isothermal Flow of Viscous and Shear-Thinning Fluids in Anisotropic Fibrous Media.* Dissertation. University of Delaware, 1992.

[BRUS93] Bruschke, M. V.; Advani, S. G.: *Flow of generalized Newtonian fluids across a periodic array of cylinders. In:* Journal of Rheology. 37. Jg., 1993, Nr. 3.

[BÜHL17] Bühler, V. A.: *Gradual Impregnation during the Production of Thermoplastic Composites.* Dissertation. TU München, 2017.

[BÜRK16] Bürkle, E.; Wobbe, H.: *Kombinationstechnologien auf Basis des Spritzgießverfahrens.* München: Carl Hanser Verlag, 2016.

[CAI92a] Cai, Z.: *Estimation of the permeability of fibrous preforms for resin transfer moulding processes. In:* Composites Manufacturing. 3. Jg., 1992, Nr. 4.

[CAI92b] Cai, Z.; Gutowski, T.: *The 3-D Deformation Behavior of a Lubricated Fiber Bundle. In:* Journal of Composite Materials. 26. Jg., 1992, Nr. 8.

[CARM37] Carman, P. C.: *Fluid flow through granular beds. In:* Transactions of the American Institute of Chemical Engineers, 1937, Nr. 15.

[CARR68] Carreau, P. J.: *Rheological Equations from Molecular Network Theories.* Dissertation. University of Wisconsin, 1968.

[CARR72] Carreau, P. J.: *Rheological Equations from Molecular Network Theories. In:* Transactions of the Society of Rheology. 16. Jg., 1972, Nr. 1.

[CHRI14] Christmann, M.: *Optimierung der Organoblechherstellung durch 2D-Imprägnierung.* Dissertation. TU Kaiserslautern, 2014.

[COGS92] Cogswell, F. N.: *Thermoplastic aromatic polymer composites.* A study of the structure, processing, and properties of carbon fibre reinforced polyetheretherketone and related materials. Oxford England, Boston: Butterworth-Heinemann, 1992.

[CONN95] Connor, M.; Toll, S.; Månson, J.-A. E.: *On surface energy effects in composite impregnation and consolidation. In:* Composites Manufacturing. 6. Jg., 1995, 3-4.

[COVE18] N.N.: *CF GP 1000T.* Covestro vorläufiges Produktdatenblatt. Edition 1/9/2018.

[COVE19] N.N.: *Maezio™ thermoplastic composites.* Covestro Unternehmenshomepage. URL: https://www.lp.covestro.com/en/maezio [Stand: 22.03.2019].

[DARA85] Dara, P. H.; Loos, A. C.: *Thermoplastic Matrix Composite Processing Model.* Interim Report 57. Virginia Polytechnic Institute and State University, Blacksburg, Virginia 24061, USA, 1985.

[DARC56] Darcy, H.: *Les Fontaines Publiques de la Ville de Dijon.* Paris: Victor Dalmont, 1856.

[DESC15] Descoteaux, C.: *Induction Work Roll Heating Technology for Superior Rolling Mill Shape Control.* Comaintel Inc., 2015.

[DESR70] DesRuisseaux, N. R.; Zerkle, R. D.: *Temperature in Semi-Infinite and Cylindrical Bodies Subjected to Moving Heat Sources and Surface Cooling. In:* Journal of Heat Transfer. 92. Jg., 1970, Nr. 3.

[DIEF17a] N.N.: *Tailored Blank Line with Fiberforge and Fiberforge Systems*. Dieffenbacher Produktbroschüre, 2017.

[DIEF17b] N.N.: *Continuous Presses CPS+*. Dieffenbacher Produktbroschüre, 2017.

[DIN10] DIN EN ISO 527-5. DIN (2010). Kunststoffe - Bestimmung der Zugeigenschaften - Teil 5: Prüfbedingungen für unidirektional faserverstärkte Kunststoffverbundwerkstoffe.

[DIN12] DIN ISO 7619-1. DIN (2012). Elastomere oder thermoplastische Elastomere – Bestimmung der Eindringhärte – Teil 1: Durometer-Verfahren (Shore-Härte).

[DOMI12] Domininghaus, H.; Elsner, P.; Eyerer, P.; Hirth, T.: *Kunststoffe*. Eigenschaften und Anwendungen. 8. Aufl. Berlin, Heidelberg: Springer-Verlag, 2012.

[EGGE17] Eggert, A.: *Faserverbundwerkstoffe*. VDI-Statusreport, 2017.

[EHRE11] Ehrenstein, G.: *Polymer-Werkstoffe*. Struktur - Eigenschaften - Anwendung. 3. Aufl. München: Carl Hanser Verlag, 2011.

[ELOT19] N.N.: *Elotherm MetalLine - Induktionslösungen: Metallurgie*. SMS Elotherm GmbH Broschüre, 2019.

[ERMA07] Ermanni, P.: *Composites Technologien*. Skript zur ETH-Vorlesung 151-0307-00L. 4. Aufl. Zürich, 2007.

[ERMA19] N.N.: *Einstufige Direktverarbeitung*. Erste Maschinen Fabrik ERMAFA Unternehmenshomepage. URL: https://www.ersoma.info/geschaeftsbereiche/sondermaschinenbau/projekte/einstufige-direktverarbeitung/ [Stand: 23.04.2019].

[EVON19] N.N.: *Vestape: Lightweight and strong tapes*. Evonik Unternehmenshomepage. URL: https://composites.evonik.com/product/composites/en/products-services/Tapes/ [Stand: 21.03.2019].

[FLEM96] Flemming, M.; Ziegmann, G.; Roth, S.: *Faserverbundbauweisen*. Halbzeuge und Bauweisen. Berlin: Springer-Verlag, 1996.

[FOFA13] Fofanov, D.; Heubner, U.: *Magnetische Eigenschaften nichtrostender Stähle*. Merkblatt 827. 1. Aufl., 2013.

[FRAU19] N.N.: *Kalander-Direktimprägnieranlage*. Fraunhofer-Projektzentrum Wolfsburg Homepage. URL: https://www.hybridleichtbau.fraunhofer.de/de/anlagentechnik/Kalander-Impraegnieranlage.html [Stand: 23.04.2019].

[FRIE17] Friedrich, H. E. (Hrsg.). In: Leichtbau in der Fahrzeugtechnik (Reihe: ATZ / MTZ-Fachbuch). 2. Aufl. Wiesbaden: Springer-Verlag, 2017.

[FUJI19] N.N.: *Pressure Measurement Film Prescale LLW.* Fujifilm Instruction Manual, 2019.

[FULF02] Fulford, G.; Broadbridge, P.: *Industrial mathematics.* Case studies in the diffusion of heat and matter. Cambridge: Cambridge University Press, 2002.

[GASK50] Gaskell, R. E.: *The calendering of plastic materials. In:* Journal of Applied Mechanics, 1950, Nr. 17.

[GEBA92] Gebart, B. R.: *Permeability of Unidirectional Reinforcements for RTM. In:* Journal of Composite Materials. 26. Jg., 1992, Nr. 8.

[GECI86] Gecim, B.; Winer, W. O.: *Steady Temperatures in a Rotating Cylinder - Some Variations in the Geometry and the Thermal Boundary Conditions. In:* Journal of Tribology. 108. Jg., 1986, Nr. 3.

[GENT12] Gent, A. N.: *Engineering with rubber.* How to design rubber components. 3. Aufl. München: Carl Hanser Verlag, 2012.

[GENT58] Gent, A. N.: *On the relation between indentation hardness and Young's modulus. In:* Rubber Chemistry and Technology. 31. Jg., 1958, Nr. 4.

[GIBS92] Gibson, A. G.; Månson, J.-A.: *Impregnation technology for thermoplastic matrix composites. In:* Composites Manufacturing. 3. Jg., 1992, Nr. 4.

[GIDD15] Giddings, P.; Di Francesco, M.: *Reducing cost and risk in layup of convex corners using Automated Fibre Placement - A simulation led approach. In:* Proceedings of the 2nd International Symposium on Automated Composites Manufacturing. Montreal, 2015.

[GRAY97] Gray, G.; Blumenthal, W.; Trujillo, C.; Carpenter, R.: *Influence of temperature and strain rate on the mechanical behavior of Adiprene L-100. In:* Le Journal de Physique IV. 7. Jg., 1997, C3.

[GROU12] Grouve, W.J.B.: *Weld strength of laser-assisted tape-placed thermoplastic composites.* Dissertation. University of Twente, 2012.

[GRUB89] Gruber, U.: *Berechnen der Temperatur-, Geschwindigkeits- und Druckprofile von Polymeren im Kalanderspalt.* Dissertation. TU Hannover, 1989.

[GUTO85] Gutowski, T. G.: *A Resin Flow/Fiber Deformation Model for Composites. In:* SAMPE Quarterly. 16. Jg., 1985, Nr. 4.

[GUTO87b] Gutowski, T. G.; Cai, Z.; Bauer, S.; d. Boucher; Kingery, J.; Wineman, S.: *Consolidation Experiments for Laminate Composites. In:* Journal of Composite Materials. 21. Jg., 1987, Nr. 7.

[GUTO97] Gutowski, T. G.: *Advanced composites manufacturing.* New York, NY: Wiley, 1997.

[HAUB75] Haubitzer, W.: *Die stationäre Temperaturverteilung in Walzen. In:* Archiv für das Eisenhüttenwesen. 46. Jg., 1975, Nr. 10.

[HAUP97] Haupt, U.; Wodarsch, D.: *Economic production of HPL on the universal Hydro Dyn Press. In:* Proceedings of the TAPPI Asia Laminate Symposium, 1997.

[HEIP13] Heipl, O.: *Experimentelle und numerische Modellbildung zur Bestimmung der Reibkraft translatorischer Dichtungen.* Dissertation. RWTH Aachen, 2013.

[HENK11] Henke, H.: *Elektromagnetische Felder.* 4. Aufl. Berlin, Heidelberg: Springer-Verlag, 2011.

[HENN11] Henning, F.; Moeller, E.: *Handbuch Leichtbau.* Methoden, Werkstoffe, Fertigung. München: Carl Hanser Verlag, 2011.

[HERT81] Hertz, H.: *Über die Berührung fester elastischer Körper. In:* Journal für die reine und angewandte Mathematik. 92. Jg., 1881, Nr. 9.

[HSIA12] Hsiao, K.-T.; Advani, S. G.: *Manufacturing techniques for polymer matrix composites (PMCs).* Philadelphia, PA: Woodhead Pub, 2012.

[HUES19] N.N.: *W8SVR - The neolaminate for lightweight applications.* Hüsker Unternehmenshomepage. URL: https://www.w8svr.com/ [Stand: 22.03.2019].

[HYMM14] N.N.: *CPL glänzt in mehreren Disziplinen.* Hymmen setzt neue Maßstäbe in der Laminatproduktion. In: Möbelfertigung, 2014, Nr. 4.

[HYMM16] N.N.: *Doppelbandpressen.* Hymmen Produktbroschüre. Bielefeld, 2016.

[HYMM19] N.N.: *Doppelbandpressenanlagen.* Hymmen Unternehmenshomepage. URL: https://www.hymmen.com/ [Stand: 23.04.2019].

[IPCO18] N.N.: *The World of TermoPress Systems.* IPCO Produktbrochure, 2018.

[ISHI19] Ishida, O.; Kitada, J.; Nunoani, K.; Uzawa, K.: *Continuous manufacturing technology of stampable thick organo-sheet using fixed rollers double belt press. In:* SAMPE Conference proceedings, 2019, Charlotte/USA.

[ISO15a] ISO 6123-1. ISO (2015). Rubber or plastics covered rollers - specifications. Part 1: Requirements for hardness.

[JERS01] Jerschow, P.: *Silicone elastomers.* Rapra Review Reports. Shawbury, England: Rapra Technology Limited, 2001.

[JESP08] Jespersen, S. T.; Wakeman, M. D.; Michaud, V.; Cramer, D.; Månson, J.-A. E.: *Film stacking impregnation model for a novel net shape thermoplastic composite preforming process. In:* Composites Science and Technology. 68. Jg., 2008, 7-8.

[JOHA99] Johannknecht, R.: *The physical testing and modelling of hyperelastic materials for finite element analysis.* Forts.-Ber. VDI Reihe 20, Nr. 302. Düsseldorf: VDI Verlag, 1999.

[JUNG11] EP 2 540 475 B1 (02.05.2018) Jung, G.-H.; Kim, H.-J.: *High Frequency Induction Heating Double Steel Belt Press Apparatus.*

[KIES15] Kieser, R.: *Sandvik TPS Composite Solutions.* Double Belt Press Systems. IKV Fachtagung. Aachen, 23.11.2015.

[KOPS78] Kopsch, H.: *Kalandertechnik.* 1. Aufl. München: Carl Hanser Verlag, 1978.

[KOZE27] Kozeny, J.: *Über kapillare Leitung des Wassers im Boden - Aufstieg, Versickerung und Anwendung auf die Bewässerung.* Sitzungsberichte Akademie der Wissenschaften. Wien, Abt. IIa, 1927.

[KRÄM19] Krämer, A.: *Steigerung der Imprägnierleistung der Intervall-Heißpresstechnik für die Herstellung von 50" Organoblechen. In:* 22. Symposium Verbundwerkstoffe und Werkstoffverbunde. Kaiserslautern, 2019.

[KUNS19] N.N.: *Tailored Blanks in unter 5 Sekunden.* Maschinenentwicklung des AZL erhält JEC Award. URL: https://www.kunststoffe.de/produkte/uebersicht/beitrag/tailored-blanks-in-unter-5-sekunden-maschinenentwicklung-des-azl-erhaelt-jec-award-8312913.html [Stand: 18.08.2020].

[KUNZ06] Kunz, J.; Studer, M.: *Druck-Elastizitätsmodul über Shore-A-Härte ermitteln. In:* Kunststoffe. 96. Jg., 2006, Nr. 6.

[LACK14] Lackmann, J.; Villwock, J.: *Stabilitätsprobleme. In:* Grote, K.-H.; Feldhusen, J. (Hrsg.): Dubbel - Taschenbuch für den Maschinenbau. Berlin, Heidelberg: Springer-Verlag, 2014.

[LAM91] Lam, R. C.; Kardos, J. L.: *The permeability and compressibility of aligned and cross-plied carbon fiber beds during processing of composites. In:* Polymer Engineering & Science. 31. Jg., 1991, Nr. 14.

[LANG12] Lang, K.: *Zur Erweiterung des Spektrums von Faser-Kunststoff-Verbunden mit thermoplastischer Matrix.* Einsatz unidirektional faserverstärkter Halbzeuge in hoch belasteten Strukturbauteilen des Automobil- und Flugzeugbaus. Dissertation. TU Darmstadt, 2012.

[LEE03] Lee, O. S.; Kim, M. S.; Kim, K. J.; Hwang, S. W.; Cho, K. S.: *Dynamic deformation behavior of rubber under high strain rate compressive loading. In:* International Journal of Modern Physics. 17. Jg., 2003, 08 - 09.

[LEE87] Lee, W. I.; Springer, G. S.: *A Model of the Manufacturing Process of Thermoplastic Matrix Composites. In:* Journal of Composite Materials. 21. Jg., 1987, Nr. 11.

[LEHN10] Lehner, G.: *Elektromagnetische Feldtheorie.* Für Ingenieure und Physiker. 7. Aufl. Berlin, Heidelberg: Springer-Verlag, 2010.

[LIU15] Liu, D.; Zhu, Y.; Ding, J.; Lin, X.: *Experimental investigation of carbon fiber reinforced poly(phenylene sulfide) composites prepared using a double-belt press. In:* Composites Part B: Engineering. 77. Jg., 2015.

[LONG05] Long, A. C.: *Design and manufacture of textile composites.* Cambridge, Boca Raton: Woodhead, 2005.

[LOUD06] Patent WO 2006/116807 (23.01.2008) Louden, B.: *Non-pneumatic tyre assembly.*

[LU14] Lu, Y.; Pagilla, P. R.: *Modeling of Temperature Distribution in Moving Webs in Roll-to-Roll Manufacturing. In:* Journal of Thermal Science and Engineering Applications. 6. Jg., 2014, Nr. 4.

[LUIT01] Luiten, E. E. M.: *Beyond energy efficiency.* Actors, networks and government intervention in the development of industrial process technologies. Dissertation. Universität Utrecht, 2001.

[LÜKI17] Lüking, A.; Brüll, R.; Köhler, T.; Pico, D.; Seide, G.; Gries, T.: *One Step Production of Bicomponent Yarns with Glass Fibre Core and Thermoplastic Sheath for Composite Applications. In:* Key Engineering Materials. 742. Jg., 2017.

[LUTH03] Luther, S.: *Berücksichtigung der freien Knetoberfläche beim Berechnen von Strömungsfeldern im Kalanderspalt.* Dissertation. Universität Hannover, 2003.

[MAGC19] N.N.: *Induction heating applications with MagComp technology.* MagComp AB Unternehmenshomepage. URL: http://www.magcomp.se [Stand: 23.10.2019].

[MALE16] Malek, P.; Walczyk, D.: *Silicone Rubber Properties During Consolidation/Curing of Advanced Composites Using Specialized Elastomeric Tooling. In:* Journal of Manufacturing Science and Engineering. 138. Jg., 2016, Nr. 2.

[MANT92a] Mantell, S. C.; Springer, G. S.: *Manufacturing Process Models for Thermoplastic Composites. In:* Journal of Composite Materials. 26. Jg., 1992, Nr. 16.

[MANT92b] Mantell, S. C.; Wang, Q.; Springer, G. S.: *Processing Thermoplastic Composites in a Press and by Tape Laying - Experimental Results. In:* Journal of Composite Materials. 26. Jg., 1992, Nr. 16.

[MARO94] Marotta, E. E.; Fletcher, L. S.: *Thermal contact conductance of selected polymeric materials. In:* Journal of Thermophysics and Heat Transfer. 10. Jg., 1994, Nr. 2.

[MASO19] Mason, H.: *Kingfa supplies UD tapes for Ford door modules. URL:* https://www.compositesworld.com/news/kingfa-supplies-ud-carbon-fiberpp-tapes-for-ford-door-modules [Stand: 18.08.2020].

[MAXW65] Maxwell, J. C.: *A dynamical theory of the electromagnetic field. In:* Philosophical Transactions of the Royal Society of London, 1865, Nr. 155.

[MAYE00] Mayer, C.: *Prozessanalyse und Modellbildung bei der Herstellung gewebeverstärkter, thermoplastischer Halbzeuge.* Dissertation. TU Kaiserslautern, 2000.

[MAYE98] Mayer, C.; Wang, X.; Neitzel, M.: *Macro- and micro-impregnation phenomena in continuous manufacturing of fabric reinforced thermoplastic composites. In:* Composites Part A: Applied Science and Manufacturing. 29. Jg., 1998, Nr. 7.

[MCDO00] Mcdonald, D.; Hamel, J.; Kerekes, R.: *Design equation for paper machine press sections. In:* Journal of Pulp and Paper Science. 26. Jg., 2000, Nr. 11.

[MENG11] Menges, G.; Haberstroh, E.; Michaeli, W.; Schmachtenberg, E.: *Menges Werkstoffkunde Kunststoffe.* 6. Aufl. München: Carl Hanser Verlag, 2011.

[MENN08] Mennig, G.; Bader, C.: *Werkzeugbau für die Kunststoffverarbeitung.* Bauarten, Herstellung, Betrieb. 5. Aufl. München: Carl Hanser Verlag, 2008.

[MEYE07] Meyer, N. T.: *Einfluss von Druckänderungen während des Heißpressprozesses auf die mechanischen Eigenschaften von Holzwerkstoffen.* Dissertation. Universität Hamburg, 2007.

[MEYE15] N.N.: *Kompetenz in Kaschieren.* Maschinenfabrik Herbert Meyer GmbH Produktbroschüre, 2015.

[MEYE19] N.N.: *Thermokonsolidieren.* Maschinenfabrik Herbert Meyer GmbH Unternehmenshomepage. URL: https://www.meyer-machines.com/pressen/thermokonsolidieren/ [Stand: 23.04.2019].

[MING19] N.N.: *Double-Belt Presses.* Shanghai MingKe Process Systems Unternehmenshomepage. URL:

https://en.mingkebelt.com/ProductView.asp?ID=34 [Stand: 17.04.2019].

[MISC06] US 7810539 (12.10.2010) Mischler, P.; Tingley, M.; Hoffmann, K.: *Compaction Roller for a Fiber Placement Machine*.

[MITS19] N.N.: *Steel Belt Machines*. Mitsubishi Chemical Engineering Unternehmenshomepage. URL: https://www.mec-value.com/english/solution/steelbelt.html [Stand: 17.04.2019].

[MOON40] Mooney, M.: *A theory of large elastic deformation. In:* Journal of Applied Physics. 11. Jg., 1940, Nr. 9.

[MÜLL19] Müller, A.; Königsreuther, P.: *Kräftige Intervallheizpresse für Organobleche. URL:* www.blechnet.com [Stand: 24.06.2019].

[MULL69] Mullins, L.: *Softening of rubber by deformation. In:* Rubber Chemistry and Technology. 42. Jg., 1969, Nr. 1.

[NACK13] Nacke, B.; Baake, E.: *Elektrothermische Verfahren. In:* Pfeifer, H. (Hrsg.): Handbuch industrielle Wärmetechnik. Grundlagen, Berechnungen, Verfahren. 5 Aufl. Essen: Vulkan-Verlag, 2013.

[NASD15] Nasdala, L.: *FEM-Formelsammlung Statik und Dynamik.* Wiesbaden: Springer-Verlag, 2015.

[NAUV01] Nauvertat, G.: *Optimiertes Design industrieller induktiver Querfeld-Banderwärmungsanlagen.* Dissertation. Universität Hannover, 2001.

[NEIT14] Neitzel, M.; Mitschang, P.; Breuer, U.: *Handbuch Verbundwerkstoffe.* Werkstoffe, Verarbeitung, Anwendung. 2. Aufl. München: Carl Hanser Verlag, 2014.

[OSSW18] Osswald, T. A.; Rudolph, N.: *Polymer Rheologie.* Fundamentals and Applications. Munich, Cincinnati: Carl Hanser Verlag, 2018.

[OSTG97] Ostgathe, M.: *Zur Serienfertigung gewebeverstärkter Halbzeuge für die Umformung.* Dissertation. TU Kaiserslautern, 1997.

[PANK13] Pankoke, A.: *Alternative Press Solution. In:* FDM Asia, 2013, Sep/Oct.

[PANK86] Pankoke, W.: *Vergleich von Doppelbandpresse und Taktpresse für die Laminaterzeugung. In:* Holz als Roh- und Werkstoff. 44. Jg., 1986, Nr. 4.

[PANK97] Pankoke, W.: *Continuous press technology.* Modern plants for board products and advanced composites. Landsberg/Lech: Verlag Moderne Industrie, 1997.

[PARI58] Parish, G. J.: *Measurements of pressure distribution between metal and rubber covered rollers. In:* British Journal of Applied Physics. 9. Jg., 1958, Nr. 4.

[PARI97] Parihar, S. K.; Wright, N. T.: *Thermal contact resistance at elastomer to metal interfaces. In:* International Communications in Heat and Mass Transfer. 24. Jg., 1997, Nr. 8.

[PATU81] Patula, E. J.: *Steady-State Temperature Distribution in a Rotating Roll Subject to Surface Heat Fluxes and Convective Cooling. In:* Journal of Heat Transfer. 103. Jg., 1981, Nr. 1.

[RICE14] Rice, M. C.: *Adoption of Induction Heated Rolls to Reduce Energy Consumption and Improve Quality.* Tokuden Co., Ltd. TAPPI PLACE Conference. Ponte Vedra, FL, USA, 2014.

[RIEB11] Rieber, G.: *Einfluss von textilen Parametern auf dio Permeabilität von Multifilamentgeweben für Faserverbundkunststoffe.* Dissertation. TU Kaiserslautern, 2011.

[RIVL51] Rivlin, R. S.; Saunders, D. W.: *Large elastic deformations of isotropic materials. VII. Experiments on the deformation of rubber. In:* Philosophical Transactions of the Royal Society A: Mathematical, Physical and Engineering Sciences. 243. Jg., 1951, Nr. 865.

[RÖTH13] Röthemeyer, F.; Sommer, F.: *Kautschuk Technologie.* 3. Aufl. München: Carl Hanser Verlag, 2013.

[RUCK19] N.N.: *Pressensysteme für Kunststoffe und Composites.* Rucks Maschinenbau Unternehmenshomepage. URL: https://www.rucks.de/de_pressensysteme.html [Stand: 26.03.2019].

[RUDN03] Rudnev, V.: *Handbook of induction heating.* New York, NY: Dekker, 2003.

[RUHN99] Ruhnke, A.: *Systematische Untersuchung der induktiven Querfeld-Banderwärmung.* Dissertation. Universität Hannover, 1999.

[SAND09] N.N.: *Stahlbänder für die Produktion von Holzwerkstoffplatten und Laminaten.* Sandvik Broschüre, 2009.

[SANG82a] Sangani, A. S.; Acrivos, A.: *Slow flow through a periodic array of spheres. In:* International Journal of Multiphase Flow. 8. Jg., 1982, Nr. 4.

[SANG82b] Sangani, A. S.; Acrivos, A.: *Slow flow past periodic arrays of cylinders with application to heat transfer. In:* International Journal of Multiphase Flow. 8. Jg., 1982, Nr. 3.

[SCHA18] Schares, R. L.: *Historical Analysis and Outlook of Continuous Fiber-Reinforced Thermoplastic Composites in the Automotive Market. URL:* https://www.linkedin.com/pulse/historical-analysis-outlook-continuous-reinforced-market-schares/ [Stand: 12.06.2020].

[SCHÖ13] Schöldgen, R. A.: *Inline-Imprägnieren und Hochtemperatur-Diaphragma-Umformen endlosfaserverstärkter Thermoplaste.* Dissertation. RWTH Aachen, 2013.

[SCHO19] N.N.: *Anlagen für die Wärmebehandlung und Vliesverfestigung.* Schott & Meissner Maschinen- und Anlagenbau Unternehmenshomepage. URL: https://www.schott-meissner.de/produkte/ [Stand: 23.04.2019].

[SCHÜ07] Schürmann, H.: *Konstruieren mit Faser-Kunststoff-Verbunden.* 2. Aufl. Berlin, Heidelberg: Springer-Verlag, 2007.

[SETE19] N.N.: *UD-TAPETEX.* SETEX Textil-GmbH Broschüre, 2019.

[SHER06] Shergold, O. A.; Fleck, N. A.; Radford, D.: *The uniaxial stress vs. strain response of pig skin and silicone rubber at low and high strain rates. In:* International Journal of Impact Engineering. 32. Jg., 2006, Nr. 9.

[SIEM14] N.N.: *Form und Pressenstrasse mit ContiRoll.* Siempelkamp Broschüre, 2014.

[SMOO16] Smook, G. A.; Kocurek, M. J.: *Handbook for pulp & paper technologists.* 4. Aufl.: TAPPI Press, 2016.

[SOIN86] Soiné, H.: *ContiRoll-Doppelbandpresse zur kontinuierlichen Herstellung von Spanplatten. In:* Holz als Roh- und Werkstoff. 44. Jg., 1986, Nr. 10.

[SPON03] Sponagel, S.; Unger, J.; Spies, K. H.: *Härtebegriff im Zusammenhang mit Vernetzung, Bruchdehnung und Dauerfestigkeit eines Elastomers. In:* Kautschuk, Gummi, Kunststoffe. 56. Jg., 2003, Nr. 11.

[STEL19] N.N.: *Composites & innovation: STELIA Aerospace presents the Arches Box TP project.* Stelia Aerospace Unternehmenshomepage. URL: http://www.stelia-aerospace.com/ [Stand: 21.03.2019].

[STEY13] Steyer, M.: *Laserunterstütztes Tapelegeverfahren zur Fertigung endlosfaserverstärkter Thermoplastlaminate.* Dissertation. RWTH Aachen, 2013.

[STOK16] Stokes-Griffin, C. M.; Compston, P.: *Investigation of sub-melt temperature bonding of carbon-fibre/PEEK in an automated laser tape placement process. In:* Composites Part A: Applied Science and Manufacturing. 84. Jg., 2016.

[STOM18] Stommel, M.; Stojek, M.; Korte, W.: *FEM zur Berechnung von Kunststoff- und Elastomerbauteilen.* 2. Aufl. München: Carl Hanser Verlag, 2018.

[TENC19] N.N.: *Cetex (R) reinforced thermoplastic laminates.* TenCate Advanced Composites Unternehmenshomepage. URL: https://www.tencatecomposites.com/products/thermoplastic/reinforced-thermoplastic-laminates [Stand: 06.03.2019].

[TEUB19] N.N.: *Intervallheißpressen (CCM-Technologie)*. Teubert Maschinenbau GmbH Unternehmenshomepage. URL: https://www.teubert.de/produkte-leistungen/maschinentypen.html#intervall-heißpresse.

[THOM02] Thomason, J. L.: *The influence of fibre length and concentration on the properties of glass fibre reinforced polypropylene*. 5. Injection moulded long and short fibre PP. In: Composites Part A: Applied Science and Manufacturing. 33. Jg., 2002, Nr. 12.

[THOM09] Thomas, S.: *Advances in polymer processing*. From macro- to nano-scales. Cambridge: Woodhead Publishing Ltd, 2009.

[TISS13] N.N.: *TIXPREF für Fahrzeugbau*. Tissa Glasweberei AG Produktbroschüre, 2013.

[TREN99] Trende, A.; Åström, B. T.; Wöginger, A.; Mayer, C.; Neitzel, M.: *Modelling of heat transfer in thermoplastic composites manufacturing: double-belt press lamination. In:* Composites Part A: Applied Science and Manufacturing. 30. Jg., 1999.

[UNKR72] Unkrüer, W.: *Beitrag zur Ermittlung des Druckverlaufs und der Fließvorgänge im Walzenspalt bei der Kalanderverarbeitung von PVC*. Dissertation. RWTH Aachen, 1972.

[VALM09] N.N.: *The mini shoe press rebuilt concept*. Valmet Technical Paper Series, 2009.

[VALM17] N.N.: *Valmet Black Belt Family*. Valmet Produktbroschüre, 2017.

[VIBR16] Vibrans, T.: *Induktive Erwärmung von Formplatinen für die Warmumformung*. Dissertation. TU Chemnitz, 2016.

[VOIT15] N.N.: *NipcoFlex - Die nächste Generation der Papierentwässerung*. Voith Paper Holding GmbH & Co. KG Produktbroschüre, 2015.

[VOß92] Voß, M.: *Konstruktion und Aufbau von Versuchsständen zur biaxialen Zugprüfung von Elastomeren*. Diplomarbeit. RWTH Aachen, 1992.

[WAHL81] Wahlstrom, B.: *Opportunities in pressing*. Part I. In: TAPPI Journal. 64. Jg., 1981, Nr. 1.

[WEIL19] Weiler, T.: *Thermal skin effect in laser-assisted tape placement of thermoplastic composites*. Dissertation. RWTH Aachen, 2019.

[WEND18a] Wendt, A.; Weiler, T.; Emonts, M.: *Machine Technologies for Thermoplastic Composite Blanks. In:* Proceedings on the International Conference & Exhibition on Thermoplastic Composites ITHEC, 2018.

[WEND18b] Offenlegungsschrift DE102018130019 (28.05.2020) Wendt, A.; Emonts, M.; Weiler, T.; Schares, R.: *Vorrichtung zur pressenden Bearbeitung von Flachmaterial*.

[WILL55] Williams, M. L.; Landel, R. F.; Ferry, J. D.: *The Temperature Dependence of Relaxation Mechanisms in Amorphous Polymers and Other Glass-forming Liquids. In:* Journal of the American Chemical Society. 77. Jg., 1955, Nr. 14.

[WÖGI04] Wöginger, A.: *Prozesstechnologien zur Herstellung kontinuierlich faserverstärkter thermoplastischer Halbzeuge.* Dissertation. TU Kaiserslautern, 2004.

[WOHL06] Wohlfahrt, D.; Jürgens, R.: *Induction heating of thin slabs and sheets in the rolling line. In:* Proceedings of the 51st International Scientific Colloquium. Technische Universität Ilmenau, 2006.

[XELI19] N.N.: *Plattenanlage - Thermoplastische Plattenware kontinuierlich produziert.* Xelis Unternehmenshomepage. URL: https://www.xelis.de/de/produkte/x-ccmr-produktionsmaschinen/plattenanlage.html [Stand: 23.04.2019].

[YANG02] Yang, F.; Pitchumani, R.: *Healing of Thermoplastic Polymers at an Interface under Nonisothermal Conditions. In:* Macromolecules. 35. Jg., 2002, Nr. 8.

[YASS17] Yassin, K.; Hojjati, M.: *Processing of thermoplastic matrix composites through automated fiber placement and tape laying methods. In:* Journal of Thermoplastic Composite Materials. 50. Jg., 2017, Nr. 2.

[YOSH86] Yoshida, H.; Ogasa, T.; Hayashi, R.: *Statistical approach to the relationship between ILSS and void content of CFRP. In:* Composites Science and Technology. 25. Jg., 1986, Nr. 1.

[ZEPP89] Zeppernick, F.: *Die gummierte Walze.* Ein Maschinenelement in der Textilindustrie, Teil IV. In: Textil Praxis International. 49. Jg., 1989, Nr. 11.

[ZEPP90] Zeppernick, F.: *Die gummierte Walze.* Ein Maschinenelement in der Textilindustrie, Teil VI. In: Textil Praxis International. 46. Jg., 1990.

9 Anhang I: Datenblätter der Elastomere

Appendix I: Specification sheets of elastomers

TECHNISCHE PRODUKTDATEN Sauer

EUROSIL 009 561

Werkstoff:	EUROSIL 009 561	**Polymerbasis:**	Q
Farbe:	Rotbraun	**Härte:**	60 Shore A

Physikalisch technische Merkmalsbeurteilungen:

Max. Einsatztemperatur:	200 °C	Elastizität:	1
Max. Dauereinsatztemperatur:	180 °C	Dynamisches Verhalten:	2
Linearer Ausdehnungskoeffizient:	0 K^{-1}	Abriebbeständigkeit:	4
Reibungszahl:	0 µD	Elektrische Leitfähigkeit:	4

Beständigkeitsbeurteilungen:

Mineralöl:	1
Ester/Ketone:	4
Alkohol:	1
Aromatische KW:	4
Aliphatische KW:	2
Wasser:	1
Ozon:	1

KW-haltige Waschmittel:	1	**Waschmittelempfehlung:**
Vegetalölhaltige Waschmittel:	1	
UV-Waschmittel:	0	

Bemerkungen: Der Werkstoff entspricht bei sachgemäßer, den Vorschriften entsprechender Verarbeitung:
FDA - Code of Federal Regulation, Titel 21 (CFR 21), Abschnitt 177.2600, „Rubber Articles Intended for Repeated Use", Stand 01.04.2005.
BfR - Empfehlung XV, "Silicone" des Bundesinstitutes für Risikobewertung (ehem. BGVV), Stand 01.04.2004
BfR - Empfehlung IX, „Farbmittel zum Einfärben von Kunststoffen und anderen Polymeren für Bedarfsgegenstände" des Bundesinstitutes für Risikobewertung (ehem. BGVV), Stand 01.06.1994

Bei Auftragserteilung ist ein Einsatz im Lebensmittelbereich anzugeben!

Unsere Datenblätter beruhen auf Messungen an Stichproben und stellen nur eine technische Beschreibung unserer Produkte dar. Sie entbinden den Anwender nicht von der Prüfung der Produkte auf Eignung für seine Zwecke und Verfahren.

Legende:

1= sehr gut / sehr gut beständig / sehr gut geeignet
2= gut / gut beständig / gut geeignet
3= befriedigend / bedingt beständig / bedingt geeignet
4= schlecht / nicht beständig / nicht geeignet
0= nicht geprüft

www.sauer-roller.com

Stand: 02/2013 - 02

Bild 9-1: Datenblatt Eurosil 009 561, Firma Sauer GmbH & Co (Berlin, Deutschland)
Specification sheet of Eurosil 009 561

MITEX®

Datum: 08.05.2019

Mischungseigenschaften

Ausgabe: | Mischung: **M115.60** | **SW**

Chemische Eigenschaften

Mineralöl:	1	Wasser,100 °C:	1	Oxidierende Medien:	3
BioÖl:	3	Schwefelsäure,20%,80 °C:	2	NaOH, 25%, 90 °C:	4
Benzin:	1	Salzsäure,20%,80 °C:	2	P3 - Lauge 90 °C:	4
Alkohol:	1	Chromsäure,49%,20 °C:	2	Ozon:	1
Ester / Ketone:	4	Salpetersäure,30%,20 °C:	2		
Essigsäure:	3	Mischsäure,75 °C:	4		

Beurteilung der chemischen Beständigkeit
0 - nicht getestet, 1 - sehr gut, 2 - gut, 3 - befriedigend, 4 - nicht zu empfehlen

Physikalische Eigenschaften

ShoreA (DIN 53505):	64	
ShoreD(DIN 53505):		
Pusey und Jones (ASTM D 531):		
Dichte (DIN 53479):		g/cm³
Elastizität (DIN 53512):	9,0	%
spez. Widerstand:	1,38E+13	Ohm*cm
Zugfestigkeit (DIN 53504):	9,7	MPa
Dehnung (DIN 53504):	480	%
Abrieb (DIN 53516):	177	mm³

Empfohlene Einsatzbedingungen

Betriebstemperatur:	10	bis	250	°C
Liniendruck:	0	bis	70	N/mm

weitere Hinweise

Der maximal zulässige Liniendruck ist drehzahlabhängig.	70	
Der hier genannte maximale Liniendruck von 70 N/mm ist nur für geringe	70	
Drehzahlen zulässig.	70	
Kurzzeitige Spitzentemperaturbelastungen von bis zu 300 °C sind möglich	300	

Die vorstehenden Informationen und unsere anwendungstechnische Beratung in Wort, Schrift und durch Versuche erfolgen nach bestem Wissen, gelten jedoch nur als unverbindliche Hinweise, auch in Bezug auf etwaige Schutzrechte Dritter. Die Beratung befreit Sie nicht von einer eigenen Prüfung unserer Beratungshinweise und unserer Produkte im Hinblick auf ihre Eignung für die beabsichtigten Verfahren und Zwecke. Anwendung, Verwendung und Verarbeitung unserer Produkte und der aufgrund unserer anwendungstechnischen Beratung von Ihnen hergestellten Produkte erfolgen außerhalb unserer Kontrollmöglichkeiten und liegen daher ausschließlich in Ihrem Verantwortungsbereich. Der Verkauf unserer Produkte erfolgt nach Maßgabe unserer Allgemeinen Verkaufs- und Lieferbedingungen.

Bild 9-2: Datenblatt M115.60, Firma Mitex GmbH (Erkrath, Deutschland)
Specification sheet of M115.60

10 Anhang II: Membraninflationsversuch

Appendix II: Membrane inflation test

10.1 Versuchsaufbau

Experimental setup

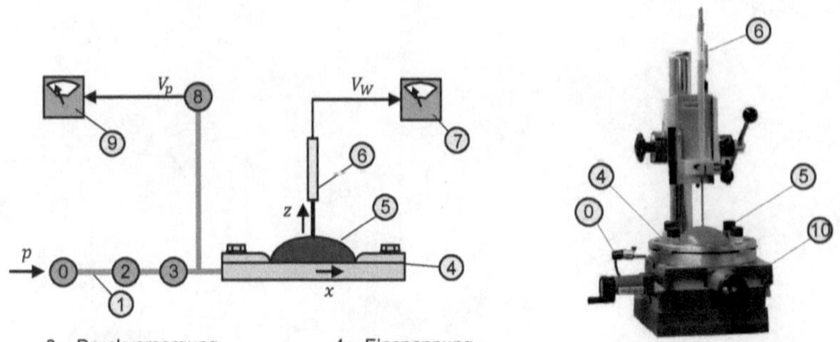

0 – Druckversorgung
1 – Pneumatikschlauch
2 – Absperrhahn
3 – Druckregler
4 – Einspannung
5 – Membranprobe
6 – Längensensor
7 – Ausgabe Wegmessung
8 – Drucksensor
9 – Ausgabe Druckmessung
10 – Kreuztisch

Bild 10-1: Schematische Darstellung und Lichtbild des Versuchsaufbaus des Membraninflationstests

Schematic view and picture of membrane inflation test set-up

10.2 Beispielhafte Auswertung

Exemplary evaluation

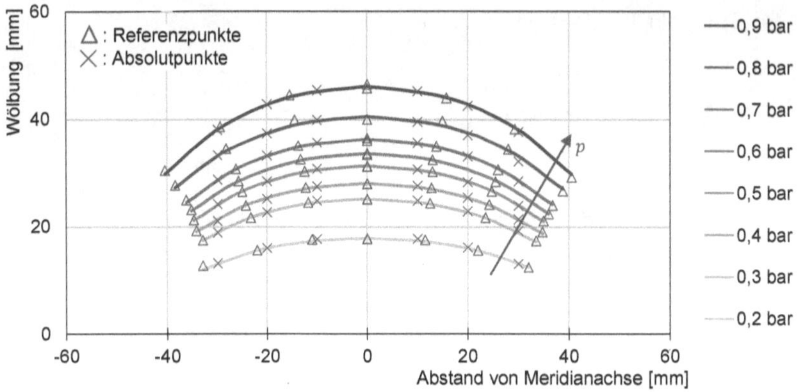

Bild 10-2: Auswertung der gemessenen Referenz- und Absolutpunkte

Evaluation of measured reference and absolute points

10.3 Mathematische Herleitung

Mathematical derivation

Die Kontur der sich ausbildenden Verformungsfigur der Elastomermembran ist durch die Modellvorstellung rotationssymmetrisch. Die so in Bild 10-3 links dargestellte Deformation am Pol unter dem Innendruck p_n ist durch die Summe der Annahmen äquibiaxial [JOHA99, S.62].

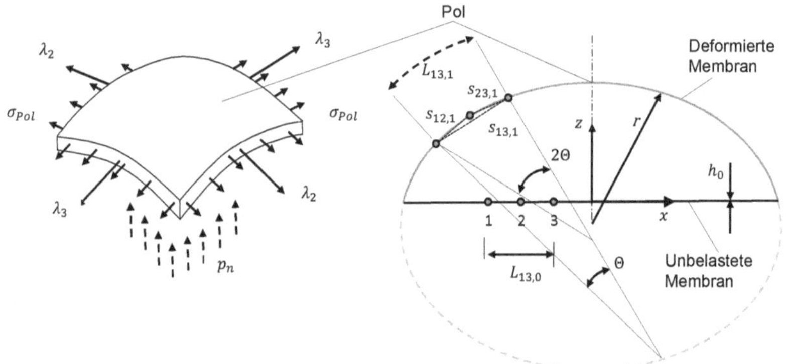

Bild 10-3: Membraninflationsversuch: unidirektionaler Spannungszustand am Membranpol (links) in Anlehnung an [BAAS10, S.366]; geometrische Beschreibung (rechts)

Membrane inflation test; unidirectional stress state at the membrane pole (left); geometric description (right)

Die Deformation im relevanten Messbereich um den Pol der Elastomermembran kann durch Beschreibung einer Ellipse mit zwei variablen Halbachsen erfolgen [VOß92, S.17–18]. Für diese gilt allgemein:

$$b^2a^2 + a^2z^2 = a^2b^2 \tag{10.1}$$

Weiterhin sei:

$$k = \frac{b}{a} \tag{10.2}$$

Es kann gezeigt werden, dass die längenbezogene Kraft in Meridian- und Breitenkreisrichtung für die Schalenform allgemein ausgedrückt werden kann durch:

$$n_\varphi = \frac{1}{2} p_n \cdot a \cdot \frac{\sqrt{1 - (1 - k^2)\frac{x^2}{a^2}}}{k} \tag{10.3}$$

$$n_\vartheta = \frac{-n_\varphi}{1 - (1 - k^2)\frac{x^2}{a^2}} + p_n \cdot a \cdot \frac{\sqrt{1 - (1 - k^2)\frac{x^2}{a^2}}}{k} \tag{10.4}$$

Am Scheitelpunkt der Schale gilt:

$$n_\varphi = n_\vartheta = \frac{1}{2} p_n \frac{a}{k} \tag{10.5}$$

Die zu bestimmende Nennspannung am Pol σ_{Pol} errechnet sich beispielsweise über die Meridianwerte mit der Probendicke im entspannten Zustand h_0 durch

$$\sigma_{Pol} = \sigma_\varphi = \sigma_\nu = \frac{n_\varphi \lambda_\varphi}{h_0} \tag{10.6}$$

Die zur Lösung zu bestimmende Hauptstreckung λ_φ kann geometrisch bestimmt werden. In Bild 10-3 rechts ist die Inflation einer Elastomermembran zweidimensional geometrisch dargestellt. Der zweidimensionale euklidische Abstand s_{ij} der Punkte i und j ergibt sich zu:

$$s_{ij} = \sqrt{\left(x_i - x_j\right)^2 + (z_i - z_j)^2} \tag{10.7}$$

Für den Fall der Meridianrichtung errechnet sich die Hauptstreckung durch den durch die Verformung hervorgerufenen veränderten Abstand der Punkte 1 und 3 mit:

$$\lambda_\varphi = \frac{L_{13,1}}{L_{13,0}} \tag{10.8}$$

Dieser kann durch folgenden geometrischen Zusammenhang beschrieben werden:

$$\Theta = arccos\left(\frac{s_{13,1}^2 - s_{12,1}^2 - s_{23,1}^2}{2s_{12,1} \cdot s_{23,1}}\right) \tag{10.9}$$

Der Krümmungsradius r lässt sich wie folgt ausdrücken:

$$r = \frac{s_{13}}{2sin\,(\Theta)} \tag{10.10}$$

Ferner gilt:

$$L_{13,1} = 2r \cdot \Theta \tag{10.11}$$

Damit kann die Hauptstreckung in Gleichung 10.8 bestimmt und mit den Gleichungen 10.6 und 10.5 die Polspannung errechnet werden:

$$\sigma_{Pol} = \sigma_{\ddot{A}B} = \frac{a^2 \cdot p_n \cdot r \cdot \Theta}{b \cdot h_0 \cdot L_{13,0}} \tag{10.12}$$

11 Anhang III: Simulation der Walzenkonfigurationen

Appendix III: Simulation of roller configurations

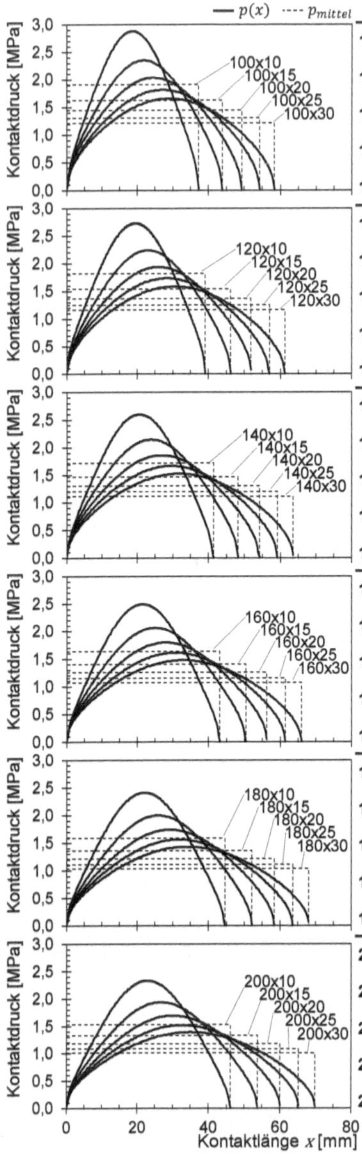

D_W x h_S [mm]	p_{max} [MPa]	p_{mittel} [MPa]	k	l_p [mm]	DZA [%]	$\sigma_{W,max}$ [MPa]	$\sigma_{W,B}$ [MPa]
100x10	2,88	1,91	1,50	37,3	31,1	1,46	1,24
100x15	2,36	1,63	1,45	43,9	33,8	1,36	1,16
100x20	2,04	1,45	1,41	49,3	35,3	1,28	1,10
100x25	1,82	1,31	1,39	54,3	36,2	1,23	1,04
100x30	1,66	1,22	1,36	58,3	36,4	1,19	0,99
120x10	2,73	1,82	1,50	39,1	27,9	1,33	1,13
120x15	2,24	1,54	1,45	46,2	30,8	1,24	1,07
120x20	1,94	1,37	1,42	51,8	32,4	1,17	1,01
120x25	1,74	1,25	1,39	56,9	33,5	1,13	0,96
120x30	1,59	1,16	1,37	61,2	34,0	1,09	0,91
140x10	2,60	1,72	1,51	41,4	25,9	1,23	1,05
140x15	2,15	1,47	1,46	48,2	28,4	1,15	0,99
140x20	1,86	1,31	1,42	54,1	30,1	1,09	0,94
140x25	1,67	1,20	1,39	59,1	31,1	1,05	0,90
140x30	1,53	1,12	1,37	63,5	31,8	1,02	0,85
160x10	2,50	1,64	1,53	43,2	24,0	1,15	0,99
160x15	2,07	1,40	1,47	50,4	26,5	1,07	0,93
160x20	1,80	1,26	1,43	56,2	28,1	1,02	0,88
160x25	1,61	1,15	1,40	61,4	29,3	0,99	0,85
160x30	1,48	1,07	1,38	66,0	30,0	0,95	0,80
180x10	2,41	1,58	1,52	44,6	22,3	1,09	0,94
180x15	2,00	1,36	1,47	52,1	24,8	1,01	0,88
180x20	1,74	1,21	1,43	58,4	26,5	0,96	0,84
180x25	1,56	1,11	1,40	63,6	27,7	0,93	0,80
180x30	1,43	1,04	1,38	68,1	28,4	0,90	0,76
200x10	2,33	1,53	1,52	46,1	21,0	1,03	0,90
200x15	1,94	1,33	1,46	53,7	23,3	0,96	0,84
200x20	1,69	1,18	1,43	60,1	25,0	0,92	0,80
200x25	1,52	1,09	1,40	65,3	26,1	0,89	0,77
200x30	1,40	1,01	1,38	69,9	26,9	0,86	0,73

Bild 11-1: Kontaktlänge, Druckfigur, Druckzonenanteil DZA sowie maximale Spannung $\sigma_{W,max}$ und Kernbindungsspannung $\sigma_{W,B}$ als Funktion von Beschichtungsstärke und Kerndurchmesser für die konstante Linienlast $F_L = 70{,}9\ N/mm$

Contact length, pressure figure, pressure area ratio and tension as function of cover thickness and core diameter for constant line load $F_L = 70{,}9\ N/mm$

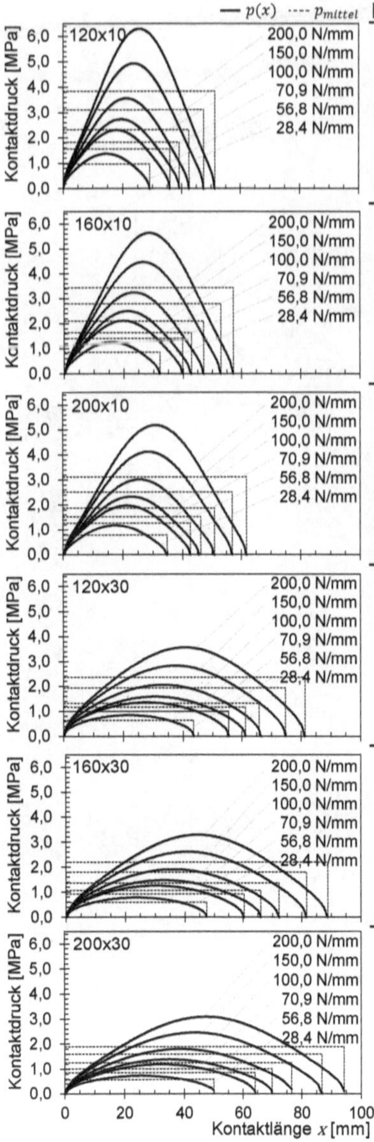

F_L [N/mm]	p_{max} [MPa]	p_{mittel} [MPa]	k	l_p [mm]	DZA [%]	$\sigma_{W,max}$ [MPa]	$\sigma_{W,B}$ [MPa]
28,4	1,37	0,96	1,42	29,1	20,8	0,70	0,59
56,8	2,30	1,56	1,48	35,9	25,7	1,12	0,96
70,9	2,73	1,82	1,50	39,1	27,9	1,33	1,13
100,0	3,57	2,31	1,54	42,5	30,4	1,79	1,62
150,0	4,94	3,11	1,59	47,5	34,0	2,68	2,53
200,0	6,30	3,84	1,64	51,3	36,7	3,76	3,64
28,4	1,27	0,85	1,48	32,2	17,9	0,61	0,53
56,8	2,12	1,41	1,50	39,8	22,1	0,98	0,84
70,9	2,50	1,64	1,53	42,8	23,8	1,15	0,99
100,0	3,25	2,10	1,55	47,1	26,2	1,54	1,38
150,0	4,46	2,79	1,60	53,0	29,5	2,27	2,13
200,0	5,64	3,43	1,64	57,2	31,8	3,14	3,02
28,4	1,19	0,79	1,51	34,7	15,8	0,55	0,49
56,8	1,98	1,27	1,55	42,6	19,4	0,88	0,81
70,9	2,34	1,48	1,57	45,6	20,7	1,03	0,90
100,0	3,02	1,87	1,61	50,9	23,1	1,37	1,31
150,0	4,13	2,52	1,64	57,0	25,9	2,00	1,95
200,0	5,19	3,12	1,66	61,8	28,1	2,74	2,69
28,4	0,85	0,64	1,33	43,5	24,2	0,59	0,43
56,8	1,36	0,99	1,37	55,5	30,8	0,94	0,77
70,9	1,59	1,16	1,37	61,2	34,0	1,09	0,91
100,0	2,06	1,45	1,42	66,6	37,0	1,38	1,21
150,0	2,82	1,93	1,46	74,7	41,5	1,87	1,67
200,0	3,57	2,35	1,52	81,3	45,2	2,36	2,10
28,4	0,78	0,59	1,32	47,4	21,6	0,53	0,39
56,8	1,26	0,93	1,36	60,4	27,4	0,83	0,68
70,9	1,48	1,07	1,38	66,0	30,0	0,95	0,80
100,0	1,91	1,36	1,40	72,3	32,9	1,20	1,05
150,0	2,62	1,80	1,45	81,6	37,1	1,60	1,43
200,0	3,29	2,20	1,50	88,8	40,4	2,01	1,79
28,4	0,74	0,58	1,28	49,9	19,2	0,48	0,33
56,8	1,19	0,86	1,39	64,2	24,7	0,75	0,56
70,9	1,40	1,01	1,38	69,9	26,9	0,86	0,73
100,0	1,81	1,25	1,45	76,5	29,4	1,08	0,86
150,0	2,46	1,59	1,54	86,8	32,9	1,43	1,17
200,0	3,09	1,89	1,64	94,2	36,3	1,78	1,47

Bild 11-2: Kontaktlänge, Druckfigur, Druckzonenanteil DZA sowie maximale Spannung $\sigma_{W,max}$ und Kernbindungsspannung $\sigma_{W,B}$ als Funktion von Beschichtungsstärke h_S, Kerndurchmesser D_W sowie Linienlast F_L

Contact length, pressure figure, pressure area ratio and tension as function of cover thickness, roller diameter and line load

12 Anhang IV: Inhomogene Stromdichteverteilung

Appendix IV: Inhomogeneous current density distribution

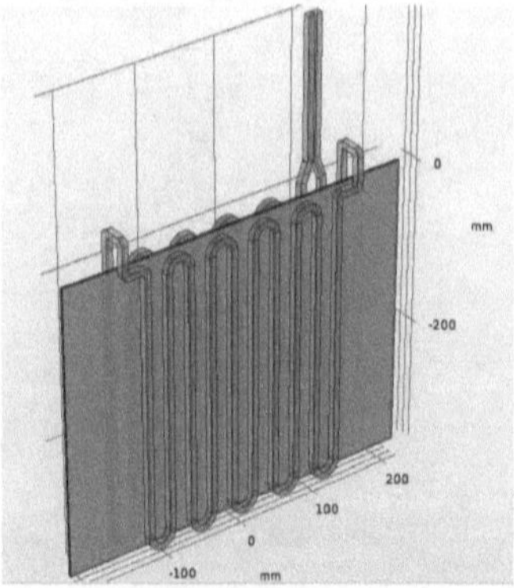

Name	Expression	Value	Description
I0	300*1.414[A]	424.2 A	Induktorstrom
f	50[kHz]	50000 Hz	Frequenz
sigma2	58e6[S/m]	5.8E7 S/m	El. Leitfähigkeit Kupfer
delta2	sqrt(1/(pi*f*mu0_const*sig...	2.9554E-4 m	Eindringmaß Kupfer
L	440[mm]	0.44 m	Blechlänge in mm
v	500[mm/min]	0.0083333 m/s	Geschwindigkeit
t	L/v	52.8 s	Durchlaufzeit
mur1	50	50	Rel. Permeabilität
sigma1	1.25e6[S/m]	1.25E6 S/m	El. Leitfähigkeit Blech
delta1	sqrt(1/(pi*f*mu0_const*mu...	2.8471E-4 m	Eindringmaß Blech

Bild 12-1: Simulationsmodell und gewählte Parameter
Simulation model and parameter

Stromdichteverteilung Induktor

Isometrische Ansicht

Stromdichteverteilung Blech

Draufsicht

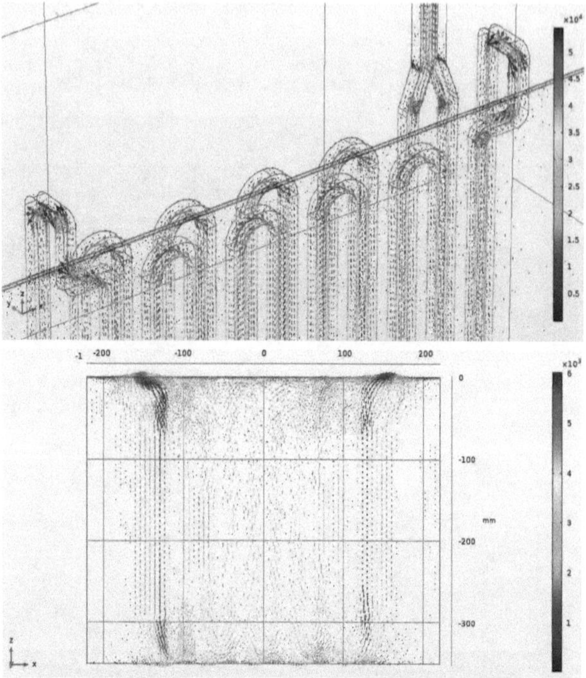

TRUMPF

Bild 12-2: Simulationsergebnisse der Stromdichteverteilungen in Induktor (oben) und Stahlband (unten)
Simulation results of current density distribution in inductor (top) and belt (bottom)

13 Anhang V: Zugscherversuch

Appendix V: Lap shear test setup

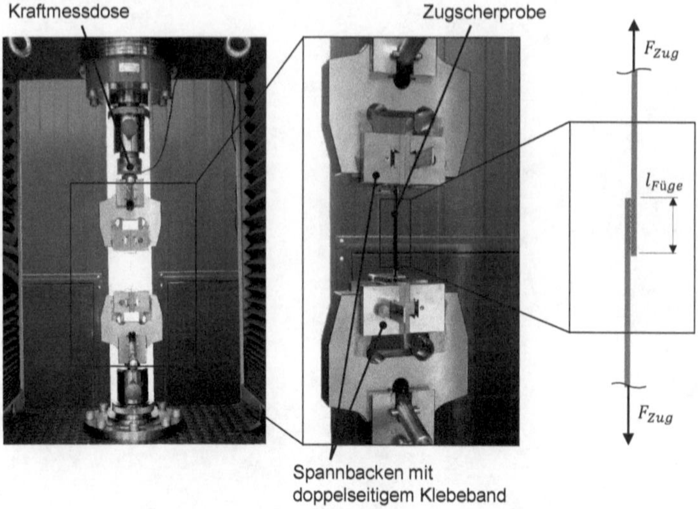

Bild 13-1: Aufbau des Zugscherversuchs zur Ermittlung der Fügefestigkeit

Lap shear test setup for the determination of weld strengths

1. Probenvorbereitung:
   - Kontakt der Tapes über Fügelänge $l_{Füge} = 5mm$
   - Separation durch Backpapier im übrigen Bereich

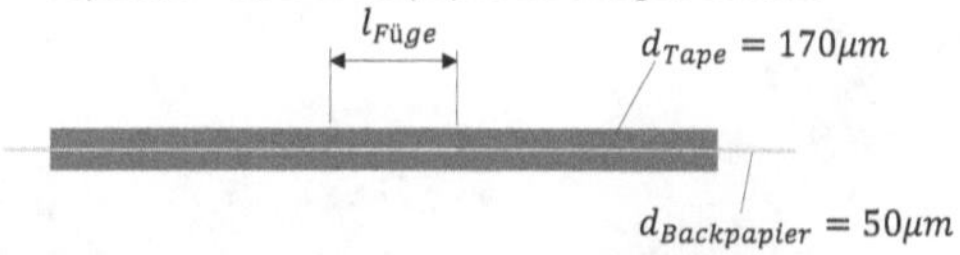

Seitenansicht
Materialdicken maßstabsgetreu

2. Parallele Probenkonsolidierung in Versuchsanlage

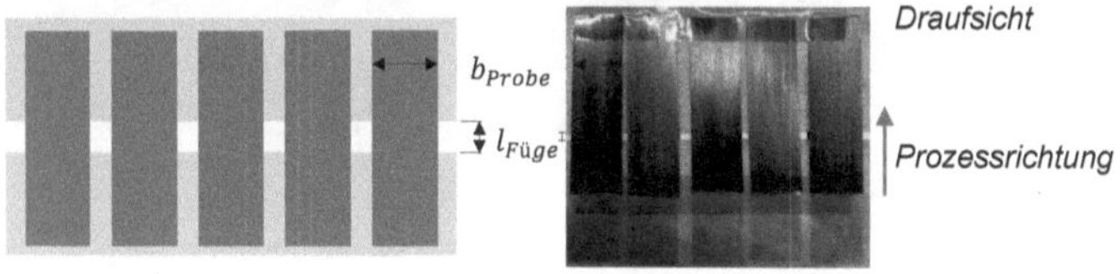

Draufsicht

Prozessrichtung

3. Probenzuschnitt

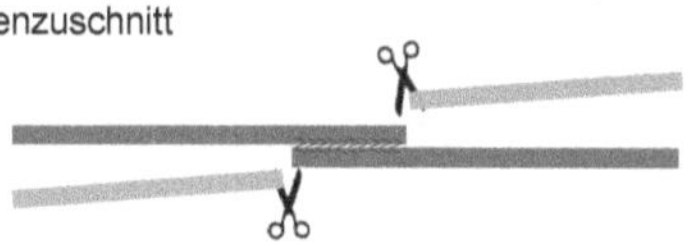

Seitenansicht
Materialdicken maßstabsgetreu

Bild 13-2 Herstellung der Zugscherprüfkörper

Preparation of the lap shear test specimen

In der Reihe **Ergebnisse aus der Produktionstechnik** zuletzt erschienen:

Fölling, Carsten:
Komplexitätsbeherrschung durch hybride Montageplanung
ISBN: 978-3-98555-090-6
Erscheinungsdatum: 30.06.2022

Ays, Johanna:
Kontextbasierte Integration agiler und plangetriebener Entwicklungsprozesse
ISBN: 978-3-98555-087-6
Erscheinungsdatum: 23.06.2022

Maslo, Semir:
Simulation of the Dynamic Vibration Behaviour and Spindle Speed Optimization During the Milling Process of Turbomachinery Components
ISBN: 978-3-98555-082-1
Erscheinungsdatum: 25.05.2022

Goertz, David:
Gestaltungsmodell für eine vernetzte adaptive Montage im Werkzeugbau
ISBN 978-3-98555-072-2
Erscheinungsdatum: 05.05.2022

Wollbrink, Moritz:
Methodik zur Integration pulverbettbasierter additiver Fertigungstechnologien in Fertigungsprozessketten
ISBN 978-3-98555-070-8
Erscheinungsdatum: 22.04.2022

Menges, Alexander:
Bewertung von Produktvarianten mittels Process Data Mining
ISBN 978-3-98555-066-1
Erscheinungsdatum: 13.04.2022

Schulz, Martin:
Optimierung des Temperaturfeldes beim Laserstrahlhärten
ISBN: 978-3-98555-078-4
Erscheinungsdatum: 23.06.2022

Ebade Esfahani, Matthias:
Ontologie der Fabrikplanung mit Hilfe von Building Information Modeling (BIM)
ISBN: 978-3-98555-084-5
Erscheinungsdatum: 07.06.2022

Schmitz, Seth:
Datenbasierte Beschreibung der Prozessperformance in der Auftragsabwicklung
ISBN: 978-3-98555-079-1
Erscheinungsdatum: 19.05.2022

Scholz, Paul:
Applikation maschinell lernender Systeme in der vernetzten adaptiven Produktion
ISBN 978-3-98555-069-2
Erscheinungsdatum: 28.04.2022

Ochs, Jelena Katherina:
Model-Based Process Prediction for Predictive-Reactive Scheduling in Automated Stem Cell Production
ISBN 978-3-98555-059-3
Erscheinungsdatum: 22.04.2022

Fränken, Bastian:
Standortrollen in Produktionsnetzwerken
ISBN 978-3-98555-052-4
Erscheinungsdatum: 13.04.2022

Edition Wissenschaft
Apprimus

Krauß, Jonathan:
Optimizing Hyperparameters for Machine Learning Algorithms in Production
ISBN 978-3-98555-020-3
Erscheinungsdatum: 13.04.2022

Schwenzer, Max:
Closing the Loop of Model Predictive Force Control in Milling with Ensemble Kalman Filtering
ISBN 978-3-98555-057-9
Erscheinungsdatum: 11.04.2022

Gützlaff, Andreas:
Entscheidungsprozess zur kontinuierlichen Gestaltung von Produktionsnetzwerken
ISBN 978-3-98555-058-6
Erscheinungsdatum: 22.03.2022

Patzwald, Marc:
Entwicklung von Technologiestrategien in einem volatilen Unternehmensumfeld
ISBN 978-3-98555-044-9
Erscheinungsdatum: 16.03.2022

Galland, Laura:
An Empiric Quality Control Framework to Enhance Conventional Manufacturing
ISBN 978-3-98555-054-8
Erscheinungsdatum: 01.03.2022

Boshof, Julian:
Definition und Auslegung von datenbasierten Dienstleistungen im Werkzeugbau
ISBN 978-3-98555-039-5
Erscheinungsdatum: 11.02.2022

Schäfer, Alexander:
Werkzeugseitiger Einsatz von NiTi-FGL zur Verbesserung der dynamischen Prozessstabilität bei der Fräsbearbeitung
ISBN 978-3-98555-060-9
Erscheinungsdatum: 11.04.2022

Grünebaum, Timm:
Methodik zur Gestaltung von Technologieketten und Prozessfolgen nach lebensphasenübergreifend ökologisch-ökonomischen Kriterien
ISBN 978-3-98555-043-2
Erscheinungsdatum: 24.03.2022

Hardt, Marvin:
Modeling the Material Behavior under Metal Cutting Conditions
ISBN 978-3-98555-045-6
Erscheinungsdatum: 16.03.2022

Buschhoff, Clemens:
Beitrag zur Qualitätssicherung beim in-situ Tape-Legen komplexer Laminate
ISBN 978-3-98555-047-0
Erscheinungsdatum: 14.03.2022

Zhou, Beiyan:
Model Predictive Control Strategy to Coordinate Production Planning and Building Automation
ISBN 978-3-98555-042-5
Erscheinungsdatum: 15.02.2022

Scholz, Patrick:
Methodik zur potenzial- und risikobasierten Technologiebewertung
ISBN 978-3-98555-046-3
Erscheinungsdatum: 10.02.2022

Edition Wissenschaft
Apprimus

FSC
www.fsc.org
MIX
Papier | Fördert
gute Waldnutzung
FSC® C083411

Kolibri 360 GmbH
Ferdinand-Jühlke-Straße 7
99095 Erfurt, Deutschland
produktsicherheit@kolibri360.de